建筑造型基础训练丛书

第一分册　形态构成训练

韩林飞　[俄]耶·斯·普鲁宁　[意]毛里齐奥·梅里吉　编著

中国建筑工业出版社

图书在版编目（CIP）数据

形态构成训练 / 韩林飞，（俄）普鲁宁，（意）梅里吉编著. —北京：中国建筑工业出版社，2015.9（2023.1重印）
（建筑造型基础训练丛书；1）
ISBN 978-7-112-18442-2

Ⅰ.①形… Ⅱ.①韩… ②普… ③梅… Ⅲ.①建筑设计—造型设计 Ⅳ.①TU2

中国版本图书馆CIP数据核字（2015）第216329号

责任编辑：何　楠　陆新之
责任校对：张　颖

建筑造型基础训练丛书
第一分册　形态构成训练
韩林飞 ［俄］耶・斯・普鲁宁 ［意］毛里齐奥・梅里吉 编著
*
中国建筑工业出版社出版、发行（北京西郊百万庄）
各地新华书店、建筑书店经销
北京圣彩虹制版印刷技术有限公司制版
北京中科印刷有限公司印刷
*
开本：965×1270 毫米　1/16　印张：10 3/4　字数：250 千字
2015 年 9 月第一版　2023 年 1 月第二次印刷
定价：42.00 元
ISBN 978-7-112-18442-2
(27691)

GENERAL PREFACE

建筑造型基础训练丛书
前言

建筑设计的魅力就是塑造建筑形体独特的个性语言，这是建筑师追求的终极目标。

—恩·阿·拉多夫斯基（1881-1941）

20世纪20年代的建筑设计大师恩·阿·拉多夫斯基（苏联BXYTEMAC基础教学方法的创始人）道出了建筑设计的真谛，这也是当代建筑学专业存在的基础和努力的方向，建筑造型成为建筑师梦寐以求的毕生追求。建筑造型和其他造型艺术虽然有许多不同的地方，但作为人类创造物的一部分，建筑造型和其他造型艺术又有许多相通的共鸣。建筑的“造型”，绘画作品的“构图”，音乐的“作曲”，文学作品的“结构”，雕塑作品的“构架”等，其英文均是Composition。这也就是人类造型艺术基础共通的地方。特别是当代造型艺术，表现出了一体化的明显趋势。

观察其他造型艺术领域，其造型基础教育更符合人类造型认知心理的规律，如音乐作曲的“片段组合法”，绘画作品的“点、线、面”教学法，文学作品的“字、词、句”教学法。从元素入手，到简单的组合，再到间架结构，再到作品的生成，自然流畅，形成了基础教学的理性逻辑和生成脉络，扎实的基础教学对作品的创作起到了“基础”的作用。

反观我国的建筑造型教育，建筑初步课程教学注重建筑基础的基本认知，训练基本的建筑表达能力，较少涉及建筑造型的构成方法及其训练，建筑初步教学结束后学生直接进入建筑单体的建筑设计，缺乏基本的构成语言训练，缺乏系统化的建筑造型基础训练，缺乏适合造型认知心理的教学方法，学生构成语言的训练磨灭在建筑设计的功能与技术中，缺失了造型个性的专门培养，学生作品雷同现象普遍，缺乏创造力，为城市建筑的千篇一律埋下了伏笔。

笔者考察了欧洲、美国等众多高校的建筑教育后发现，特别是基础教育，在当代建筑发源地（20世纪20～30年代）德国BAUHAUS和苏联BXYTEMAC的学习教学工作中，造型基础教学历史积淀深厚，当代造型艺术“形态”、“空间”、“色彩”基本教学方法，仍然起着巨大的基础教学的作用，巴黎美院写实主义的教学方法被远远抛弃于现代造型艺术的背后。

传统的巴黎美院式造型基础教育注重学生写实能力与实体表现的培养，主要通过素描、色彩写生达到基础教学的目标，侧重于学生的描写技巧，色彩方面注重学生的自然写实，对于空间的描述主要体现自然现实中的可视表面空间。其基础科学是透视学、植物性、动物学、人体解剖学等，是对现实自然界的直接描绘，借鉴自然成为主题，自然的细部具象成为主流，培养学生的主要目标是技法，技法胜过了创造。

当代造型艺术注重个性、创造力的培养，培养目标是对自然界内部客观规律的认识，它建立在现代工业革命以来的现代力学、量子分子学、现代物理学等学科的基础上，是对世界内部客观规律的认识，是在此规律基础上人工建造的体现，体现的是当代的科学技术成就。现代造型注重对客观事物的抽象与立体，对客观的抽象与人类创造性的理解成为主流。

基于以上对当代造型艺术的科学基础的理解，当代造型艺术的基础教育急需改进，适应当代造型艺术根本规律的基础教学方法呼之欲出，我国自20世纪30年代，移自宾夕法尼亚大学巴黎美院布扎体系的基础教学方法亟待改进，传统的基础教学方法已难以适应当代中国大规模工业化建设的需求，当前的现实也迫使建筑教育界重新思考基础教学的问题，欧美许多国家的造型基础教育在50年前就已经完成了这样的适应和转变。传统的基础教学已成为学生素养教育的支持而不是学生创造能力培养的基础。

耶·斯·普鲁宁（E.C.Pronin（1939-1999）教授（恩·阿·拉多夫斯基的学生）的基础教学及训练方法，在多所学校多年的教学实践中已取得良好的效果。其核心理念是适应当代造型艺术心理认知的规律，将造型分成形态、空间、色彩三大部分，通过造型语言字词句的系统训练，训练学生的独立认知能力，培养学生个性化的创造力。

“形态构成训练”主要通过50多道练习题，将抽象联系元素化、体系化，从元素、体系、组合、创造等方面系统地培养学生对不同形态的个性认知，每个题目要求有三个以上的解答思路，重点塑造学生的抽象创造能力、学生在这种看得见、摸得着的循序渐进的过程中感受“形态构成”的魔力！

“空间构成训练”主要将客观事物抽象为最简洁的立方体、长方体、圆柱体、锥体等几何体，以最简洁的几何体为研究目标，由正方体1个、2个、3个转角的训练过渡到正方体的训练，适应造型认知训练心理的规律，培养学生个性化的“空间造型语言”。

“色彩构成训练”力求建立现代抽象绘画与空间构成的联系，通过分析当代大师的抽象绘画作品，使学生理解抽象绘画的空间色彩的实质。具体训练是：“色彩的临摹”，使学生感受大师的色彩空间；“色彩的分析”，掌握大师使用色彩的特点；“色彩的重组”，学生根据大师的色彩构成规律，应用大师的色彩重新组织色彩构图；“色彩的变化”，用单色和学生自己喜欢的色彩在原作基础上理解色彩；“色彩的空间”，以空间模型为表达手段，在原作上生成空间。“色彩构成”训练重点培养学生对当代设计色彩的认知能力，建立设计色彩的概念，为今后以材料色彩体现建筑造型、体现建筑质感打下基础。

“形态构成训练”、“空间构成训练”、“色彩构成训练”，简称为“建筑造型字词句”的教学方法，创造性地展示学生个体对构成的理解，丰富学生个体的造型能力，适应当代造型艺术的本质。

建筑造型基础丛书汇集了韩林飞教授近20年来在西安建筑科技大学、清华大学、莫斯科建筑学院（ВХУТЕМАС的继承者）、米兰理工大学、北京大学、北京工业大学、菲律宾马尼拉大学、北京建筑大学、北京交通大学、美国南加州大学等多所大学学习、执教的经验，综合了这些大学学生的作品，特别是应用耶·斯·普鲁宁（1939-1999）教授的基础教学及训练方法，主要展示了北京工业大学、北京交通大学各校一年级新生的基础构成训练作业。通过这些一年级新生的作业探讨建筑造型基础教学的训练方法和手段，起到一个抛砖引玉的作用，希望引起建筑教育界的关注，共同做好建筑造型基础教学工作。

欢迎大家批评指正！

韩林飞 教授
北京交通大学，莫斯科建筑学院，米兰理工大学
2014.05.02 北京

CONTENTS

目 录

导论

PROLOGUE

INTRODUCTION

概 述

建筑“造型”基础训练，由形态构成、空间构成与色彩构成三部分组成。本书为系列训练中的第一部分，即形态构成部分。作为建筑师与其他相关行业的从业者，形态、空间、色彩作为表达设计的手段是密不可分的、基础的三个部分，而三者中，形态又可谓是基础中的基础，通过形态构成的训练，可以提高人的抽象思维能力、创造能力、联想能力等，培养基础的美学素养，为今后的其他训练夯实基础。

形态、空间与色彩三部分训练，是建筑师设计能力的基础，也是其他各类设计师、艺术领域从业者的基础，事实上，一名建筑师同时也可以是一名画家、家具设计师等。就其根本目的而言，培养建筑师、设计师与艺术家，是融会贯通的，均需要培养三类基础能力。

第一，在平面上精准而有力的描绘能力。俗话用“眼高手低”以形容一个人空有想法而手头功夫不足。能够准确表达脑中所想象的设定、构图、形式是十分重要的，否则，空有想法却无法表达出来，对于设计无济于事。这不仅仅是绘画技巧不足的表现，更是逻辑思维能力不足的表现。循序渐进地将混乱的思路落实在纸张上正是这一能力的表现。

图1.1 作画中的勒·柯布西耶

第二，清晰而准确地把握空间的能力。如果说平面上的草图是迅速记下思路的第一步，那么在空间中将想法清楚地具象则是开始发展思路的第一步。对于建筑师而言，很多思路甚至是直接在空间中开始生成的，成了设计的开端。因此，在空间这个三维尺度上，清晰准确地表达自己的思路，较平面上的形态构成需要更强的想象力与逻辑思维。

第三，和谐而正确的搭配色彩的能力。从素描中纯粹的深浅黑白，到色彩中所需要涉及的色相、明度、纯度，参数的增多使得系统的复杂程度愈发增加，难度也愈发增加，所使用的色彩不同，搭配不同，带给人感官的刺激也是不同的，结合所需要表达的目的、情感，选择正确、恰当的色彩的能力，同样是设计表达过程中必不可少的。

上述的三种能力，事实上对于从事任何一项设计工作都是必不可少的技能。掌握这三种能力，对于建筑师、设计师从方案的生成、至推敲、到深入的过程，均发挥着基础而重要的作用。为此，从基础训练开始，便应当开始着手训练这三大类能力。

作为七大艺术门类之一，建筑

图1.2 密斯·凡·德·罗设计的椅子

图1.3 塔特林设计的第三国际纪念塔模型

图1.4 马列维奇

的发展与进步，相较于其他门类，往往有所滞后。这是由于建筑这一艺术形式，其综合程度极高，单独某个分支所取得的突破不一定会立即导致整个领域的天翻地覆。而且，建筑的建造活动与实践活动结合得十分紧密，在没有具体落成为世人所瞻仰之前，建筑艺术的进步也鲜为人知。相较之下，历史上许多革命性、创新性的艺术风潮，往往是在绘画、雕塑等领域最先开始的，因为其实践活动的难度相对较小，传播较为便捷。由此也可以反映出，建筑对于学科的综合程度较高，同时各类其他学科也是影响建筑艺术发展的基础。因此，在训练的过程中，不可心急求快地直接便从建筑领域开始，而应当由基础的绘画、雕塑等学科开始训练，陶冶学生的艺术情操，在掌握美学的基础后再开始建筑这一综合程度较强的训练，只有扎实的基础才能保证“上层建筑”的质量。形态构成训练，作为三类训练的第一步，是最开始的一步，也是基础而关键的一步。

“构成”（Composite）这一关键词，贯穿于三个训练之中，而构成这一概念的形成，则源于构成主义（Constructivism）。在第一次世界大战前后，俄国的青年艺术家把抽象几何体组成的空间当作绘画和雕刻的内容，尤其是他们的雕塑作品，像是工程结构的产物，这一派别当时被称为构成主义派。其后，受到马克思主义的影响，苏俄爆发的十月革命使得构成主义发展到了极致。对于激进的俄国艺术家而言，十月革命引进基于工业化的新秩序，是对旧秩序的终结，这一革命被视为俄国无产阶级的胜利，因而革命之后的大环境，提供了信奉“文化革命”和进步观念的构成主义在各个领域的实践机会。例如塔特林的第三国际纪念塔方案，两个旋转上升的圆筒组成了一个金字塔，采用了铁与玻璃两种建筑材料组成，建筑内的圆筒各自以不同的速度进行着回转，一年、一月、一周、一天，每个部分各司其职。充满雄心壮志的设计，无疑是第一座构成主义最优美的作品。

构成主义一反传统，努力避免传统的艺术材料，例如画布、颜料等，尽可能利用现成物，如木材、金属、玻璃、照片和纸张等，将传统艺术家的作品视为一个系统，进行简化、抽象。在设计（Design）这一观念尚未成型时，提出了生产艺术（Production Art）这一说法，将艺术与工作、创作与制造结合起来，在所有领域的文化活动中，从平面设计到电影、剧场再至工业产品、建筑群落，构成主义在所有领域崭露头角，以不同于以往的元素构筑出新的现实，对于后世的影响无可估量。著名的德国包豪斯，便受到其重要的影响，继承发扬了它的精神。

图1.5 包豪斯校舍一景

形态构成，作为构成主义主要在平面上的体现，直到今天也依然对建筑设计、规划设计起着重要的作用。平面的基础元素：点、线、面的构成，是其他一切复杂设计手法的基础，也是通往空间设计的必经之路。今天许多建筑大师的草图与实际方案一对比，便不难发现是一种对设计思路的高度概括，是抽象的构成小品。在对基础的形态进行良好的构成设计后，进一步深化内部、细节，也是建筑设计中最为常用的一条思路。能够概括出想要融入设计的元素，利用基础的几何形态进行构成，对于建筑师从混胡不清的思绪中生成具体方案，起着重要的反馈与指引作用。形态构成的熟练掌握是当下学习建筑设计中具有重大意义的第一步！

尽管由于斯大林的反对导致俄罗斯构成主义羽翼未丰便很快夭折，但是其对于现代建筑及其后的影响，特别是在思想上，是相当深远的。本书著者韩林飞教授，在留学苏俄期间十分有幸曾师从耶·斯·普鲁宁教授，深刻、透彻地学习了构成主义的创作手法，更深刻体会了形态、空间、色彩三大构成的训练与教学方法，在此将这些宝贵的经验重新编纂成书，与大家分享，希望对我国的建筑教育、设计教育领域能产生积极的意义，为这段缺失的历史补上一课。

图1.6 毕业设计——列宁学院 里昂纳多夫

IDEAS & METHODS

思路与方法

在对大一新生进行形态构成的实际训练过程中，我们发现困惑学生的一个显著突出的问题：答案到底是什么？在没有建筑城规预科的我国，大一新生在面对“请构成”、“请设计”这类开放性的题目要求时，常常显得不知所措。习惯了应试教育中“标准答案”模式的新生，往往会被过去的想法束缚，仍然在努力寻找唯一的、正确的答案，担心自己会做出“错误”的作业。

事实上，形态构成的训练，通常是举一反三的，发散展开的，除去曲解题目意思这般错误需要严谨指正，有多少学生便能给出多少种不同的解答的，每个训练者都有自己独特的思维模式、思考角度、创造方法。要想在形态训练的过程中取得最好的效果，那么一开始便应当告知训练者：摒弃掉标准答案、“唯一解”这种思维模式。设计活动是一种思维的演绎，是可以随着时间的推移、反馈的变化而处于变化的状态中的。

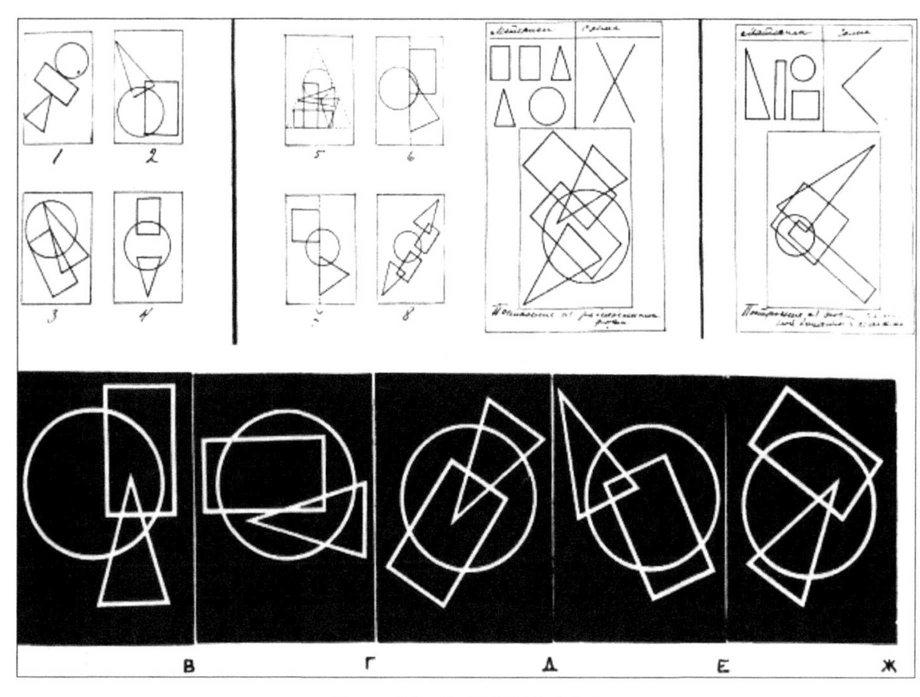

图1.7 呼捷玛斯学生的构成作业

形态构成的训练，并非要告诉训练者结果的对错，而是着重于告诉训练者：怎样做，可以将自己脑中的思绪理清；怎样做，可以让自己循序渐进地掌握技巧，得到自己所想的结果；怎样做，可以锻炼自己思维的发散程度，提高自己的创造力。更注重的是“方法”，而非关注“答案”。以启发学生为主，提供参考为辅，但以往的“公布正确答案”模式，是不适用于形态构成教学的。

让新生从对于建筑完全陌生，到能够将形态构成中的技法运用到建筑设计中去，需要分阶段一步步实现。概括而言，首先应当从基本的、新生可以理解的图案开始，感受构成的含义；然后进一步训练对于几何图案的构成，紧接着锻炼新生的抽象思维能力，将建筑复杂的平立面抽象，分解为学生所熟知的几何图案，进行构成设计；最终将整座建筑进行抽象分

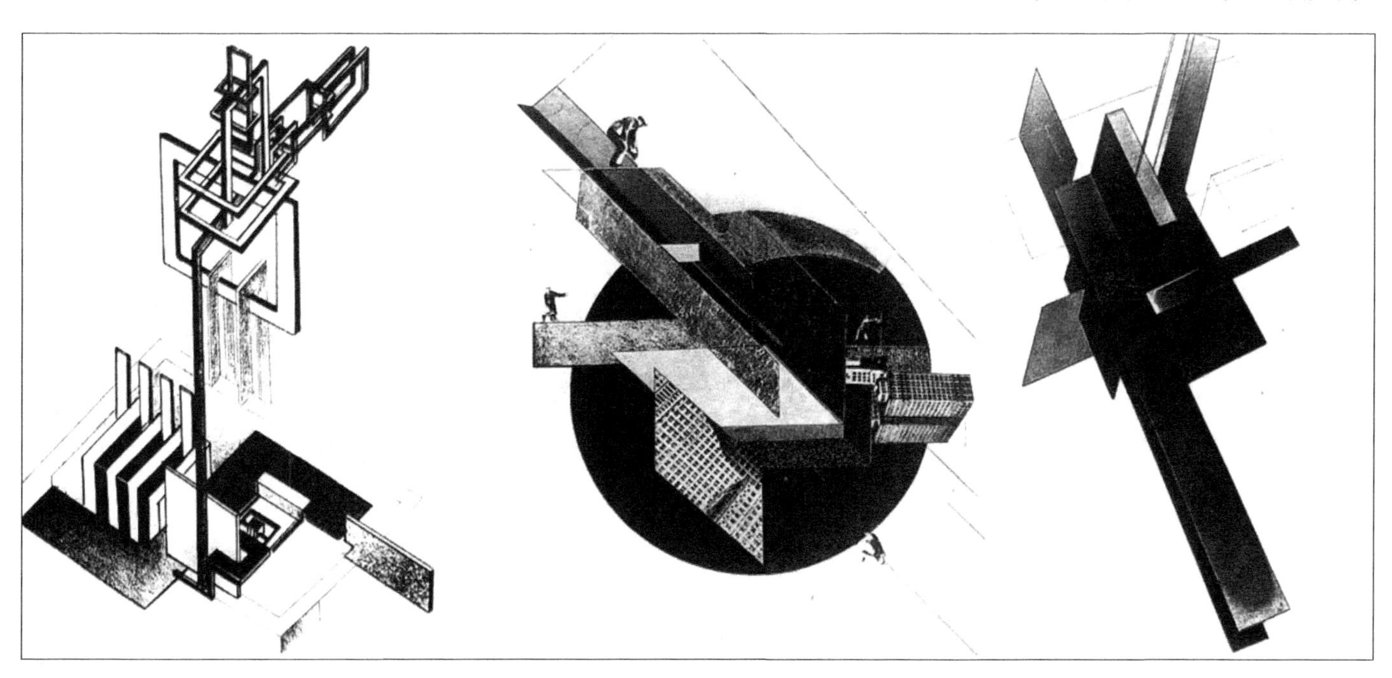

图1.8 呼捷玛斯学生构成作品三则

图1.9 勒 · 柯布西耶所画的静物

解，在更大的城市尺度上进行构成，循序渐进，逐步掌握。详细具体的思路归纳如下：

第一，构成基础训练：简单几何图形的构成

面对刚开学对于建筑尚且陌生的新生，首先从大家熟知的点、线、面系统，方、圆、三角等常见几何体开始，使其对于构成、发散思维有初步的了解。在初步的训练阶段，主要通过进行大量的举一反三式的习题，让学生们打破固有的“标准答案唯一解”思维，让其明白构成的无限可能性，培养学生对于同一问题不同形式解答的继续探索精神，而非找到一个解决方案后便停止思考。从简单的几何元素开始，到进一步分析如柯布西耶、毕加索的名作，逐步掌握几何图形的构成技巧，为后来的实体、建筑构成打下基础。

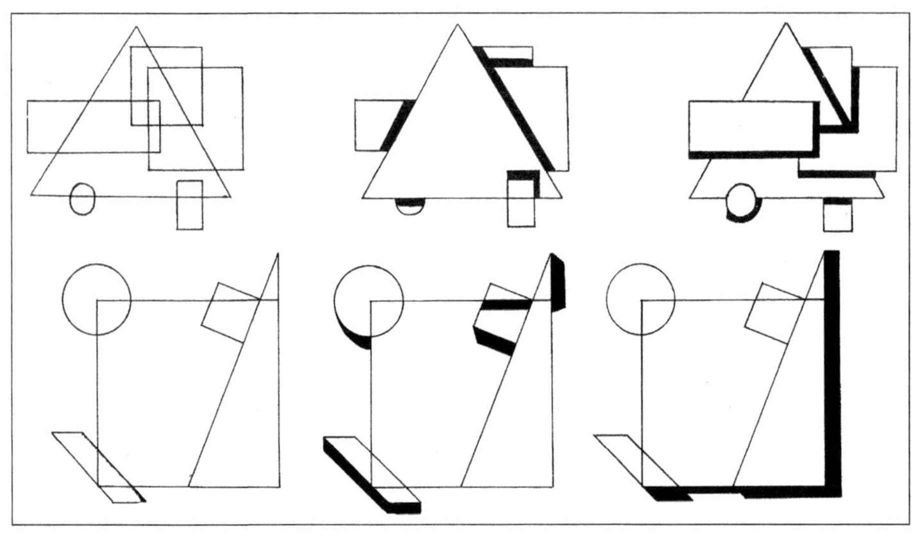

图1.10 平面构成到空间的转化

第二，抽象基础训练：对于实体的提炼与简化

完成了对于几何图形构成的初步训练后，第二步便是要学习如何在实际生活中找出这些“几何体”，也即是对于现实生活中的实体，如何将其抽象成为已经熟知的几何体。这一训练的目的在于锻炼学生找到纯粹的几何形体与现实生活中的实体的交叉点，在观察一个实际物品时，能够运用抽象思维将其简化为数个元素的组合，甚至概括为一个元素。这一部分训练的主要目的，是让学生摆脱传统的具象思维，对于实体上所携带的大量细枝末节有意识、有目的地选择忽视、简化，培养学生们对于复杂实体的提炼、概括能力，为将来概括更复杂的建筑打下基础。

第三，抽象与构成的结合训练：运用实体进行的构成

在掌握对于实体进行简化抽象的基础上，活用第一步所训练的几何构成技能，将实体与构成逐步联结起来。几何图形是联结这两部分内容的关键，如果对于几何图形无法做到良好的分析、构成，则由实体简化而来的图形也无法进行我们所需要的构成组合作用；而反之，如果不能将实体进行高度概括、抽象或分解为简单、适用的几何图形，则同样无法进行良好的构成组合。因此，这部分的训练对于前面两个部分训练中的基础要求掌握十分扎实，这一部分的训练更是为了之后接触更为复杂的建筑打下基础。

第四，与实际建筑结合的抽象训练：建筑平立面的抽象

随着课程的展开，学生对于建筑

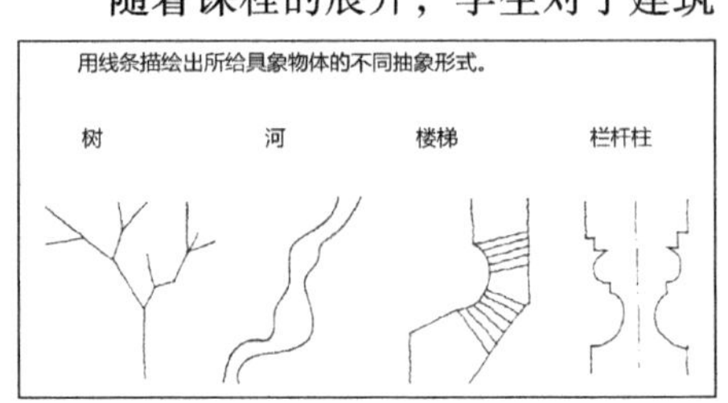

图1.11 习题3中对于具象物体的抽象

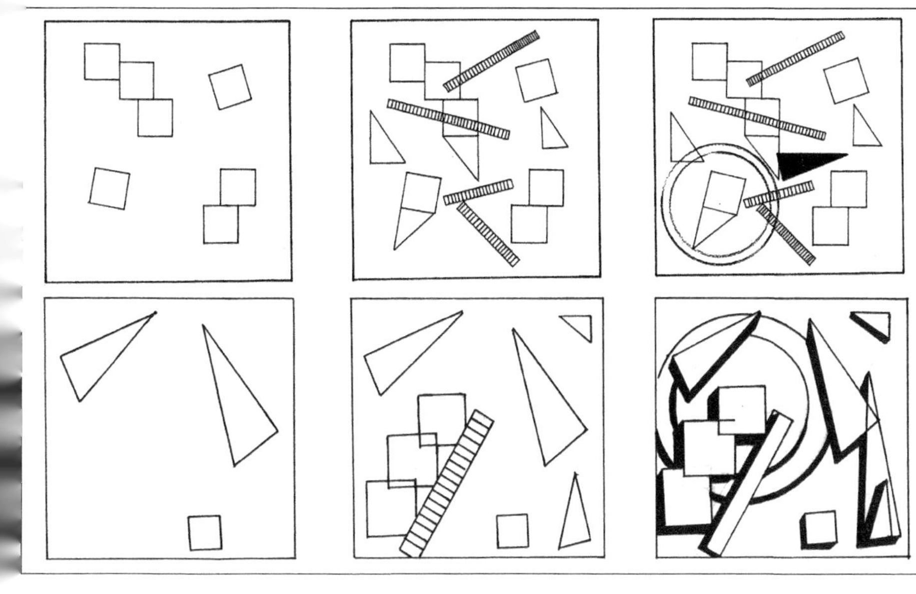

图1.12 元素逐渐递增的构成组合

已经具备了粗浅的一些认识，因而在此再开始对于建筑平立面的分析、概括、抽象工作更为合适，接驳更为顺畅。与之前对于实体进行概括抽象类似，这里开始便需要结合具体的建筑平面、立面进行解析，将十分具体而复杂的建筑图形、图纸进行简化，从上古时期的建筑遗址到现代最新的建筑方案，从已经被调整成实际使用状态的平立面上，抽象分析出在设计构思中建筑所使用的几何元素与构成的手法。

第五，建筑与构成的结合训练：建筑平立面的构成

可以在对建筑的平立面进行分析、抽象的基础上，对建筑的平立面进行自己的构成、组合与创造。结合上一部分训练的内容，对于建筑作品现有的平立面，要在仔细推敲其构成元素之后，尝试进行类似的构成练习，探索同一个平面、立面下，更多不同的可能性；利用给定的元素，组合成各式各样，满足不同功能需求的平立面。这部分的训练是对于建筑图纸的抽象与几何形体的构成双方面的一次整合。

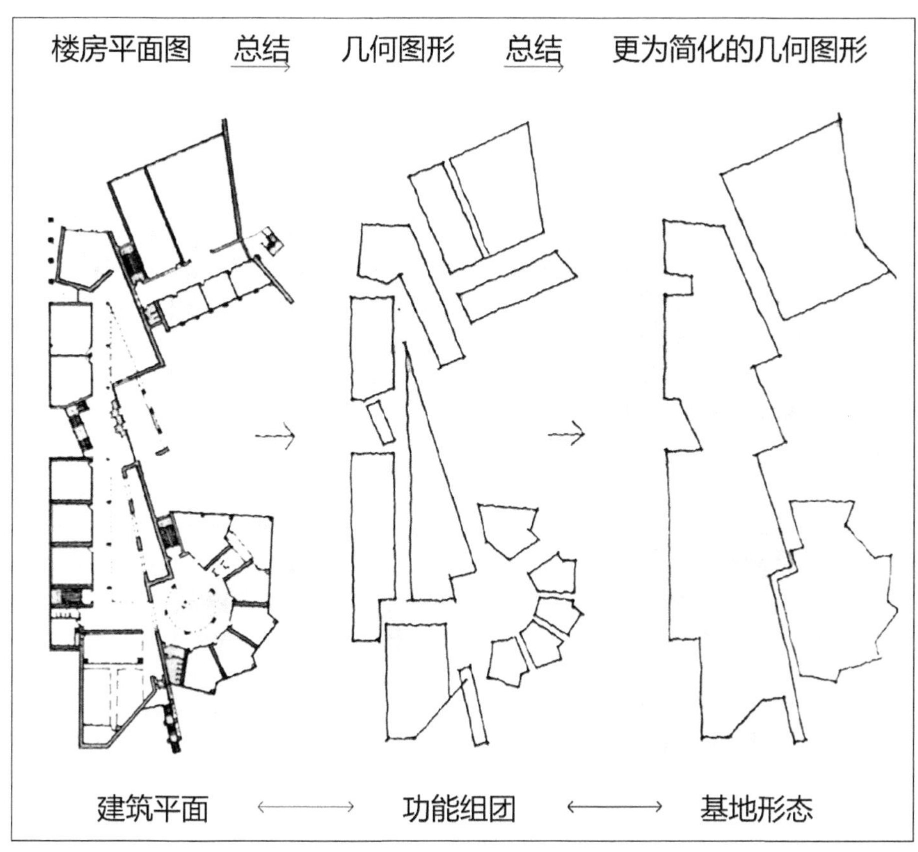

图1.13 从建筑平面到几何形态的抽象过程

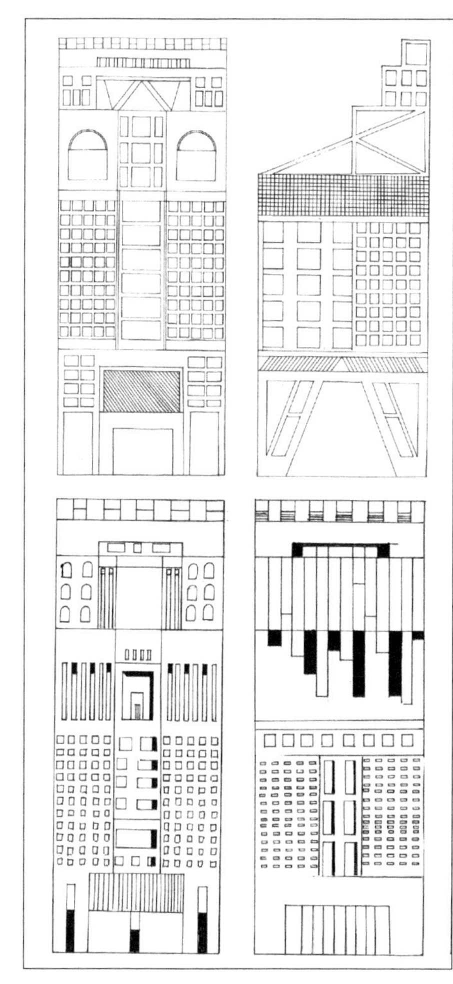

图1.14 高层建筑立面的构成

第六，综合的构成运用训练：与建筑结合的各式构成

在建筑的实际设计环节，平面、立面的设计仅仅是其中的一部分，还有建筑的群落布置、建筑的细部设计、材料的具体运用等诸多方面，在掌握建筑的平立面构成后，还需要进一步将形态构成的思路结合运用到建筑的各个方面，不论是更大尺度的规划工作，还是更为细节的转角设计，乃至一些涉及室内空间、艺术风格等十分细致具体的工作。此部分训练的

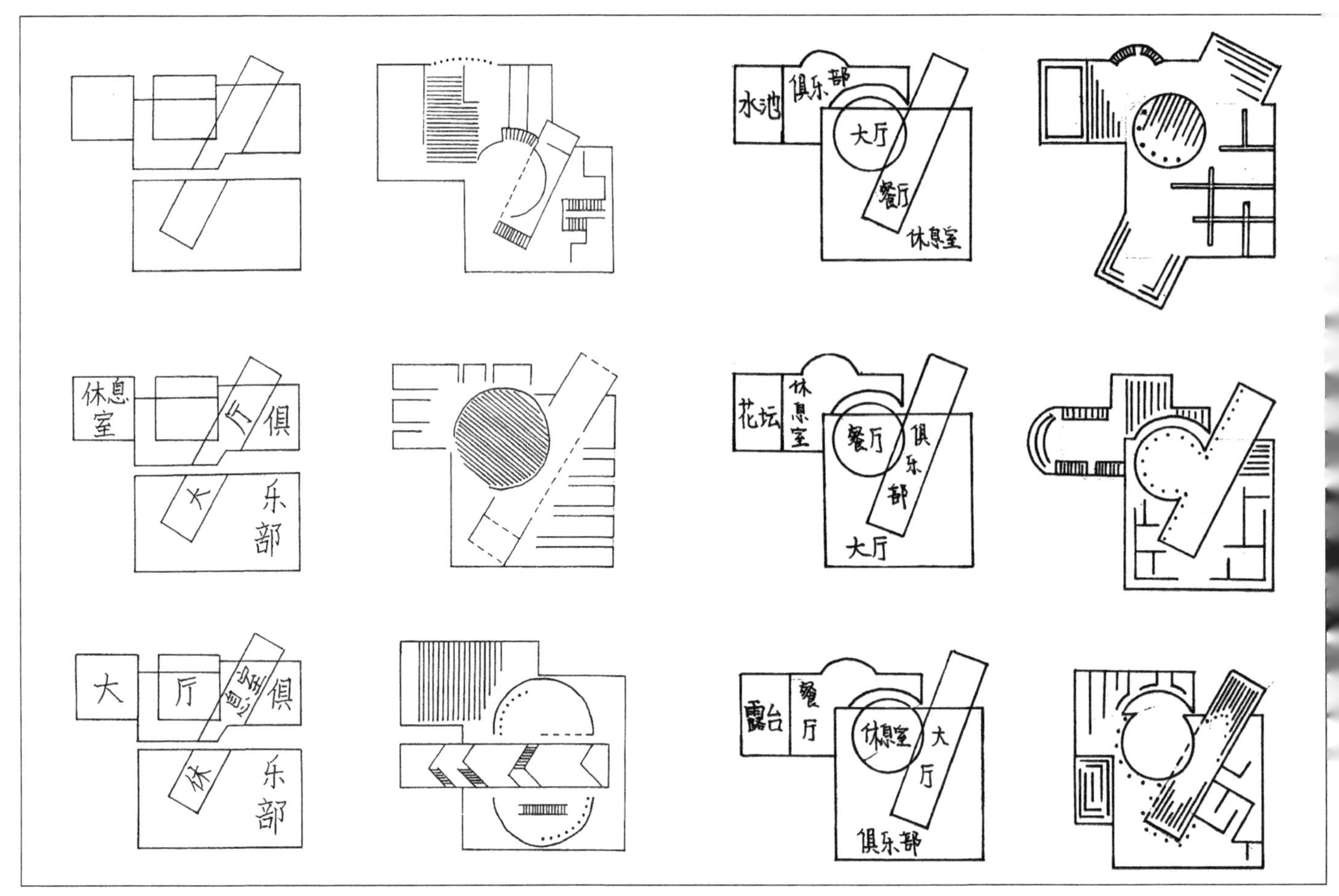

图1.15 以变换形态构成的方法变换建筑的功能布局

目的，是让学生明白，形态构成的手法可以贯穿于建筑设计的整个过程和方方面面。

形态构成训练从易到难，从简单到复杂，从非建筑到建筑，逐步地将对于建筑陌生的新生，转变为可以从对建筑图进行抽象提炼，并在设计中运用构成手段的熟练者，培养学生的发散性思维，锻炼其创造力，为今后实际的建筑设计训练打下坚实的基础。

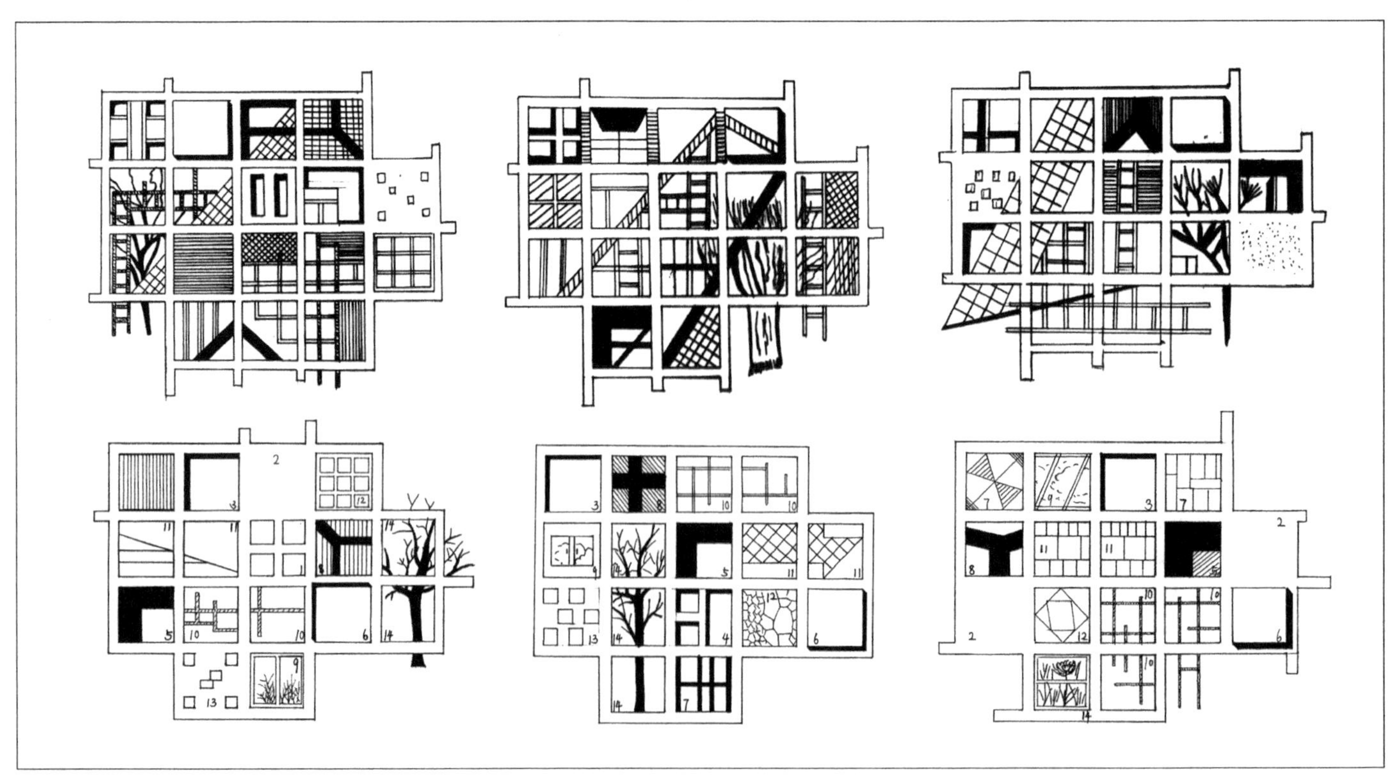

图1.16 同样网格平面下的细部构成设计

习题与学生作业

EXERCISES & PRACTICES

培养目标

任何的建筑形态都可以被抽象成简单的几何形态。方、圆、三角形等可以被理解为最基本的平面形态元素，组合形态的观察需要我们关注形态的形式变化、形态的尺度、形态的位置及其数量。注意观察练习题中所给出的基本构图元素的组合关系，关注这些形态组成元素的位置关系、尺度关系及其之间的联系，例如三角形高与底之间的尺度联系以及方圆三角之间的相互交叉关系。合理运用基本几何形态以谋求统一和完整，形成学生对基本形态元素组合和构图变化的理解。

解题思路

改变示例图形的组织元素，各做出三个组合方案。在练习a、b、c、d中，通过改变构图元素的形状、尺寸、位置、数量等四个方面组成新的构图，体验新构图之间和谐统一的元素关系。而练习e中，要求对该图形当中不同的构图元素进行着色，用填充线条的疏密来强化形态的视觉及形态的引力。

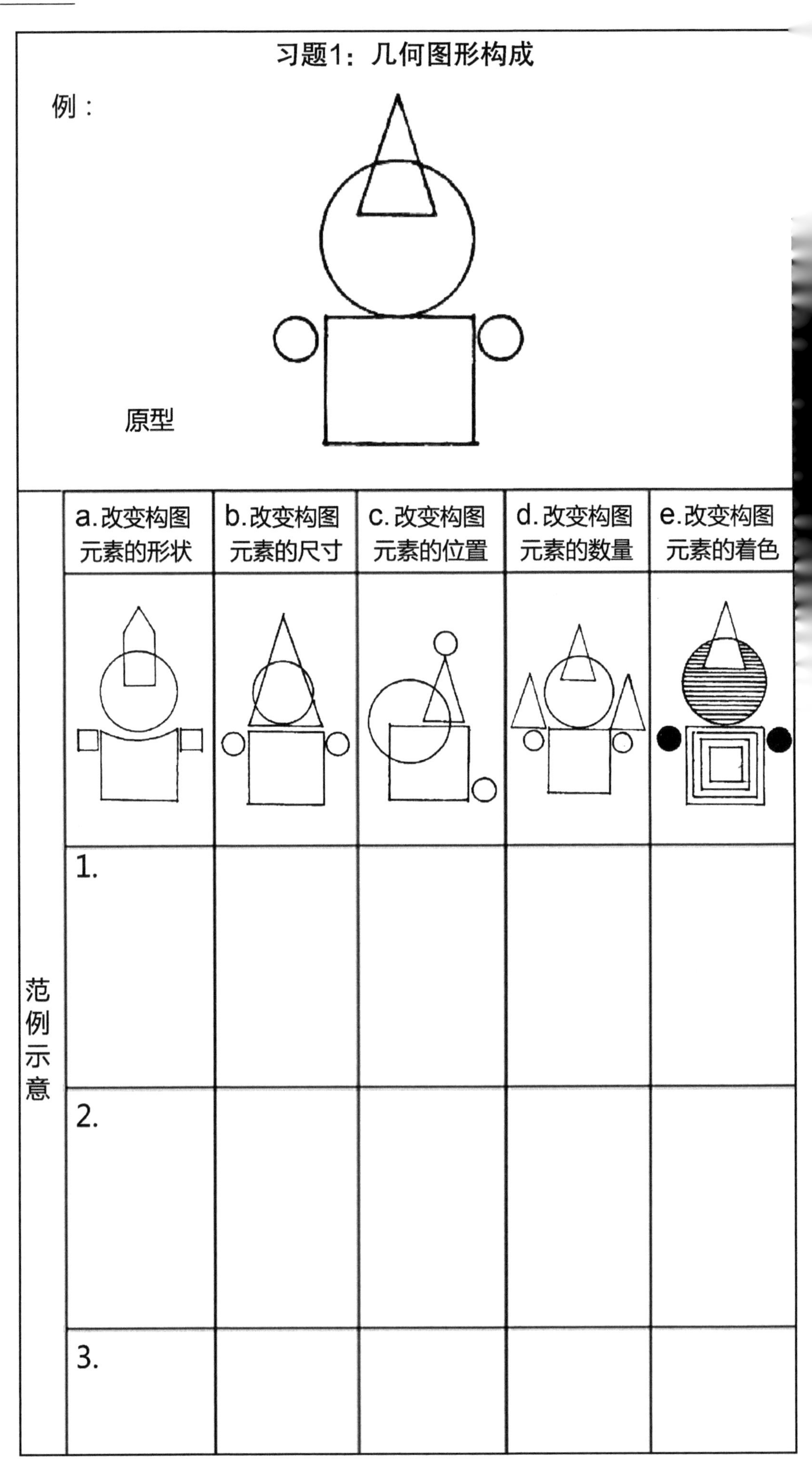

图2.1 习题1：几何图形构成

学生示范作业

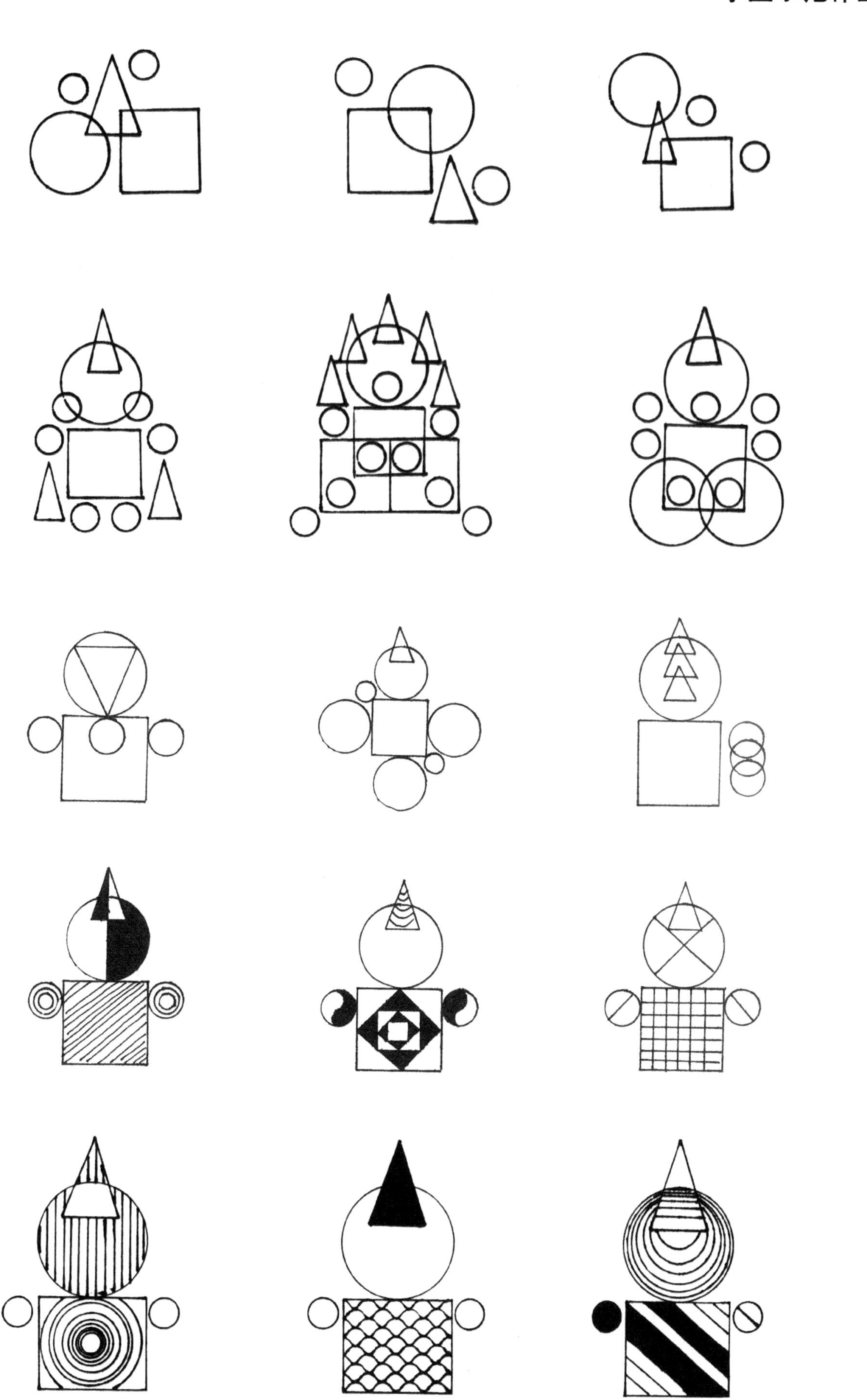

图2.2 习题1学生示范作业

培养目标

任何形态都可以用不同的线条加以描述和表达。线条的形式包括直线、折线、曲线等。线条的粗细、位置及不同的组织方式形成了线条的构图。注意观察所给示例图形的线条组合，从中发现线条构图的基本原则，寻找线条的粗细、位置、形态及其内在联系。

解题思路

练习a要求用三条不同形态及粗细的线条组成新的构图组合，注意线条所带来的视觉感受。练习b要求运用习题1的改变手法，通过改变所给线条图形的元素形状、粗细、位置及其数量，来衍生出新的构图组合。本题关键在于巧妙运用不同线条的组合，大与小、直与曲、疏与密的对比和呼应，产生新构图的视觉美感和张力，实现既富于变化又统一，既丰富多样又协调的线条形式美。

习题2：线条组合构成

用两条不同的线条构成一个构图组合。

例：

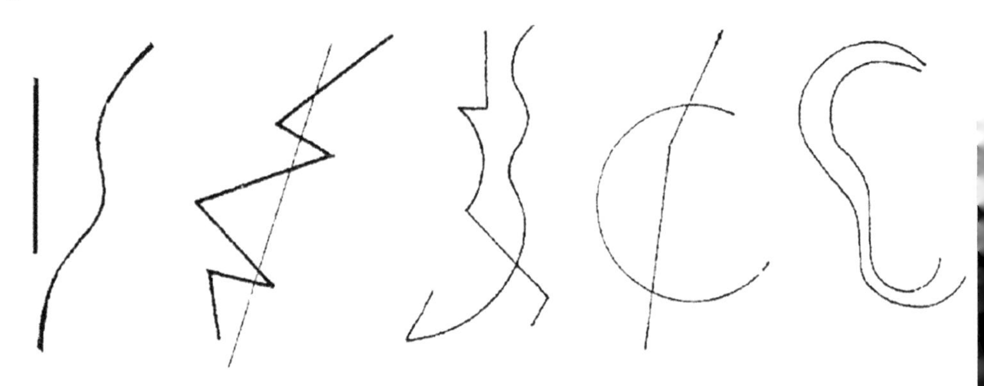

a. 用三条不同形状及粗细的线条构成一个构图组合。

例：　1.　2.　3.

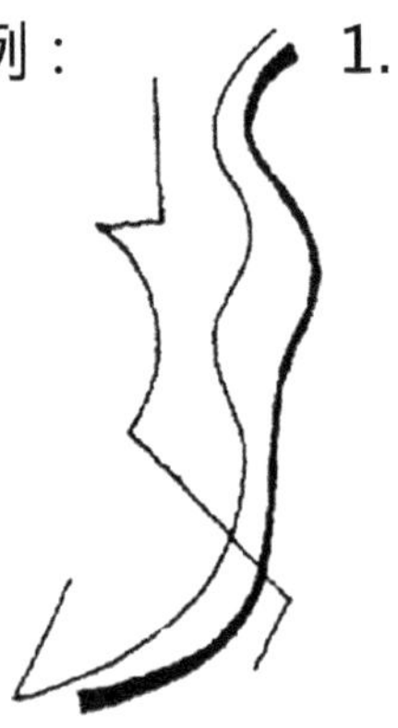

b. 用习题1的结构组合方式改变以上所画出构图组合。

例：　1.　2.　3.

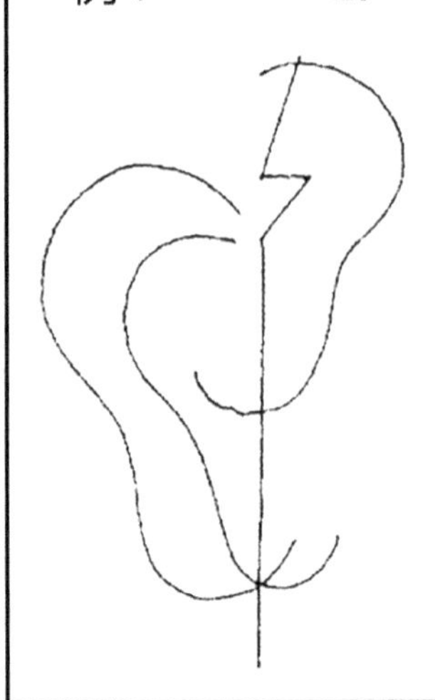

图2.3 习题2：线条组合构成

学生示范作业

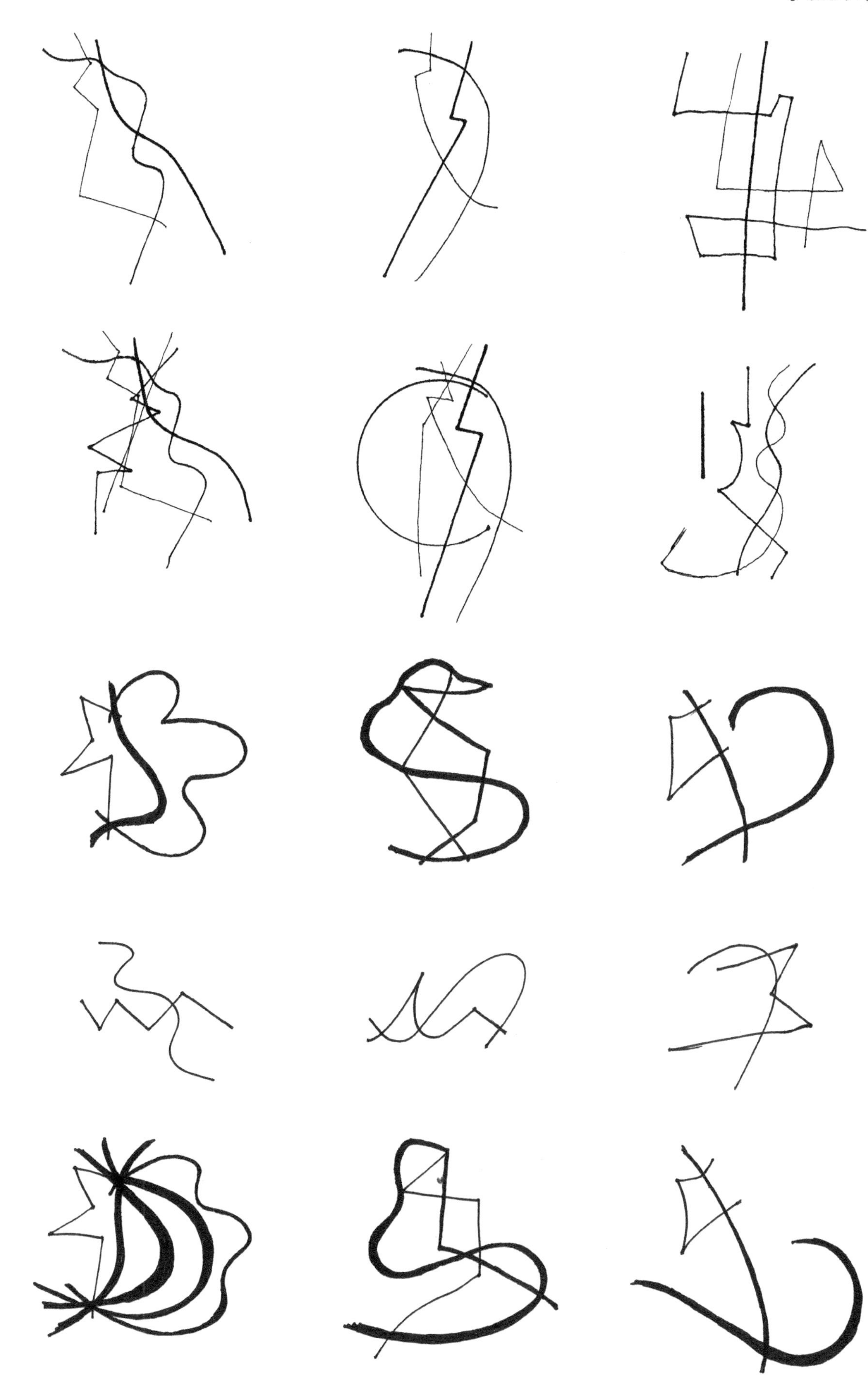

图2.4 习题2学生示范作业

培养目标

自然界中具象的物体均可以被抽象的线条概括与表达。利用熟悉的自然存在和建筑构件来表现，更有助于培养学生对形态的综合观察，记忆能力，抽象化处理能力，同时也是对设计素材的积累，这是设计师必须具备的专业素质。运用线条的力量感、形态变化、组合构成，表现抽象形态中所蕴含的情感色彩和立意。

解题思路

要求用简单线条描绘指定物体的不同形态样式。从树木的一组例中可以看到，示例1中的树是年轻的、充满活力的乔木。示例2则是被风吹偏向一侧的树，这个形态显示了风的力度以及树的韧性。示例3则是被强风吹倒的树。示例4则是一棵老态龙钟的树。简单的线条赋予了树不同的感情色彩。

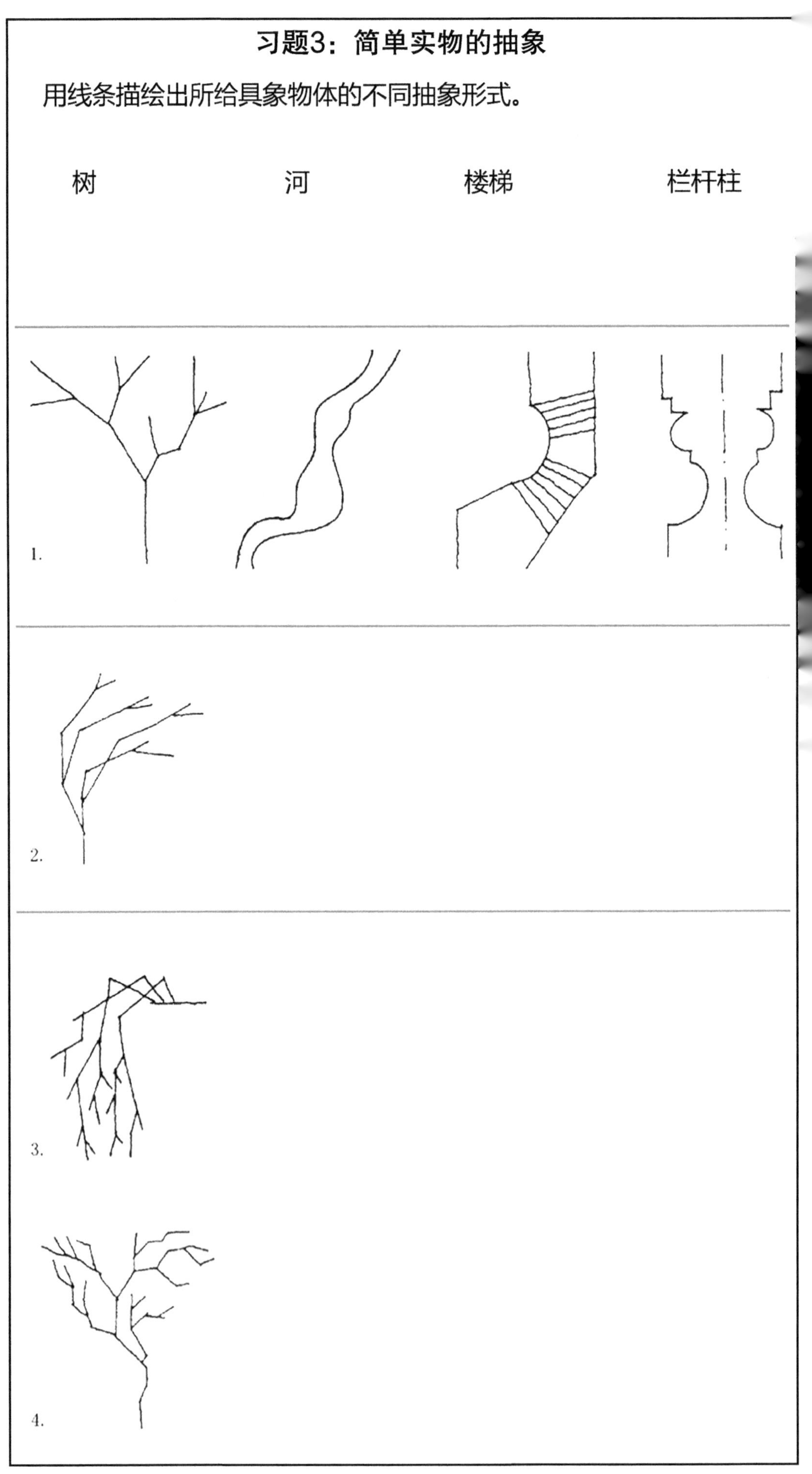

图2.5 习题3：简单实物的抽象

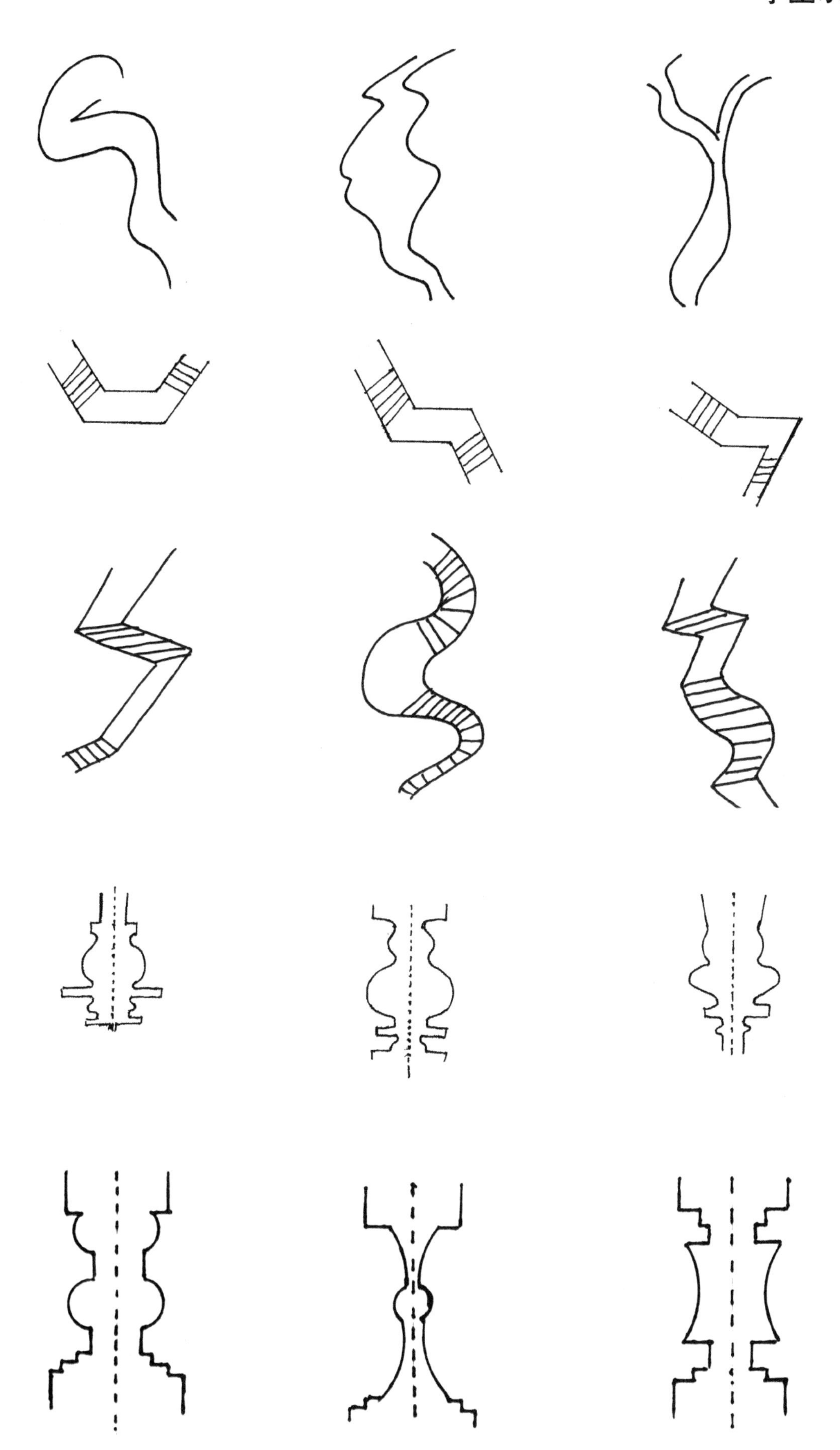

图2.6 习题3学生示范作业

培养目标

在两点之间以折线、曲线来连接，虽然看似比较简单，但是能够在完成过程中将构图的均衡和变化之间的微妙关系把握得恰到好处绝非易事，需要训练处理线条的敏感与灵活性从而形成运用抽象线条构图的能力。

解题思路

练习a、b、c要求用折线、斜线或曲线形式完成图形中A、B点的连接。练习d则要求学生对城市广场平面、门把手、游泳池平面图、正门等具体实物的轮廓进行概括，并通过改变线条的形状、大小、位置、数量等手法对原型中的2～3种进行不同的图形演绎。可于A4上完成，并注意整体图形在A4上的画面构图。

习题4：折线与实物的抽象

a. 利用各种不同样式的线条完成下图 A、B点的连接。

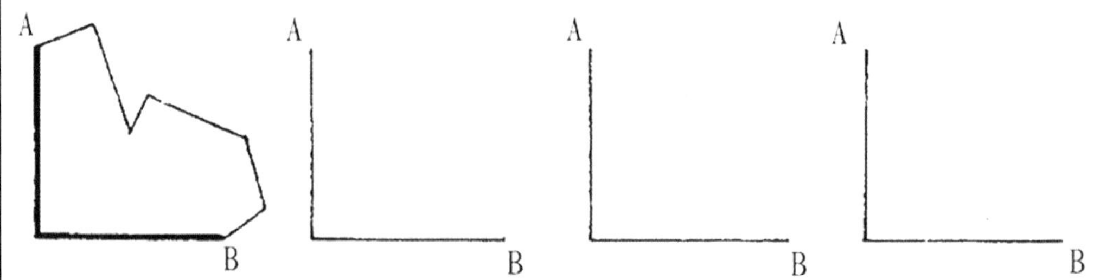

b. 用折线完成下图 A、B点的连接。

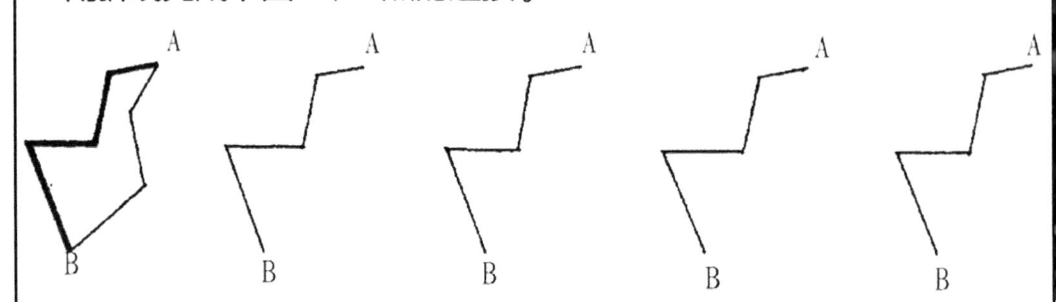

c. 用斜线和曲线完成下图 A、B点的连接。

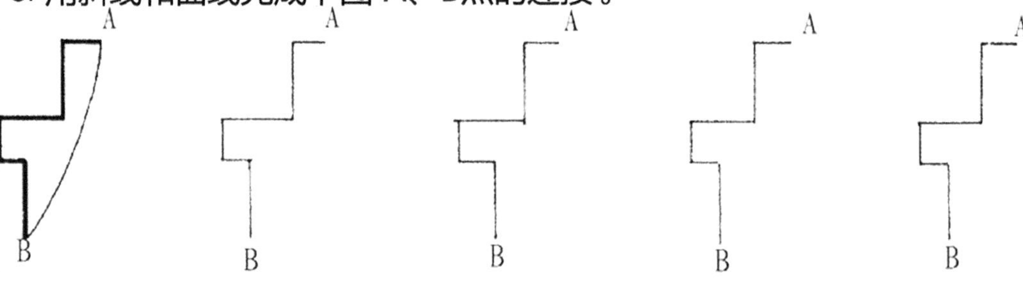

d. 用线条完成几个具体实物的外轮廓形态，请选择2～3种进行练习。

城市广场平面图	门把手	游泳池平面图	正　门

图2.7 习题4：折线与实物的抽象

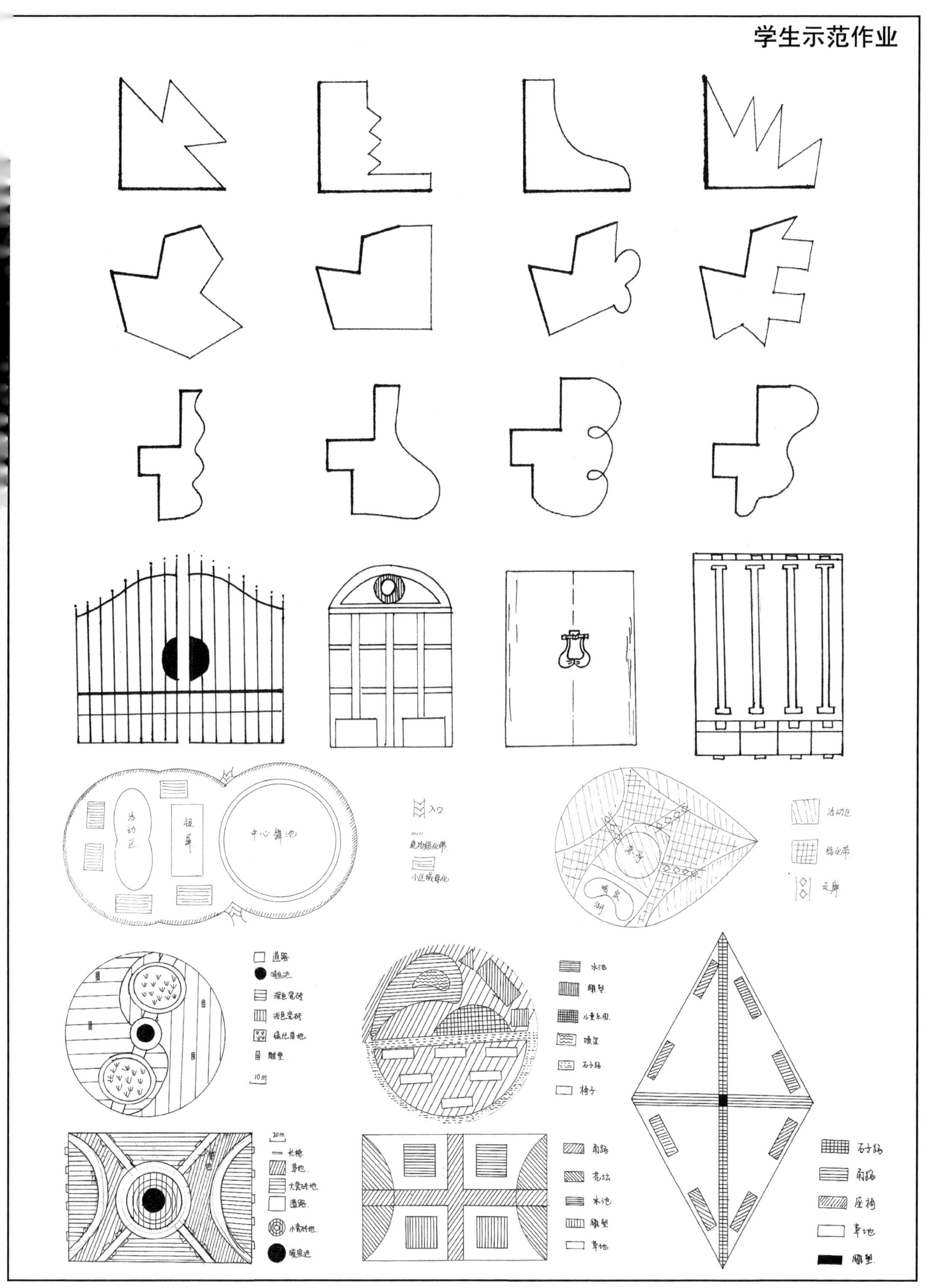

图2.8 习题4学生示范作业

培养目标

建筑平面形态的特点与建筑所处的地域、气候特征紧密联系，比如北非突尼斯的建筑显现了非洲地域及其干热的气候特征，透过抽象化的建筑形态总图，便于体会建筑与环境之间的内外因素的协调作用，理解建筑形态的抽象与具象之间的关系。

在矩形轮廓中填充不同简单图形组合与异构有助于强化学生对图形和谐一致构图的认识和理解（例图1是建筑师普罗密尼于1660年设计的圣·伊沃教堂的平面，它展示出了一个矩形建筑轮廓中多重不同形态的组织关系；例图2中是一幅B·瓦扎列里的抽象风景画，显示了在一个矩形图幅中曲线形态的组合关系）。

解题思路

练习a需要寻找与范例类似的一组建筑的平面图、立面图、总图，通过对建筑平面、立面、总图等关系的理解来抽象化地描述建筑形态，从而加深建筑形态的抽象与具象之间的转化关系。

练习b需要在下列空白矩形中，根据1、2、3、4、中不同的要求填充相应的简单图形（直角形的基本图形，不同角的多角形，曲线形，带直线和曲线的图形），注意所填充图形的组合要和谐一致，这个练习可以通过对图形移动、转变及整体校正的方法来完成。

练习c需要在下列空白矩形中，参考两则例图不同形态的组织关系，根据1、2、3 中的不同要求填充图形，完成组合构图（可以借助贴彩纸的方法完成）。

习题5：建筑平面的组成

a. 找出与范例类似的组合。

例：突尼斯的房屋（示意图）

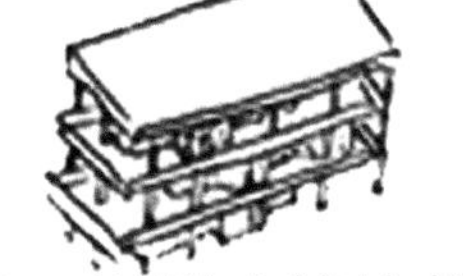

1. 类似建筑的平面图 2. 类似建筑的立面图 3. 类似建筑的总图

b. 在矩形中填充复杂的图形并使之和谐一致。

1.直角形的基本图形 2.不同角的多角形 3.曲线形 4.带直线和曲线的图形

c. 在矩形中填充几个复杂的图形。

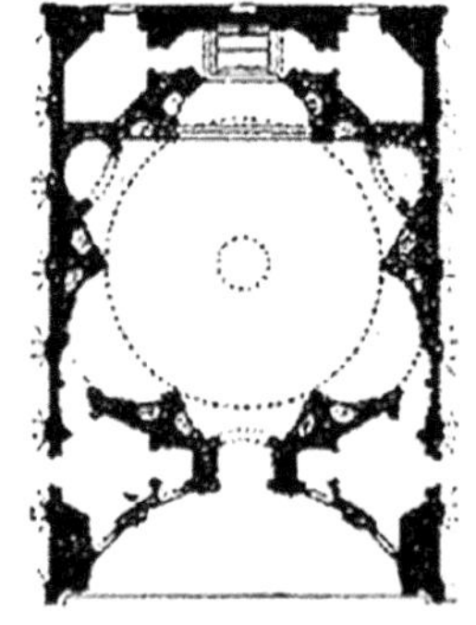

例图为圣·伊沃教堂的建筑样式
建筑师普罗密尼1660年

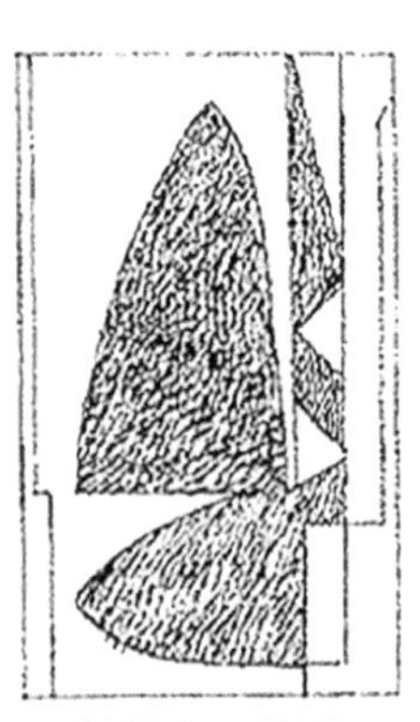

例图为风景画
B·瓦扎列里

1. 填充带有不同角的多角形 2. 填充2～3个曲线图形 3.填充各种图形的组合型构图

图2.9 习题5：建筑平面的组成

图2.10 习题5学生示范作业

培养目标

本组练习主要是探讨建筑平面中的不同图形元素的组合关系，进而升华到对于建筑平面与立面相互关系的思考。从练习a中左侧现代建筑的平面中可以抽象出相互联系的简单基本形态，由基本构图元素——长方形组合而来，而后根据功能布局的变化取消一些边线，形成统一而富于变化的形态，使得空间的感受与功能性质相一致。

解题思路

练习a要求从右侧科尔索大教堂的平面图中抽象地提炼出一组不同的简单几何图形的构图组合，可参考左侧范例衍化过程。

练习b则要求在完成上题，充分理解以上示例图形的构成规律后，完成几组构图，在复杂的外轮廓中填充直线或曲线图形，然后用彩纸贴花完成构图，并完成侧面的构图，需要在头脑中形成一个完整的立体的形体。

习题6：建筑平面抽象的组合

a. 找出并画出与范例类似的构图组合。 几个简单图形在复杂轮廓内

例： 楼的平面图

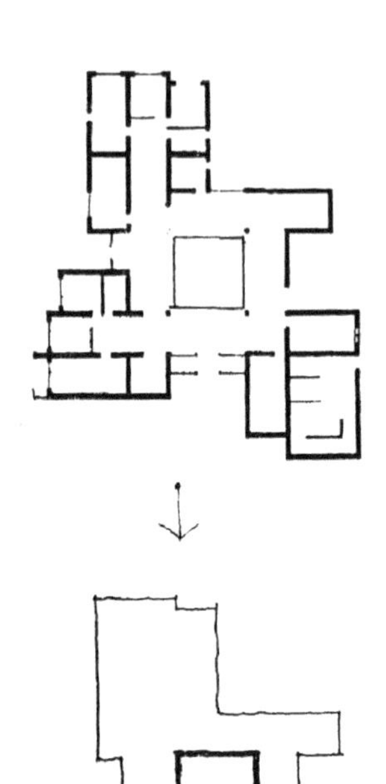

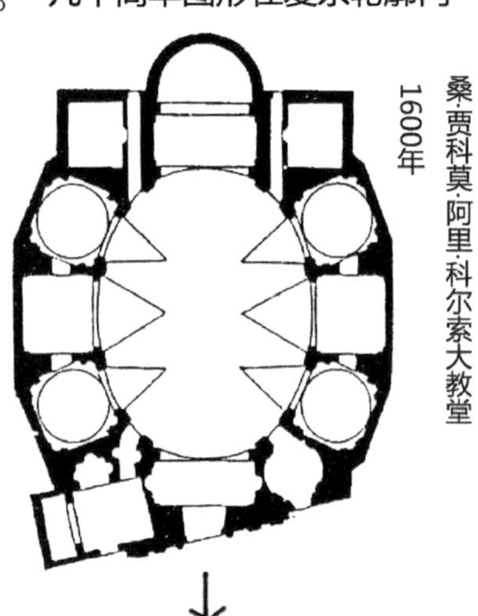

b. 组成几个在复杂图形中的简单图形的构成图。

例：

直线构图

侧面构图

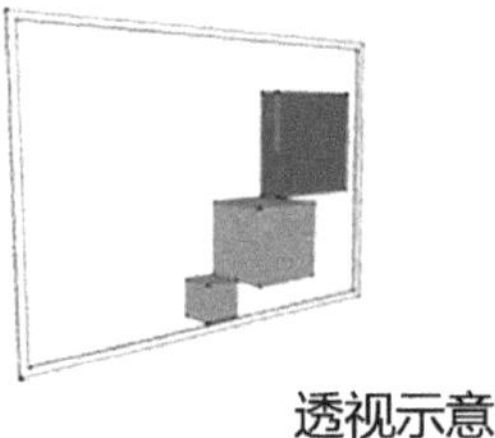

透视示意

→ →

1.完成直线或曲线形构图的样式

2.完成彩纸贴花图形的样式

3.完成同等高度侧面构图的样式

图2.11 习题6：建筑平面抽象的组合

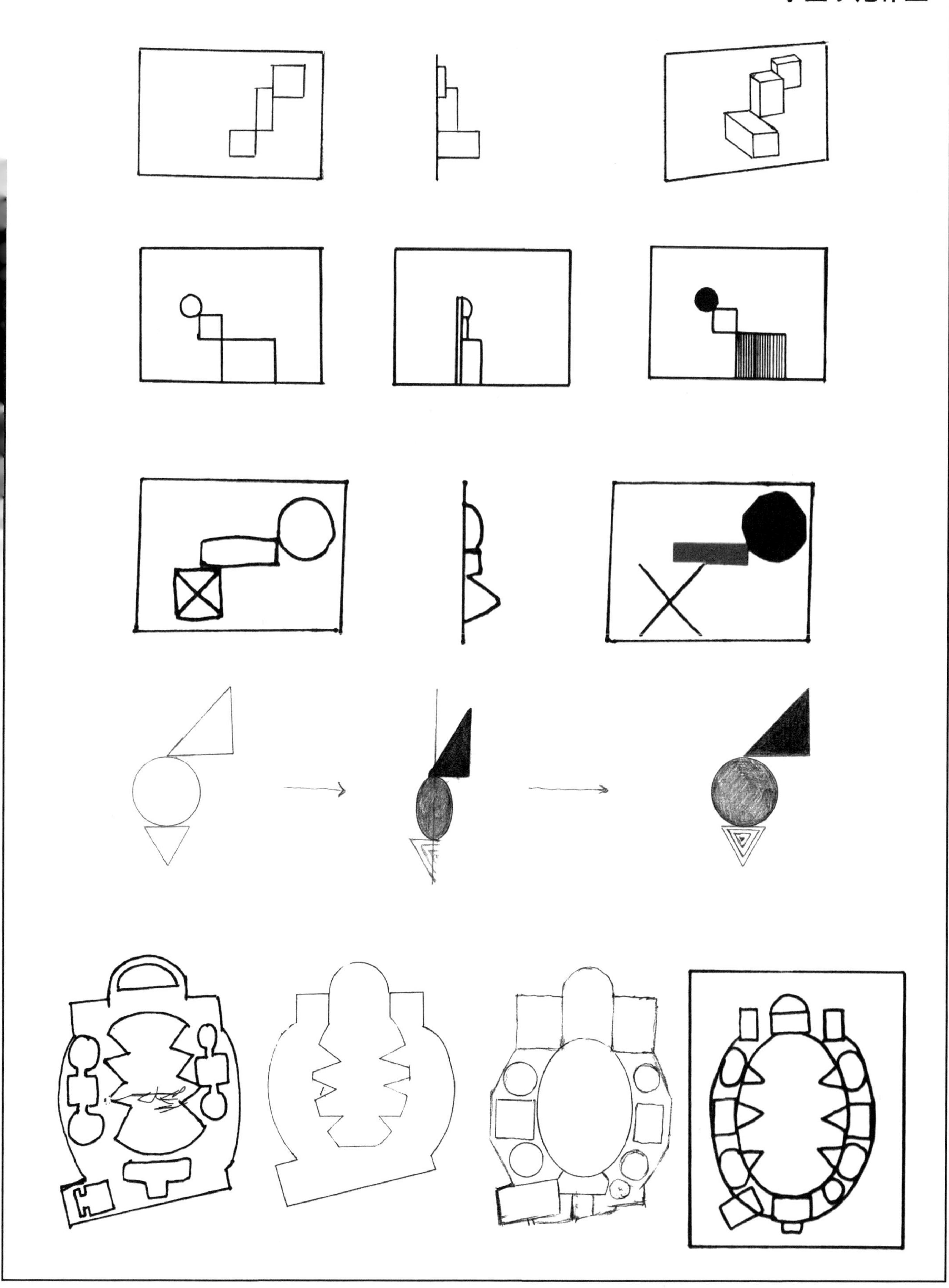

图2.12 习题6学生示范作业

培养目标

以勒·柯布西耶（Le. Corbusier）于1924年所画的一幅静物写生抽象画为例，来说明抽象形态与具象实物的关系，从这幅画中可以看出抽象形态的前后空间关系，打破了传统的一点透视的机械性，揭示了20世纪初期抽象画对传统透视所描述的空间关系的批判。这种透明的玻璃器皿前后的空间关系具有很强的建筑意义，这也是建筑大师可以创作出这样的作品的原因。“好的建筑是可以被‘通过（WALKED THROUGH）’和‘穿越（TRAVERSED）’的，无论是内部还是外部：那是活生生的建筑。坏的建筑就是僵死地围绕一个固定的、不真实的虚伪的点，这绝对异于人类的法则。”

——勒·柯布西耶《建筑空间》释读

解题思路

练习a要求找出画中的图形元素并理解这些图形元素的重叠在画面中的前后空间关系，再把这些图形变成直线元素的图形。练习b要求利用从以上抽象画中所提取的图形元素组合成2～3个由复杂图形组成的构成图，可以采取贴纸方法。

注意探讨抽象图形与具象实物的相互转化关系，理解抽象写生画的前后空间关系及对传统透视的反思。

习题7：大师画作的抽象提炼（一）

a. 把下图变成直线图形，找出其中的填充图样式。

例：静物写生画（可附A4纸完成）

le.corbusier 1924

b. 按所给题目组成 2～3个由复杂图形组成的构成图，可以采取图形及贴纸法。

例：部分提取元素

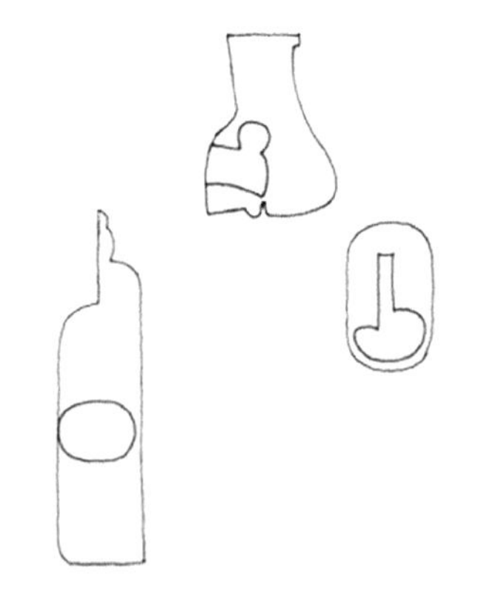

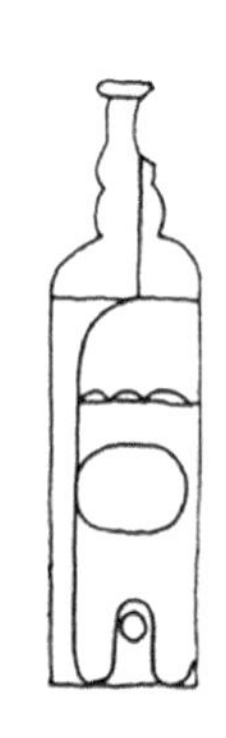

图2.13 习题7：大师画作的抽象提炼（一）

学生示范作业

图2.14 习题7学生示范作业

培养目标

本题以安藤忠雄设计的某建筑平面为范例，探讨简化后构图中的交叉图形的关系。很好地理解建筑平面中交叉得比较完整的基本图形，并敏锐地感受到这些图形所具有的空间意义，对于初学建筑的学生是非常有帮助的。

解题思路

练习以1929年毕加索创作的名画《三个音乐家》为题目，根据左侧范例的简化衍生规律，仔细寻找并画出毕加索画中的交叉图形。重要的是，深刻地理解20世纪以来的抽象画所描绘的实体以及为建筑形体构成所带来的深刻影响和启迪。

建议学生在完成这个练习后，以2~3个现代建筑的平面为对象，理解建筑平面中的交叉图形，试做类似的练习。

习题8：大师画作的抽象提炼（二）

在所给的图形中找到并画出交叉图形。

例：美术馆的平面图

毕加索《三个音乐家》，1929年

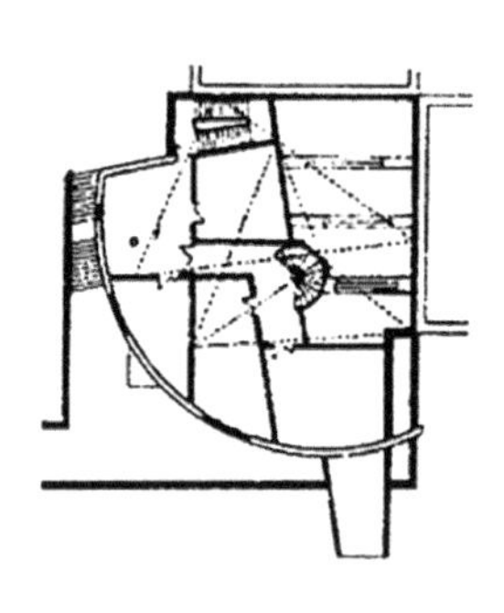

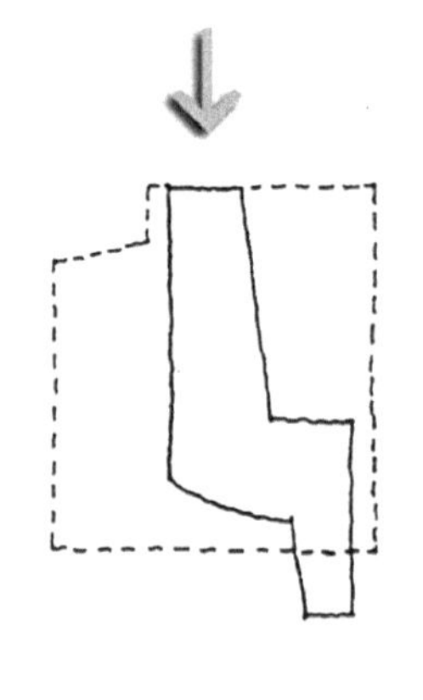

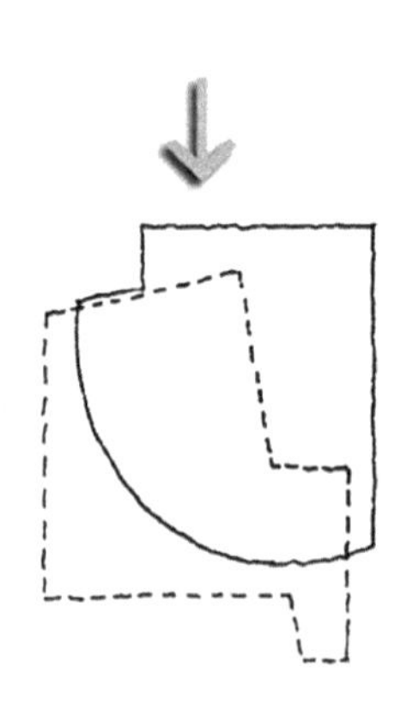

图2.15 习题8：大师画作的抽象提炼（二）

学生示范作业

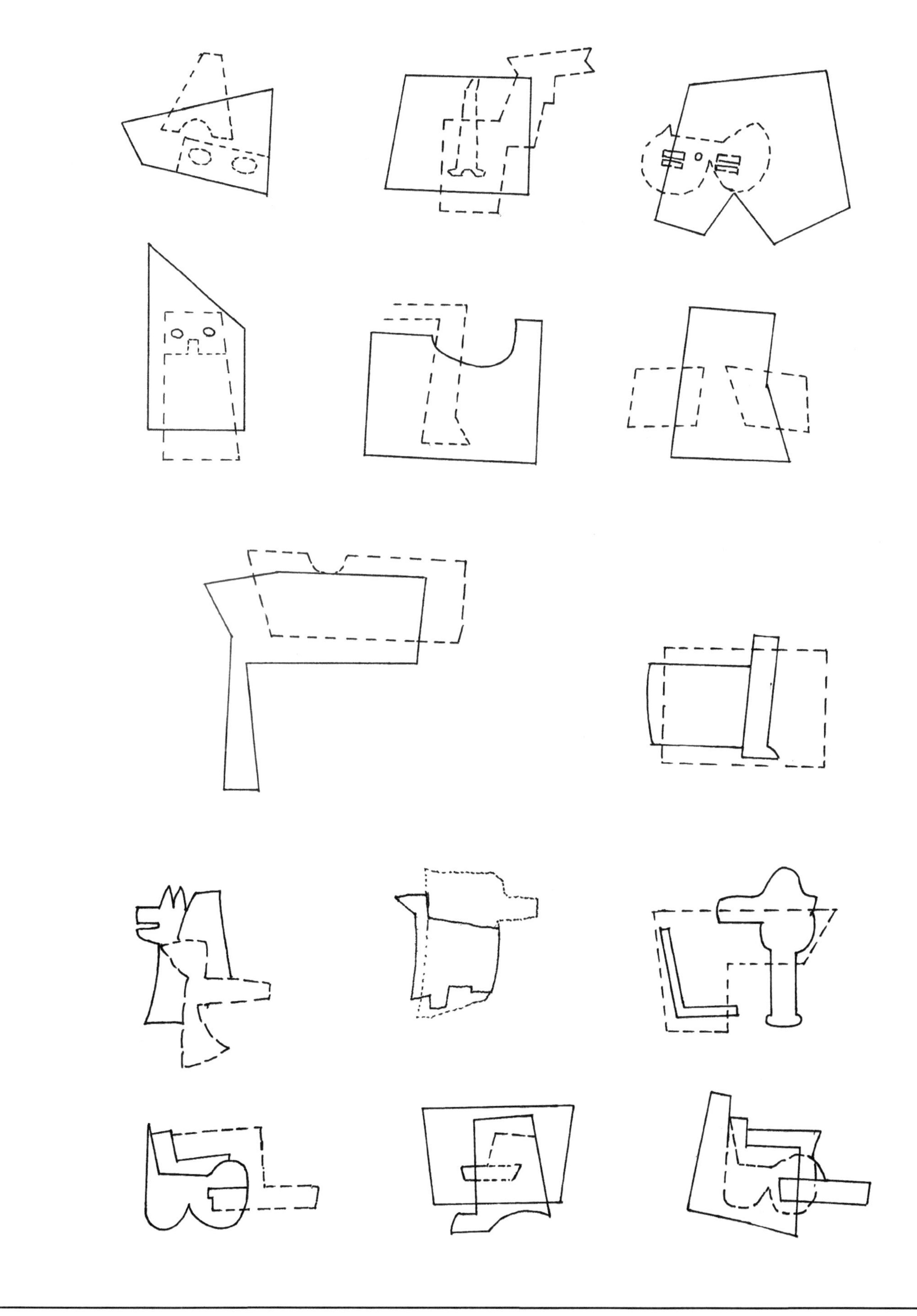

图2.16 习题8学生示范作业

培养目标

本题主要是完成对简单形态元素建筑平面的抽象组合，这种多重组合训练有助于形成和积累构图的个性语言，尤其注意在图形组合中应当有主与从的差别。在建筑设计中，从平面组合到立面处理，从内部空间到外部形态，从细部装饰到群体组合，都要处理好主与从、重点和一般的关系。否则，各元素平均化，同等对待，即使很有秩序，也会显得单调、松散、无趣。

解题思路

练习a需要用指定的两种不同重叠和交叉图形组成新的构图，分别是以多角和曲线，两个曲线图，曲线及多角形为要求进行的组合练习。注意基本形态的完整性和构图的形式统一性。

练习b则是先参照例子做出一组有简单交叉的图形，再在练习a的基础上，根据后面4个小题的不同要求进行构图的演绎，旨在通过对外形轮廓形态的变化、图形尺寸的变化以及这些变化的综合与叠加的手法，变换出新的构图。

练习c中1需要对建筑平面进行抽象简化，要求以一个图形作为主导，在构图中分出主与从的关系，核心与外围组织的关系，完成有机统一的整体。2和3中需要重新变换1构图中基本的形态元素，组合出两个新的构图。

习题9：建筑平面的抽象组合（一）

a. 用两种不同的交叉图形组成新构图，其中要有多角及曲线图。例：

1. 多角及曲线 2. 两个曲线图 3. 图形及多角形线图

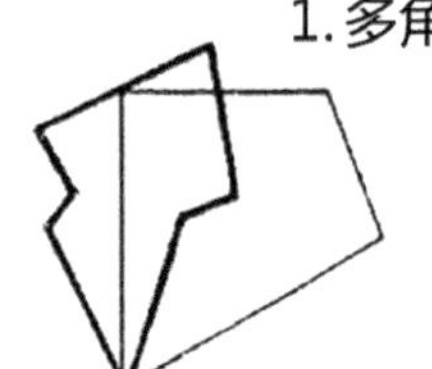

b. 用所给图形变换出新的构图。

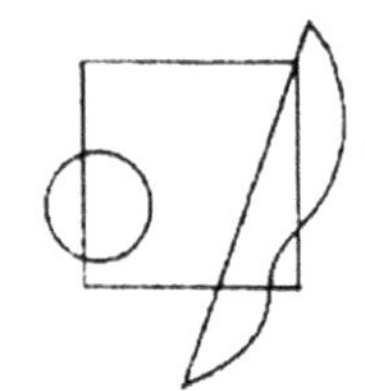

1. 交叉图形 2. 改变轮廓 3. 改变图形尺寸

4. 所有三个练习（将前面三个练习组合） 5. 再补充2个图形进行组合

c. 以图形中的一个主导图形作为主要的构图元素，组成新构图例图为符合题意的一个设计图。

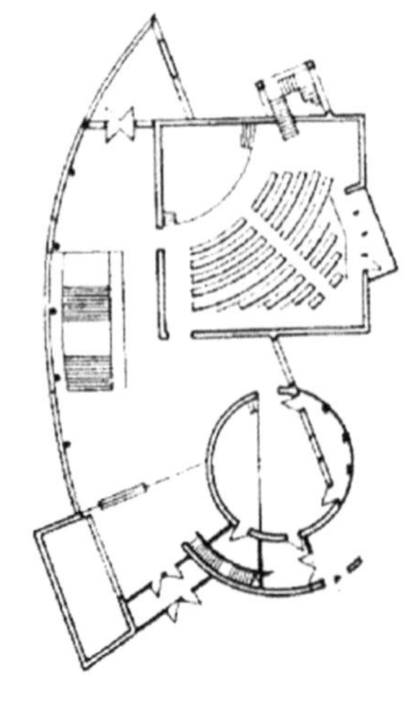

抽象简化后的平面图	重新变换组合出两个新的构图	
1.	2.	3.

图2.17 习题9：建筑平面的抽象组合（一）

学生示范作业

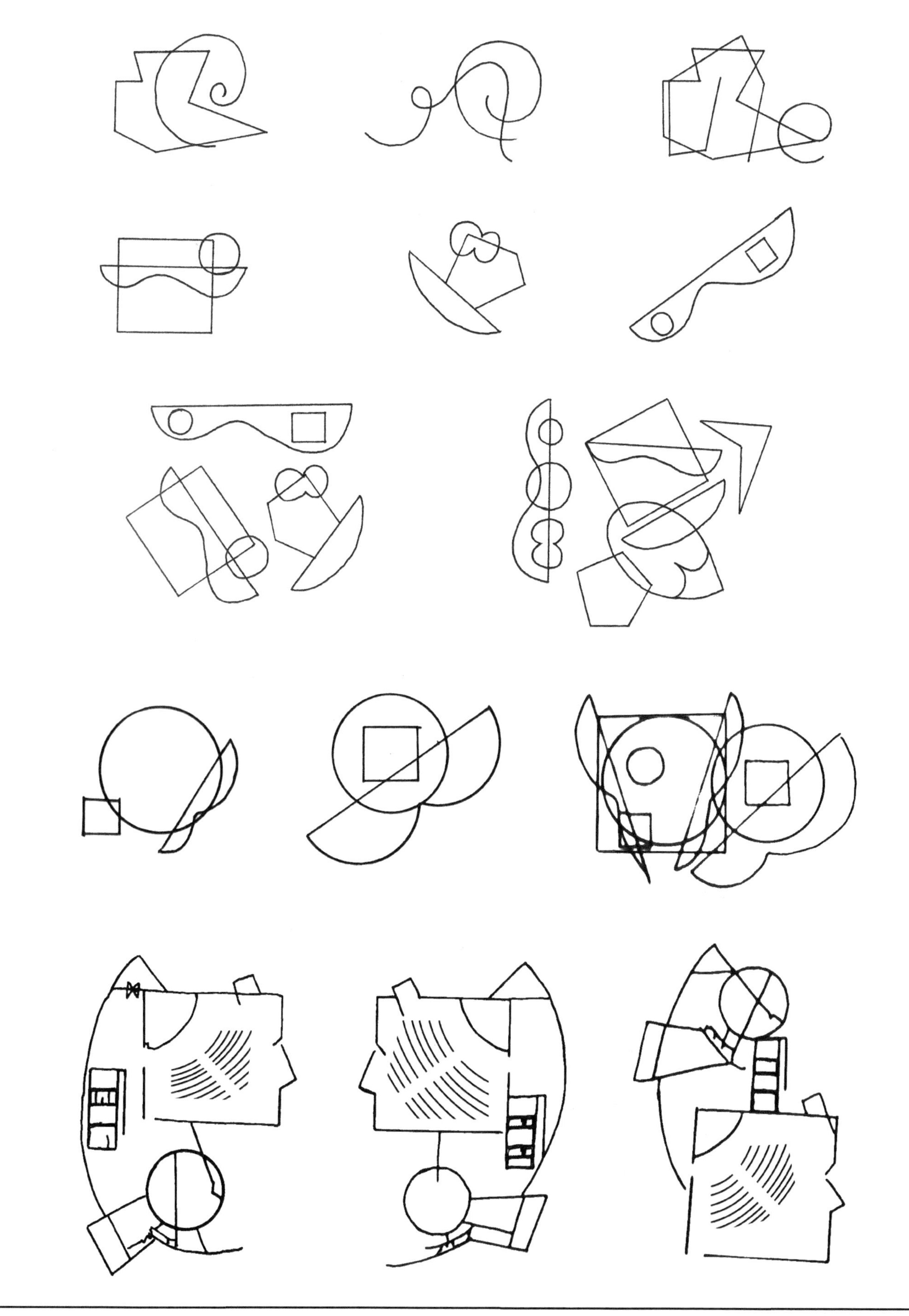

图2.18 习题9学生示范作业

培养目标

任意图形，比如三角形、正方形、半圆形的构图组合是建筑平面形态抽象的基本元素，本题构图要点及要求是只考虑其相互连接，而不考虑其形态的重叠与交叉。

通过本题目的训练可以使学生初步体会建筑平面基本图形的连接关系，并思考保持构图均衡和稳定的制约关系。所谓均衡，需要控制构图中左右、前后的轻重关系；而稳定，则需要考虑构图整体的上下之间的轻重关系。

解题思路

练习a，参照例子做出5组任意图形的构图组合。

练习b是将基本形态元素的数量增加进行的练习。

练习c则是探讨基本的地板块（马赛克）形的直线拼接关系，利用所提供的基本块做出拼花图案。

练习d是对具体的建筑平面的理解，这个平面图中，以中央的院子作为连接，将其他的功能单元联系融合起来。本小题需要重新组织这些功能单元形态的位置关系，注意不要更改其尺寸、大小。

习题10：建筑平面的抽象组合（二）

a. 用任意的图形组成 5个构图。

例：　　1.　　2.　　3.　　4.　　5.

b. 把所给的构图中的图形增至 7个。

例：

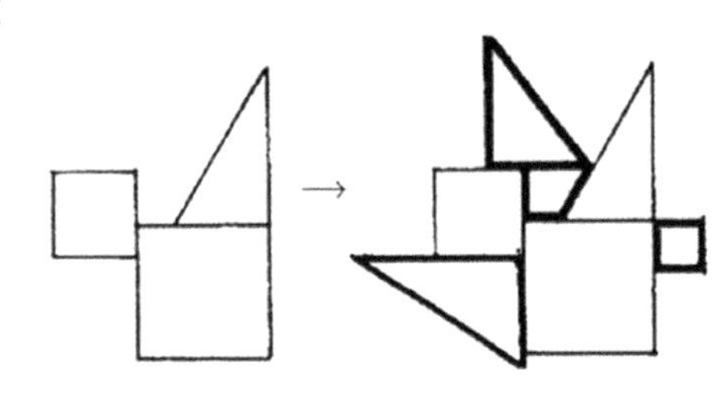

c. 用所给的图形组成“地板块”（马赛克）样式的图形。

例：

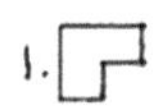

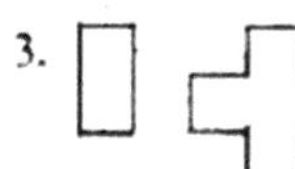

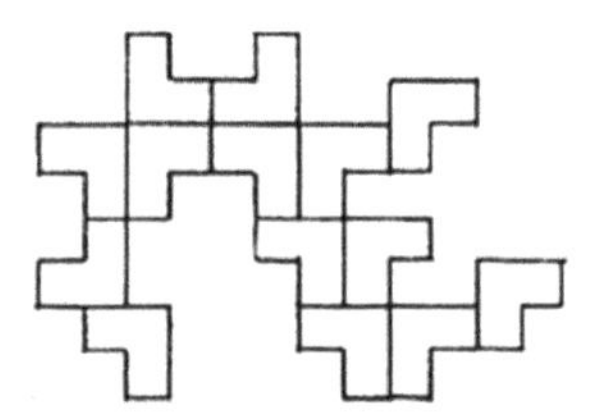

d. 用替换图形位置的方法完成所给平面图（2～3种方案）。

例：学校的平面图（院子作为连接图形）

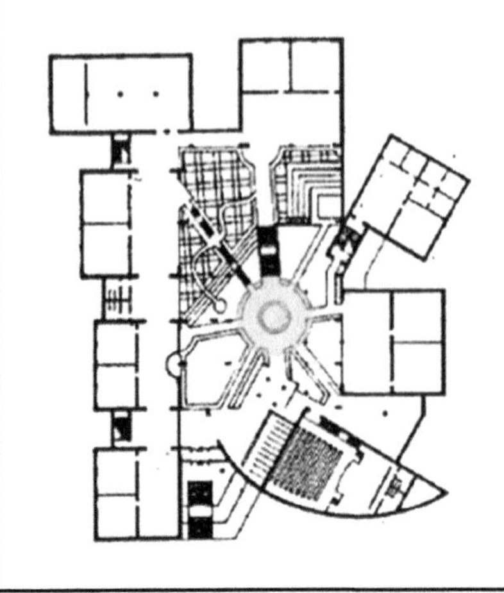

图2.19 习题10：建筑平面的抽象组合（二）

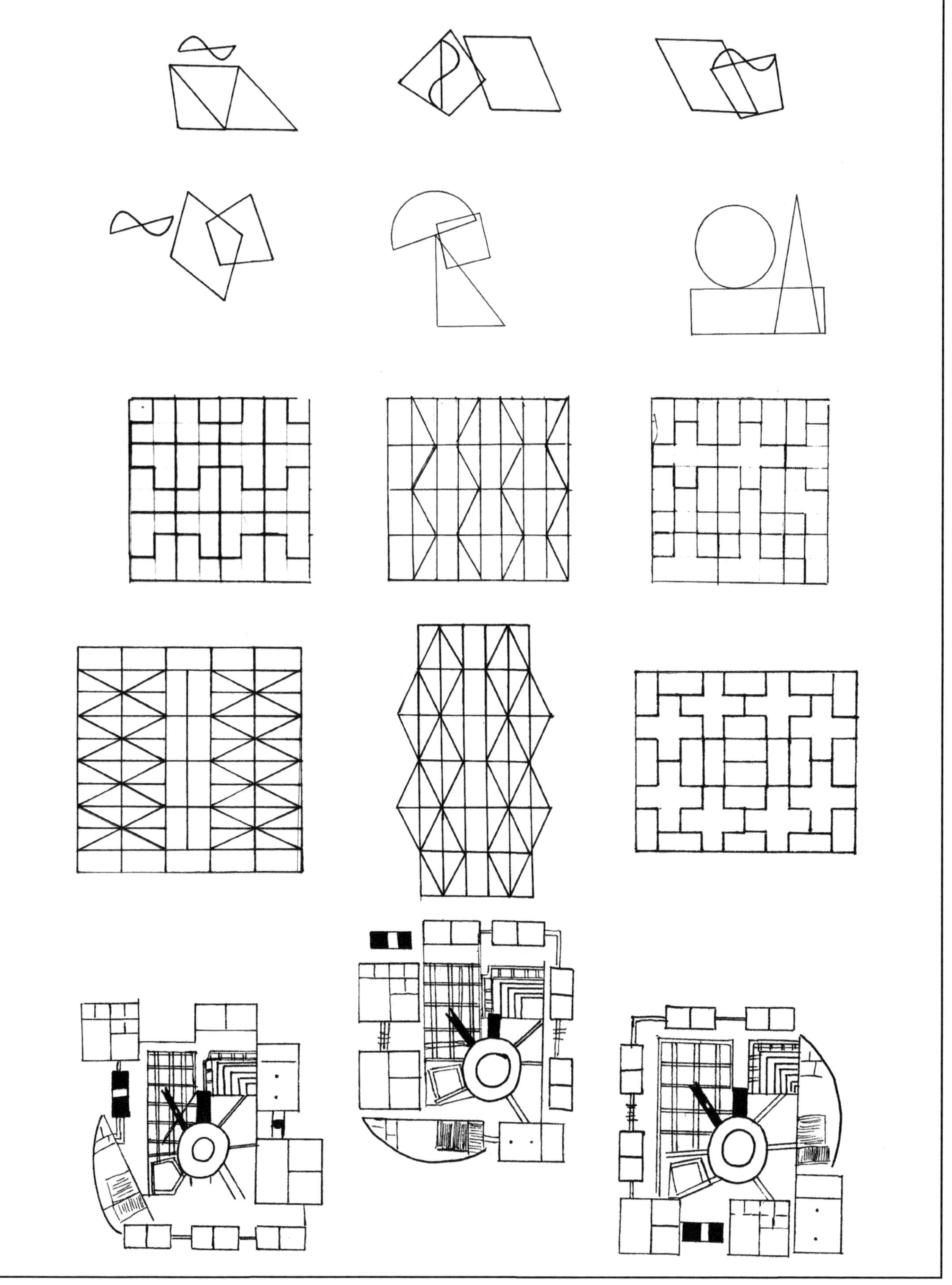

图2.20 习题10学生示范作业

培养目标

任何建筑的平面或立面均可以被抽象成简单的形态，即完整或较完整的几何元素，或者是这些几何元素的组合。本题有助于训练学生在设计过程中，先整体、后细化的考虑，从大体块的基本形态生成到具体的划分和细化，形成理性、逻辑化、有条不紊的设计思路模式，避免本末倒置、混沌不清。

解题思路

练习a需要分析思考平面经过一步步的简化而转换成较为纯粹简单的几何图形的过程，但是仔细观察可以发现其中的逻辑性，在简化中是对相同功能区域的抽象与综合，如果将这种抽象的过程反推回去，就是建筑平面的生成过程，即建筑平面的设计过程。从总图分析的大体块基本形态的确定，到把这些大体块的基本形态过渡到平面功能，从平面功能的区划到平面功能的细化，这种生成过程，正是由简单的平面几何形态过渡到建筑平面的生成过程。

练习b则需要应用以上抽象过渡的方法，以一类似建筑立面图为模板，完成类似建筑的立面图、立面细部处理以及几何化总图、探讨建筑立面及立面细节的抽象过程。

习题11：建筑平面的抽象

a. 找出并画出示例中基本几何图形：具象到抽象形式的总结。

例:

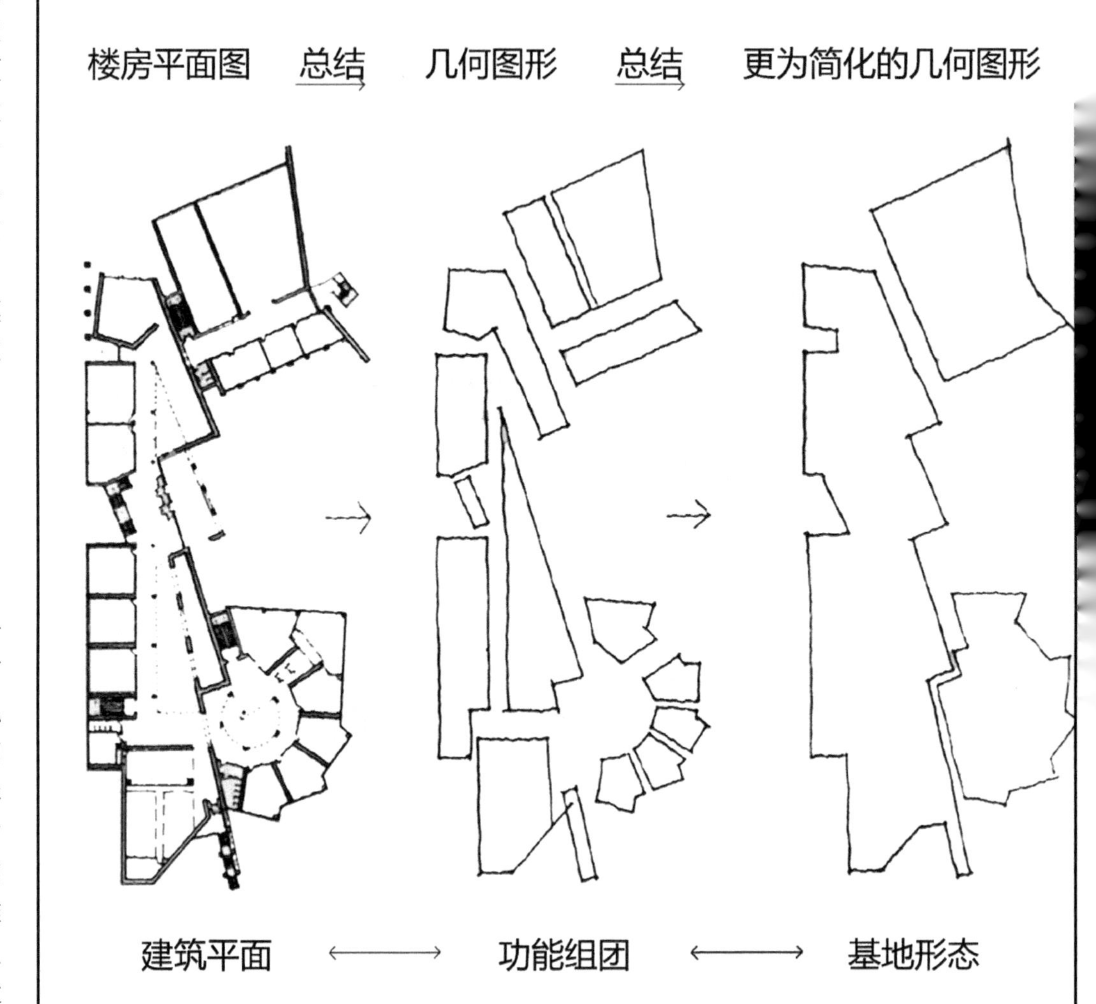

b. 用同样的方法完成类似建筑的立面图、立面图细节及几何化总图。

基地形态　　功能组团　　建筑平面

图2.21 习题11：建筑平面的抽象

学生示范作业

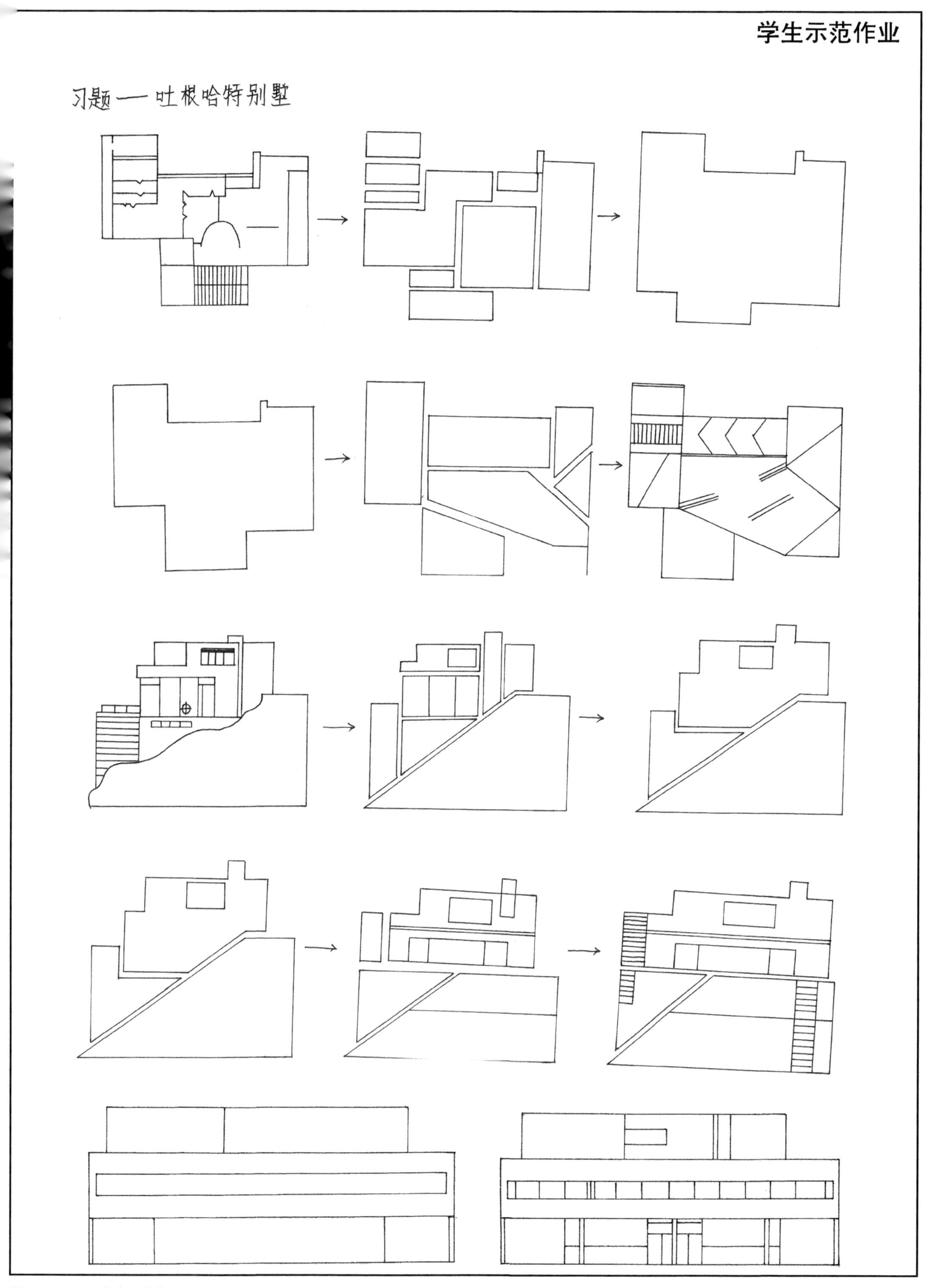

图2.22 习题11学生示范作业

培养目标

平面中不同形态的空间升起即浅浮雕化，可以有不同的处理方式。它主要利用描绘手法或透视、错觉等处理方式来营造抽象的空间效果。浅浮雕形体压缩度较大，平面感较强，很大程度地接近于绘画形式，是由平面向空间发展非常重要的一个阶段。

这也是培养学生理解现代抽象艺术重要内涵的方法。该训练对于学生理解现代抽象绘画的空间及时间维度的关系有重要意义，也可帮助学生理解单点及多点透视在现代抽象绘画中的重要作用。

解题思路

本练习以康定斯基的抽象画《蓝色》为题，需要对其进行简化，挑选出几个图形组合，进行一系列构图变化。

根据示例中对B·瓦扎列里的写生画构图片段的变化方式，先将挑选出的图形组合变成直线线条图，注意直接交叉或围合图形的完整性，继而在线条图的基础上，利用水平面升起的原理，将其变成一个浅浮雕式的构图，需要注意深浅变化，体现浮雕体块的重叠关系。另外，在直线图的基础上，利用自由的斜面升起的原理，形成浅浮雕化构图，注意垂直方向上的构图层次。

习题12：平面的浅浮雕形态

例：

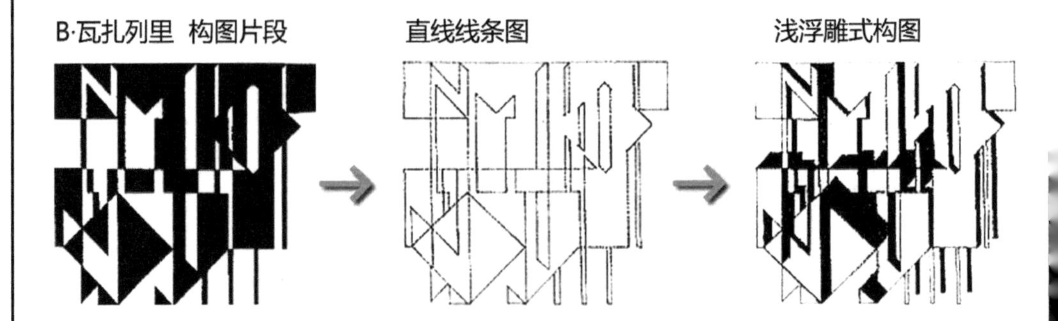

a. 从写生画中挑选出几个示例。

康定斯基 《蓝色》，1925年

b. 把所挑选的画变成直线图。

c. 在所得直线图的基础上利用水平面使之成为浮雕式构图。

d. 在同一直线图上利用自由的斜面使之成为浮雕式构图。

图2.23 习题12：平面的浅浮雕形态

学生示范作业

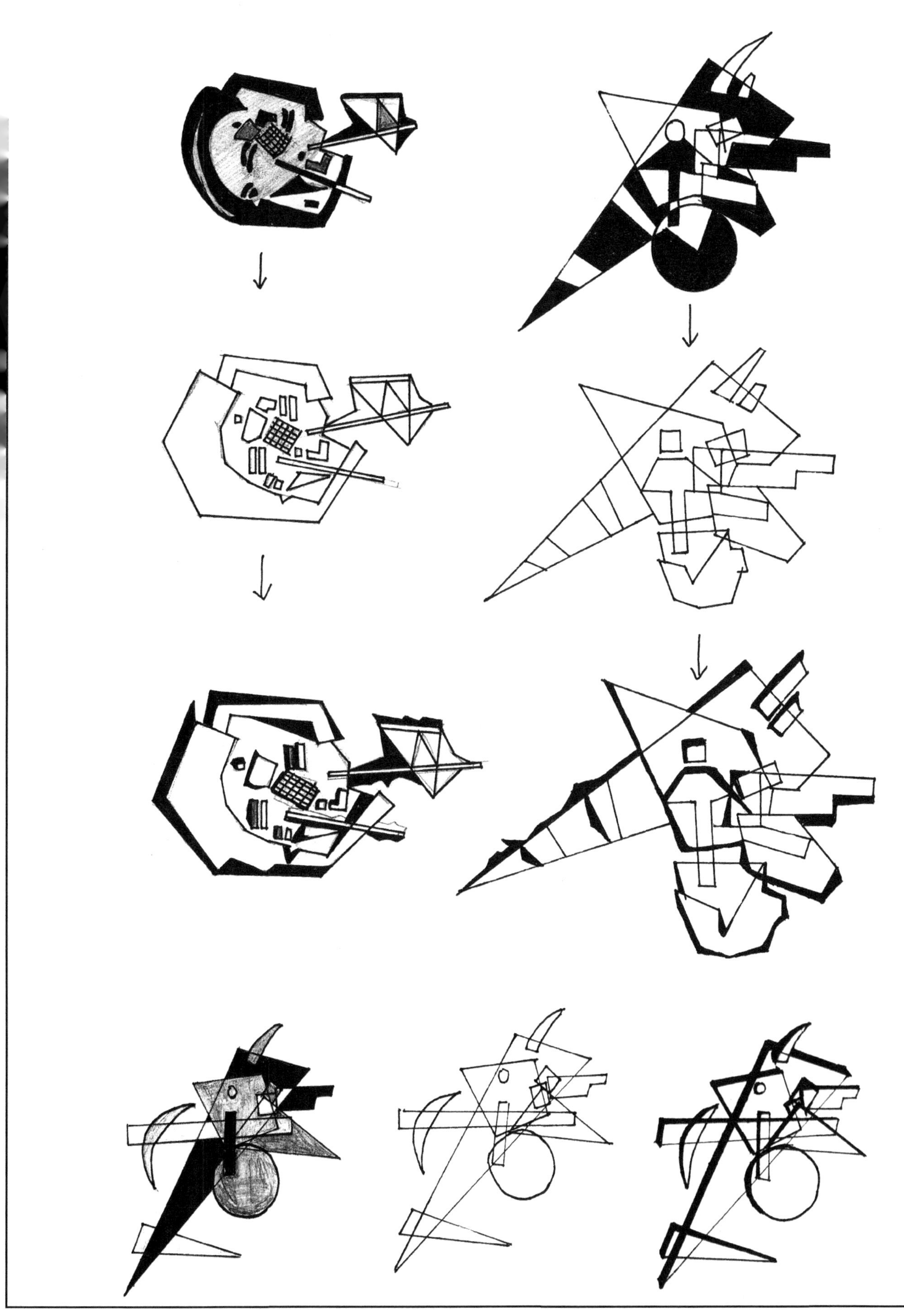

图2.24 习题12学生示范作业

培养目标

在同一平面上，根据其构成的不同的平面形态进行空间升起，即由浅浮雕上升为空间组合，这种构成方法，即是探讨同一平面形态的不同空间形体构成。

这个练习重点训练学生对于同一平面不同空间形态的理解与形体把握，多方案的比较训练可以形成学生空间构成创作的元素积累，激发学生在空间造型上的主动性和成就感。

解题思路

练习 a中，对同一线条的形态，在垂直状态下进行不同的高度变化和组合变化，构成不同的建筑形体方案，侧重于同一平面线上升为面的空间形态构成。

练习 b中，对同一平面上的几何图形组合，在垂直方向上进行不同的形体组合变化，侧重于相同的完整的平面元素上升到空间形体的构图形态。

习题13：同平面下不同的空间形态

a. 用线条和封闭式的图形组成构图并且画出在垂直变化状态下几种不同的建筑形体构成方案。

例：

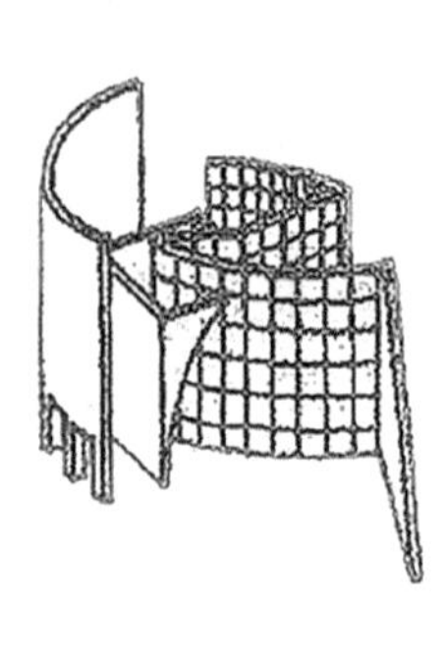

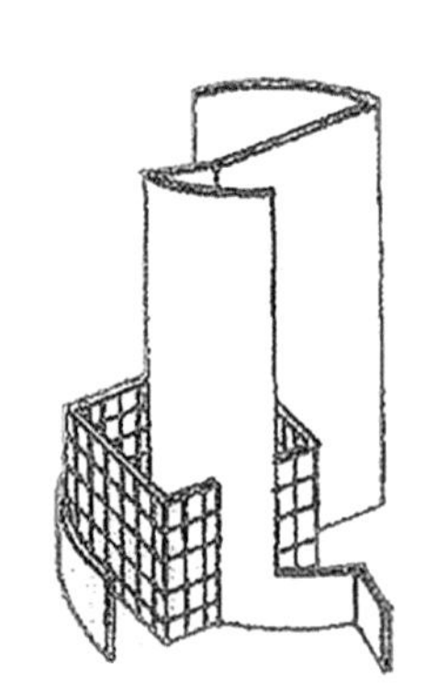

组合线条：

形体变换1　　形体变换2

b. 在同一平面图上组成几种不同的形体图形，并体现出相同的平面。

例：

平面

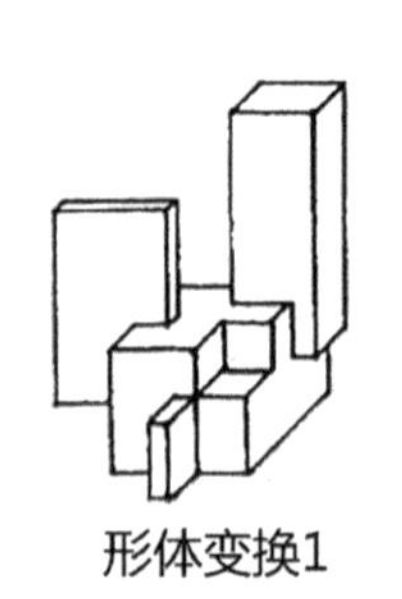

形体变换1

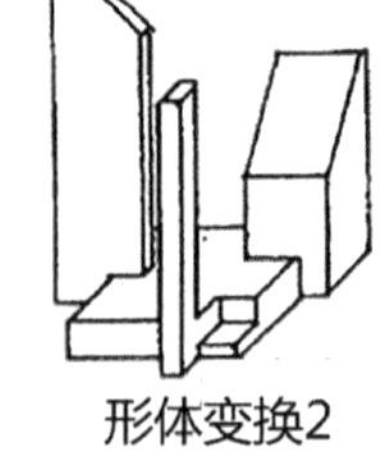

形体变换2

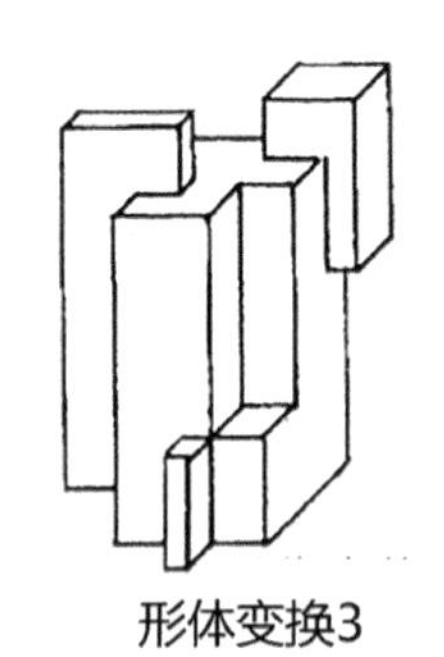

形体变换3

组合平面：

形体变换1　　形体变换2

图2.25 习题13：同平面下不同的空间形态

图2.26 习题13学生示范作业

培养目标

练习a注重体的构成及不同的空间组合关系，特别是通过阴影关系强调并衬托了形体的完整性。

练习b注重垂直面与水平面的空间形态组合，进而加深对面与面的穿插关系的理解。

练习c注重展览空间的流动性及空间的穿插。

在平面至空间的过渡练习中，注意体会空间的体量感和穿插感，更要注意立体构图上的完整性和统一性。

从空间形体的组织到室内设计中形态的组织。

解题思路

练习a，利用平面上的几何图形组合，借助阴影的变化，体现前后空间立体的效果，先完成由5～7个几何图形组成的构图，然后对此进行上述的变化，产生新的构图方案。

练习b，需要对初始方案进行加工，题2是需要增加垂直面，题3是增加水平面。这个练习可以借助纸模型的方法来完成，有助于体会面与面的交叉与联动关系。

练习c需要综合利用练习a与b的方法，设想在7.8米×15.6米×8米的空间中进行展览馆的室内设计。

习题14：同空间下的不同布置方式

a. 用 5～7个平面图形，借助于阴影，组成一个新构图，使之在与之相关的空间中显示出 2～3种不同的方案。

例：

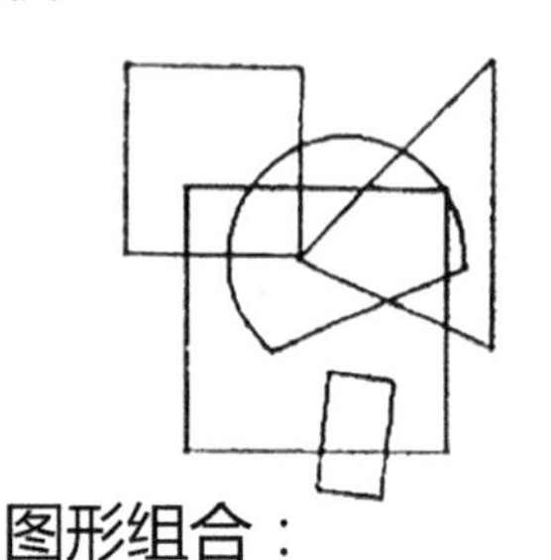

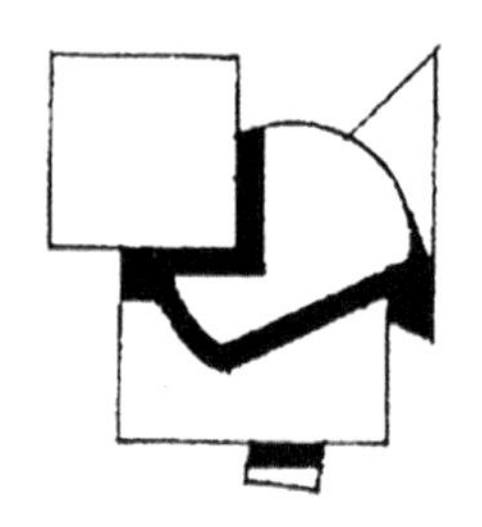

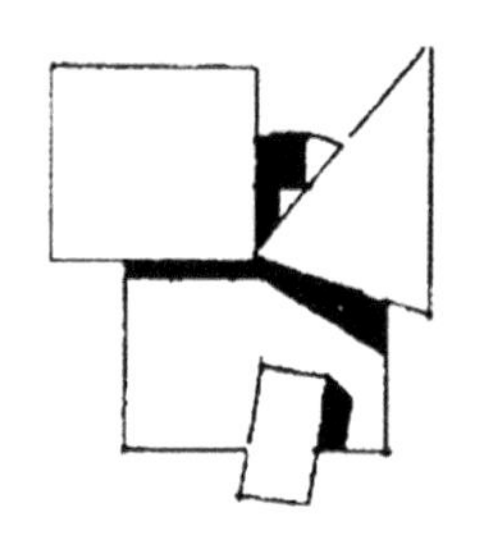

图形组合：

b. 用垂直面和水平面完成模型构成图。

1. 初始方案　2. 垂直面较多的方案　3. 水平面较多的方案

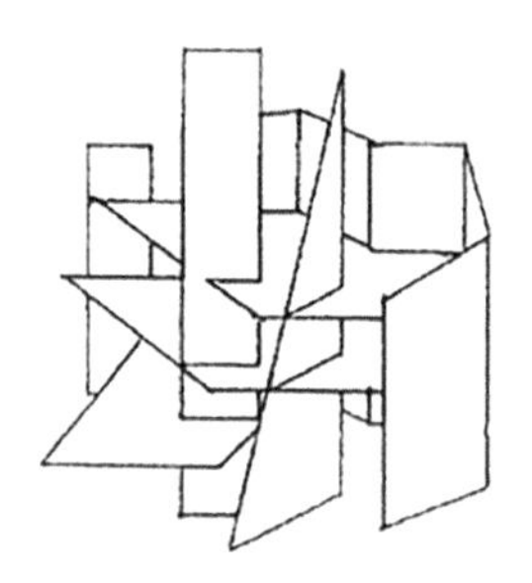

c. 布置展览大厅（模型）在 7.8米×15.6米×8米的空间内。

例：

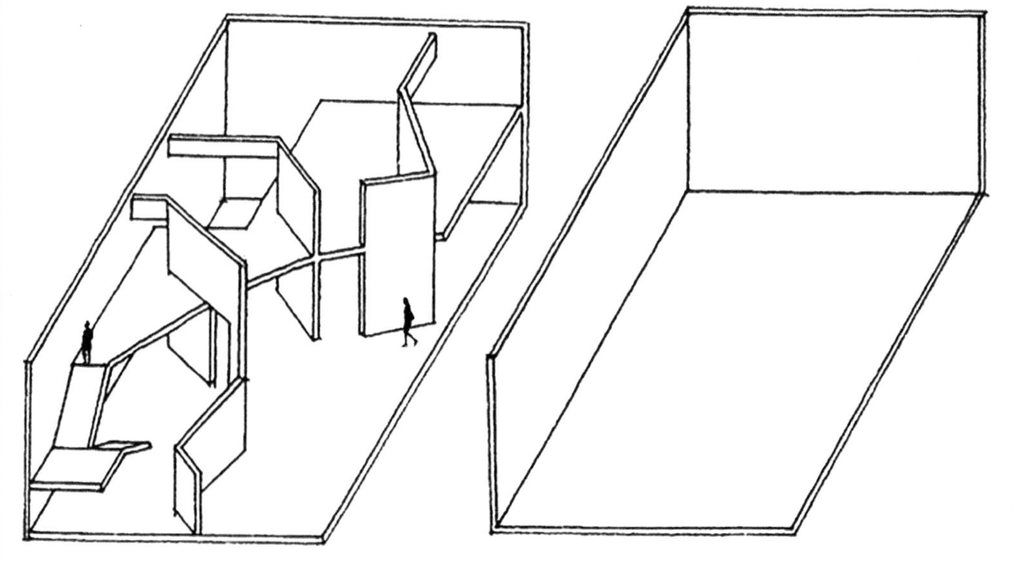

图2.27 习题14：同空间下的不同布置方式

学生示范作业

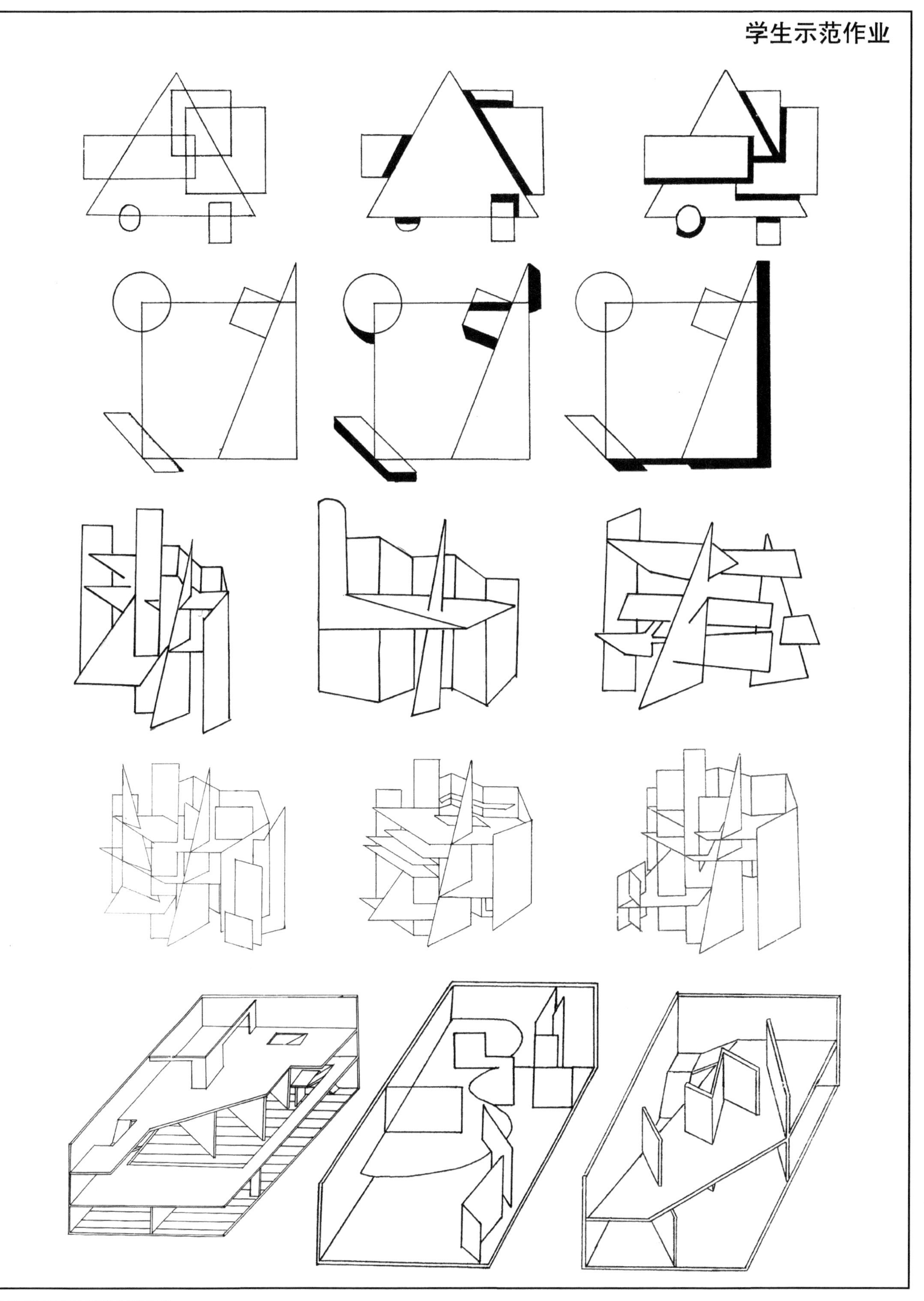

图2.28 习题14学生示范作业

培养目标

本组的练习主要通过带有相似形的图形进行构图训练，进而引出建筑立面设计的训练。

墙面处理和开窗形式的变化多种多样。在各建筑构成元素的组织中，注意需要使之富有条理、秩序、变化，具有形式的韵律感，构成统一和谐的整体。

建筑形态组织的顶部、中部、底部的构成与细部及其较为统一的手法处理是本训练的重点内容。

解题思路

练习a，需要找出并画出2～3个运用相似形的建筑形体，如下是一些符合要求的实例，注意体会立面构图中相似形所起到的作用。

练习b，需要根据示例的变化方式，先画出3～5个简单的几何图形，然后运用这些图形变化组成新的构图方案，可以运用对其改变大小、交叉、重叠、着色等方式完成。

练习c，需要利用建筑构成元素（山墙、凸窗、阳台、屋顶等），为所给空白建筑外形图完成立面的设计，注意形式的韵律感。

习题15：相似重复结构的使用

a. 在建筑式样中找出运用相似形构图形态的示例。

例：

b. 组成构图的几个抽象方案，运用 3～5个相似的图形进行重组与变化。

示例图形：

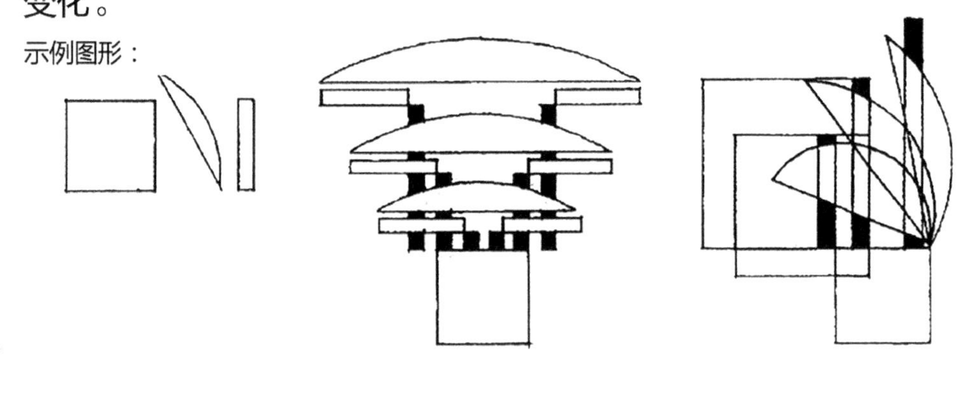

简单图形：　　构图1：　　构图2：

c. 运用建筑形体充实所给楼房外形图，突出其节奏、韵律感，可用的建筑构成元素：山墙、凸窗、阳台、屋顶等。

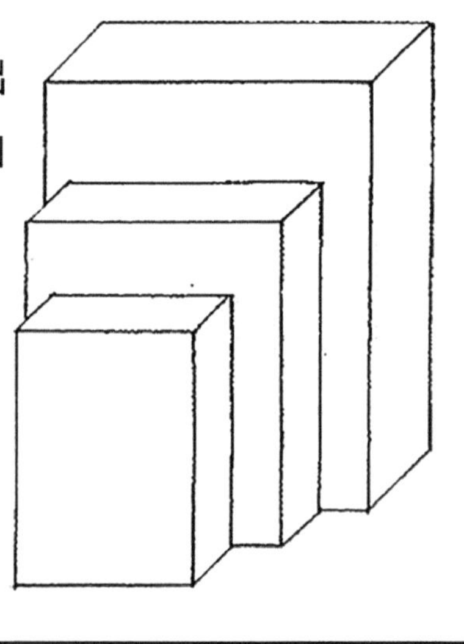

图2.29 习题15：相似重复结构的使用

图2.30 习题15学生示范作业

培养目标

本组练习侧重于培养在平面格栅中完成构图组合的能力。在格栅的分割下，将轮廓化整为零，所以在构图中要注意整体的尺度比例和格栅大小之间的关系，并且通过着色等手法增加构图的生动感和灵活性。

习题16：栅格的构成

a. 利用格栅并在其中用各种图形画出 2～3个新构图。

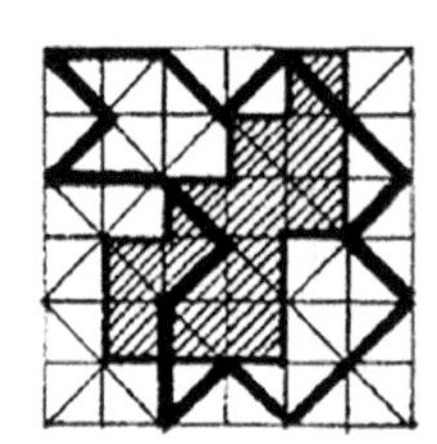
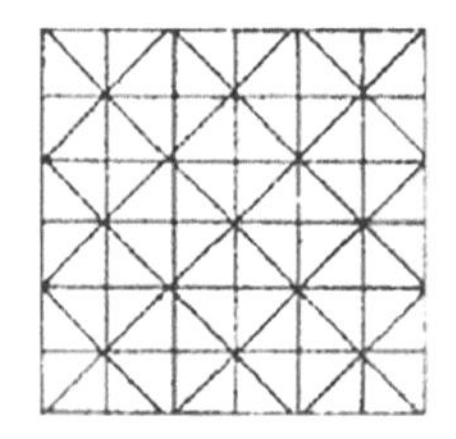
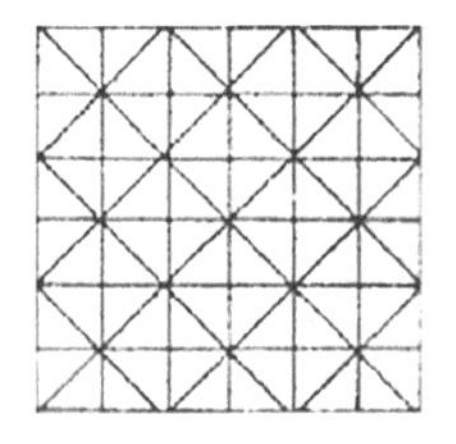

b. 在平面构图中突出格栅。

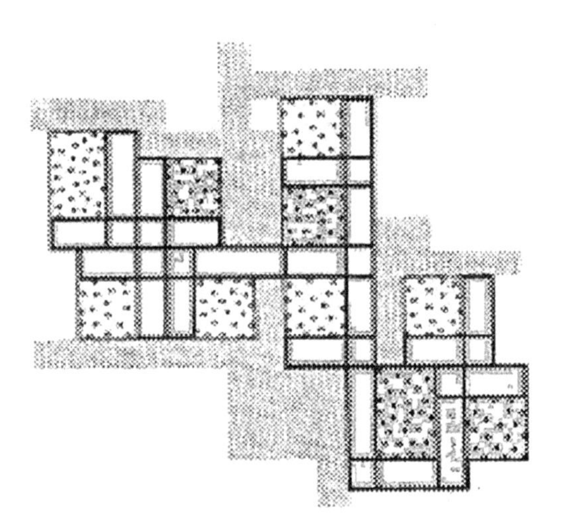
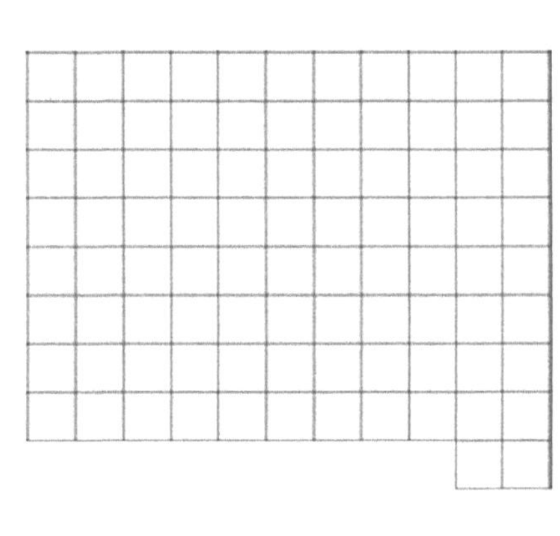

c. 在突出的格栅基础上做出 2～3种构图方案。

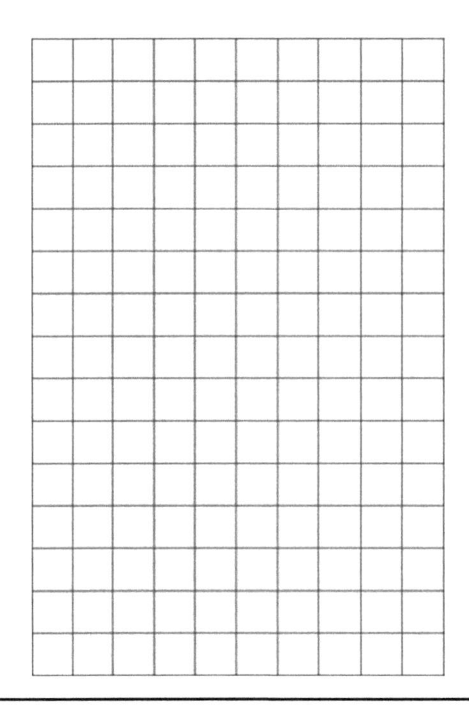
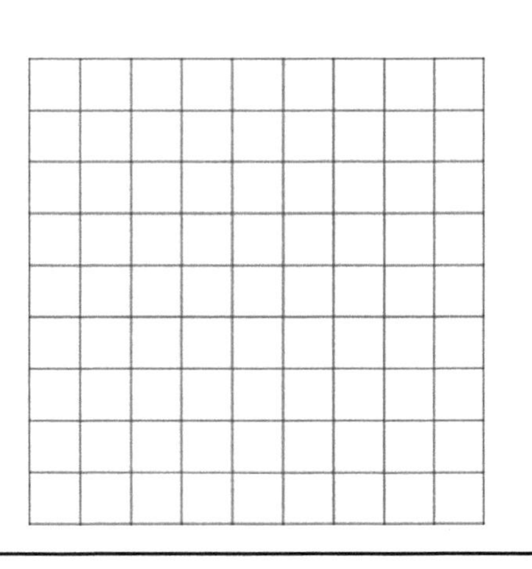

图2.31 习题16：栅格的构成

解题思路

练习a，需要利用格栅，组织若干简单图形，完成2~3个构图。可通过着色和加粗等方式，突出主从关系和虚实变化。

练习b，需要根据示例，在格栅中完成构图，注意体会格栅的模数化对构图的影响。

练习c，综合上面两小题的构图方式，在格栅中完成2～3组平面构图，注意把握构图整体的均衡和统一（可以改变格栅）。

学生示范作业

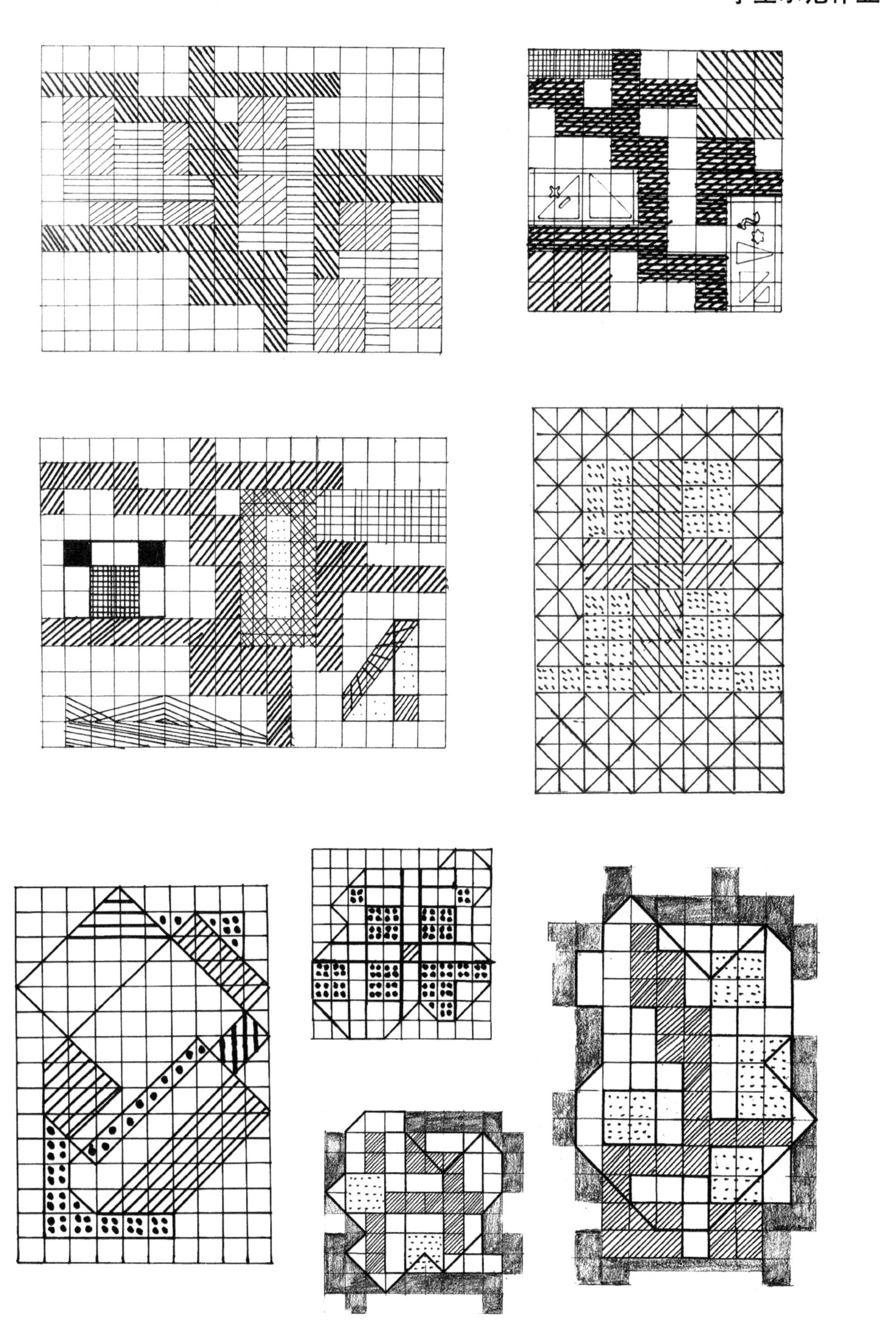

图2.32 习题16学生示范作业

培养目标

本组练习以Michael Graves的某办公楼作品的正立面设计为题，若研究思考立面构图格栅元素的形态、平面浮雕效果的比例韵律，可以看出建筑师利用简单的格栅（即建筑的音调）作为构图元素，创造出了建筑丰富而意蕴深远的立面效果。

练习中，需要对该立面图进行立面的重新组合和变化，侧重于培养学生对立面的构图和造型能力，帮助学生体会多种综合构图手法的运用所形成的多样的立面效果。

解题思路

本题需要对正立面图进行一系列变化，包括：

（1）在不改变立面总体尺寸和比例关系的条件下，扩大格栅，并且根据格栅大小相应扩大立面构件的尺寸及样式。

（2）改变立面轮廓，重新组合构图，改变构件的对称布置。

（3）保持格栅、立面构件的比例不变，改变构件的位置，产生新的立面效果和构图关系。

完成本题时，可回顾之前练习中所涉及的构图基本原则，注意构图的统一和变化，节奏与韵律。

习题17：建筑立面的栅格形态

a. 在正立面图中格栅的构图训练。

例：

办公大楼立面　　建筑师Michael Graves

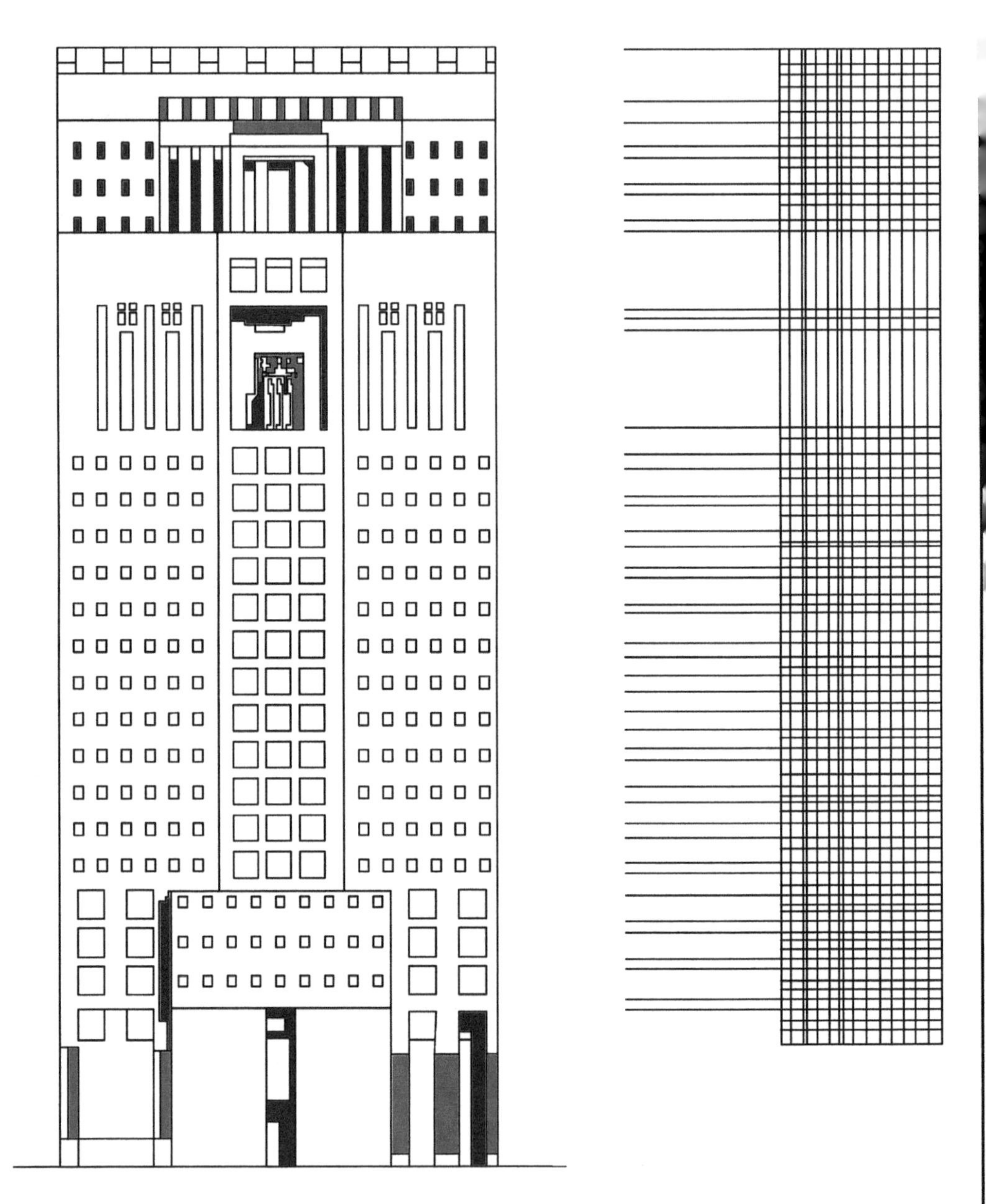

b. 在突出的格栅基础上按以下 3 种要求完成3种新的正立面图：

1. 楼房总尺寸不变，扩大格栅，正面的构件尺寸及样式与扩大后的格栅尺寸保持一致。

2. 改变楼房的轮廓，利用格栅、构件不对称的布置。

3. 格栅、构件的对称比例不变，但是改变构件的布置。

（完成于A4纸上）

图2.33 习题17：建筑立面的栅格形态

学生示范作业

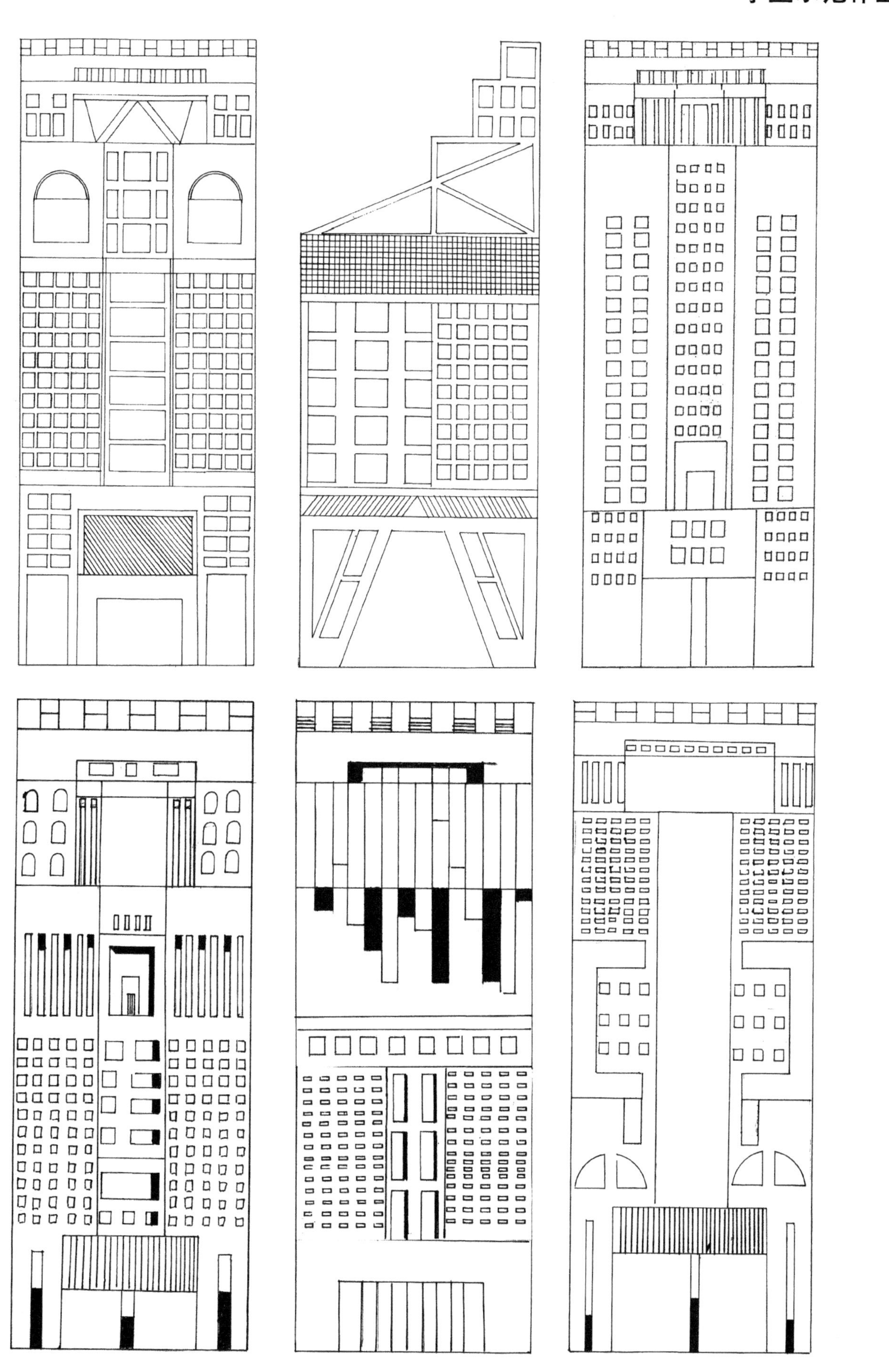

图2.34 习题17学生示范作业

培养目标

本组练习a、b主要以格栅形态与其他构图形态的组合为训练目标，重点培训学生把握构图中统一与变化的组合能力以及纯粹图形表态与异形形态的组合能力。

练习c重点研究以建筑立面山墙、拱门、凸窗、正门等为构图部件的建筑立面形态和投影关系，注意形态变化的统一与多样，营造不同的立面效果。

整体的组织优化与统一中求变化是本训练的重点。

解题思路

练习a，需要参考示例图做法，将格栅与简单图形进行组合，组成新的组合构图，具体要求见1、2、3、4。

练习b，需要找出并画出若干由格栅与自由图形组合的平面图，并参考习题11的做法，由平面图推衍出纯粹几何图形的组合图形。

练习c，需要在所给出的三组立面图中填充构件图形元素(比如山墙、拱门、凸窗、正门等)，完成新的立面构图。

注意组合图形以及立面构图形态在构图变化上的统一性与多样性。

习题18：栅格构图与建筑立面

a. 完成几个格栅和自由图形的几何构成图。

例：

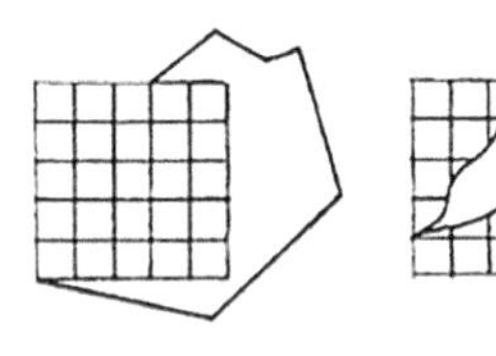

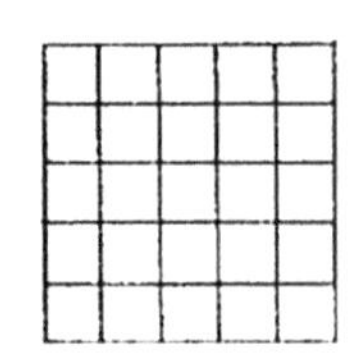

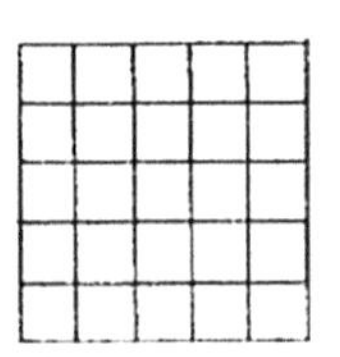

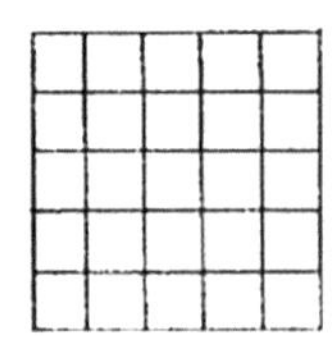

1.完整封闭的格栅配合多角形组合

2.格栅同添入其中的多角形组合

3.格栅同曲线图形相互组合

4.自由图形与格栅形成新构图

b. 找出并画出若干包含格栅和自由图形的平面图，并推衍出其纯粹几何图形的图形基础。

c. 在所给的正立面中填充入山墙、拱门、凸窗、正门等构件，构成新的立面构图。

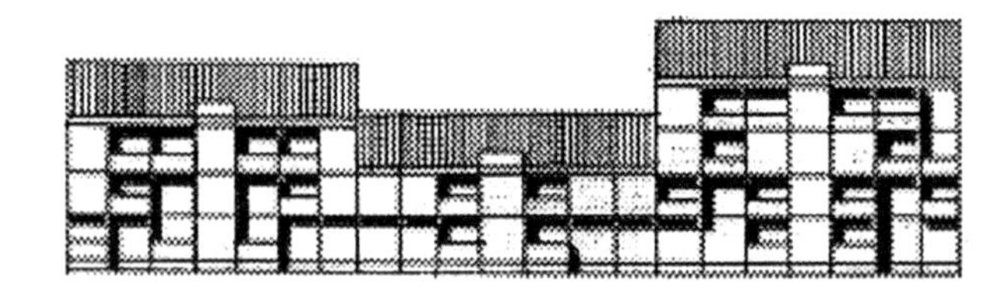

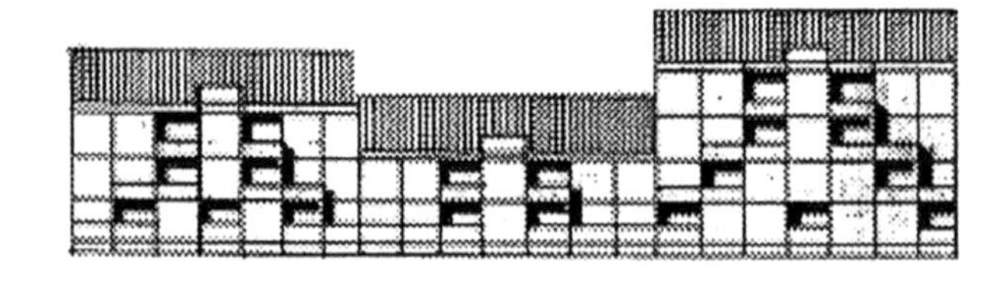

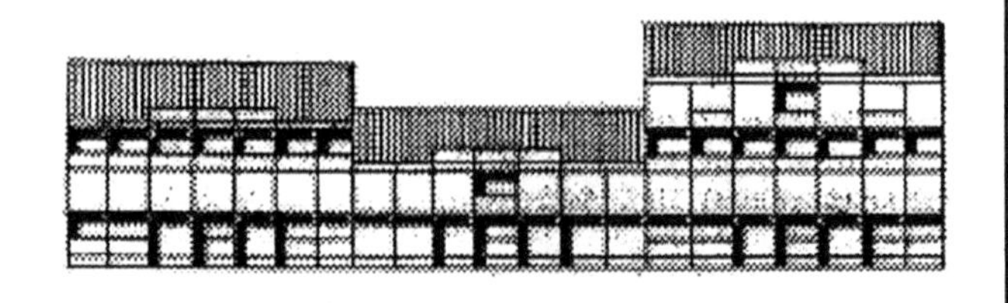

图2.35 习题18：栅格构图与建筑立面

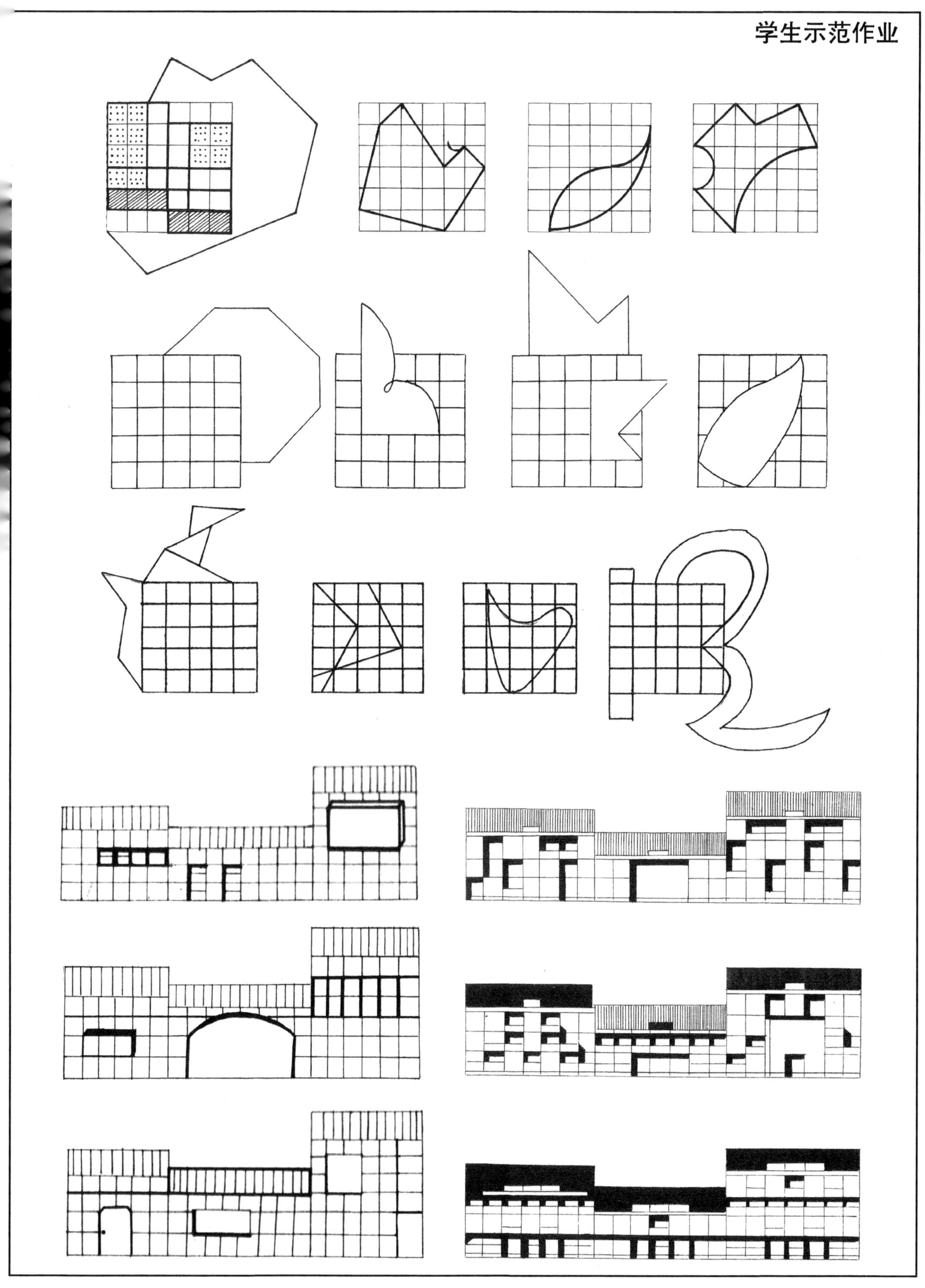

图2.36 习题18学生示范作业

培养目标

本组练习侧重于平面的格栅形态，这也是一种非常重要的建筑形体构成的方法，特别是在城市建筑组群中应用较多。这种抽象的纯几何图形的构成显示了现代城市与现代建筑具有的理性与机械感。

解题思路

本题主要练习平面格栅的浅浮雕化图形组合。

练习a是通过浅浮雕“分层”的方式使得平面格栅产生视觉上的立体感。在（a）中利用格栅完成2层的浅浮雕图，在其基础上，增加1层，在（b）中完成3层的浅浮雕效果，注意区分前后关系，正确突出阴影变化，高度自定。

练习b则需要根据示例，在格栅中以2～3种不同基本单元块组成浅浮雕图形，注意空间感和层次感，综合考虑构图形式。

习题19：栅格分层的浅浮雕

a. 通过平面格栅“分层”的方式组成浅浮雕图形，高度自定。

例：

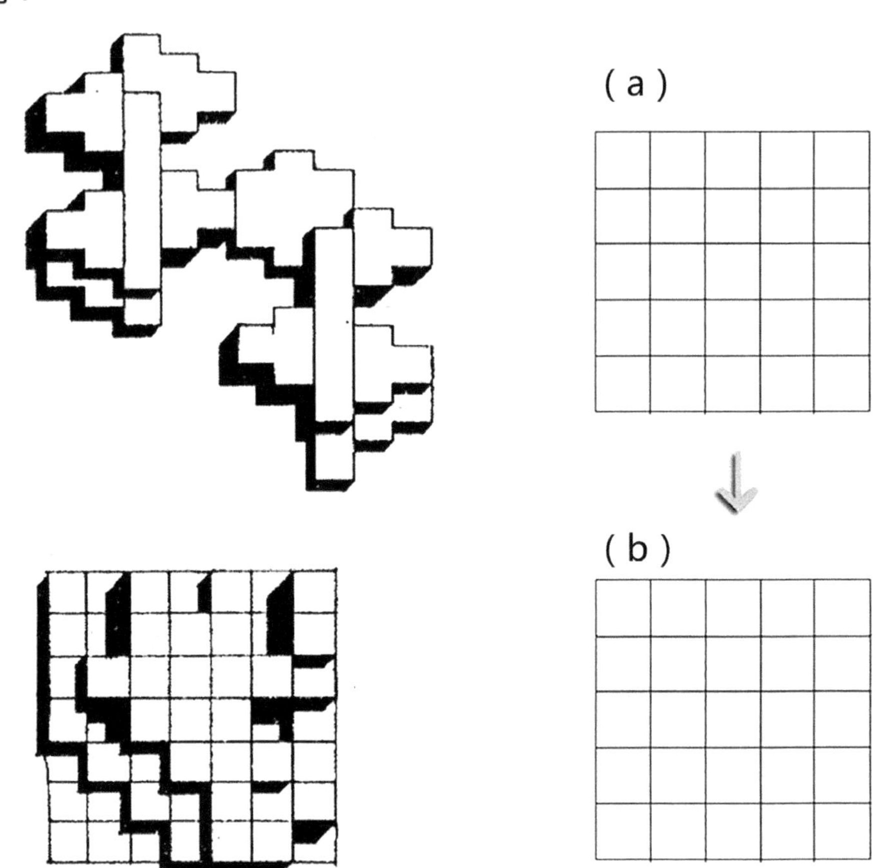

b. 用2～3种不同尺寸的基本单元格栅组成浅浮雕图形。

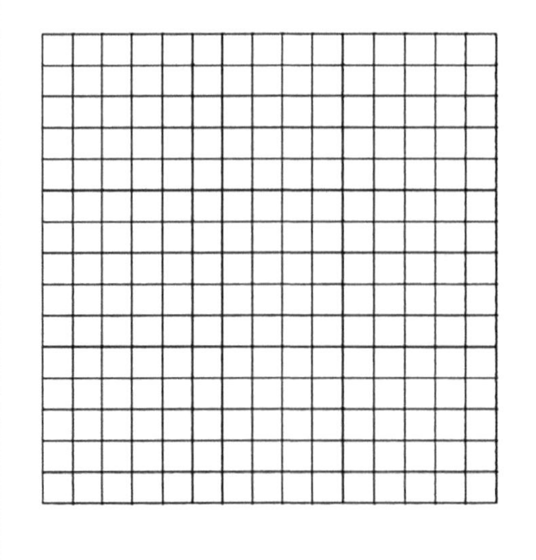

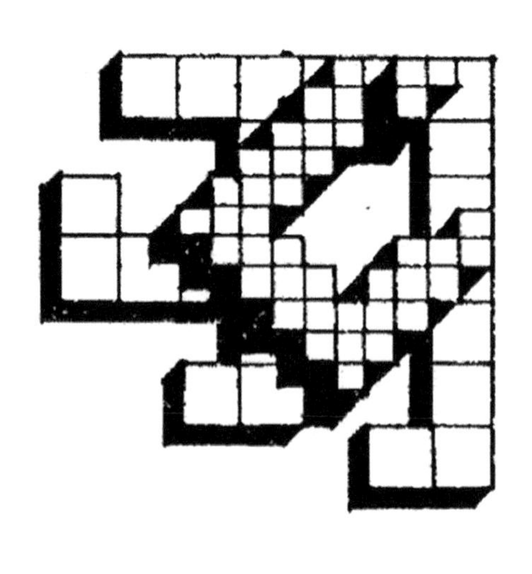

图2.37 习题19：栅格分层的浅浮雕

学生示范作业

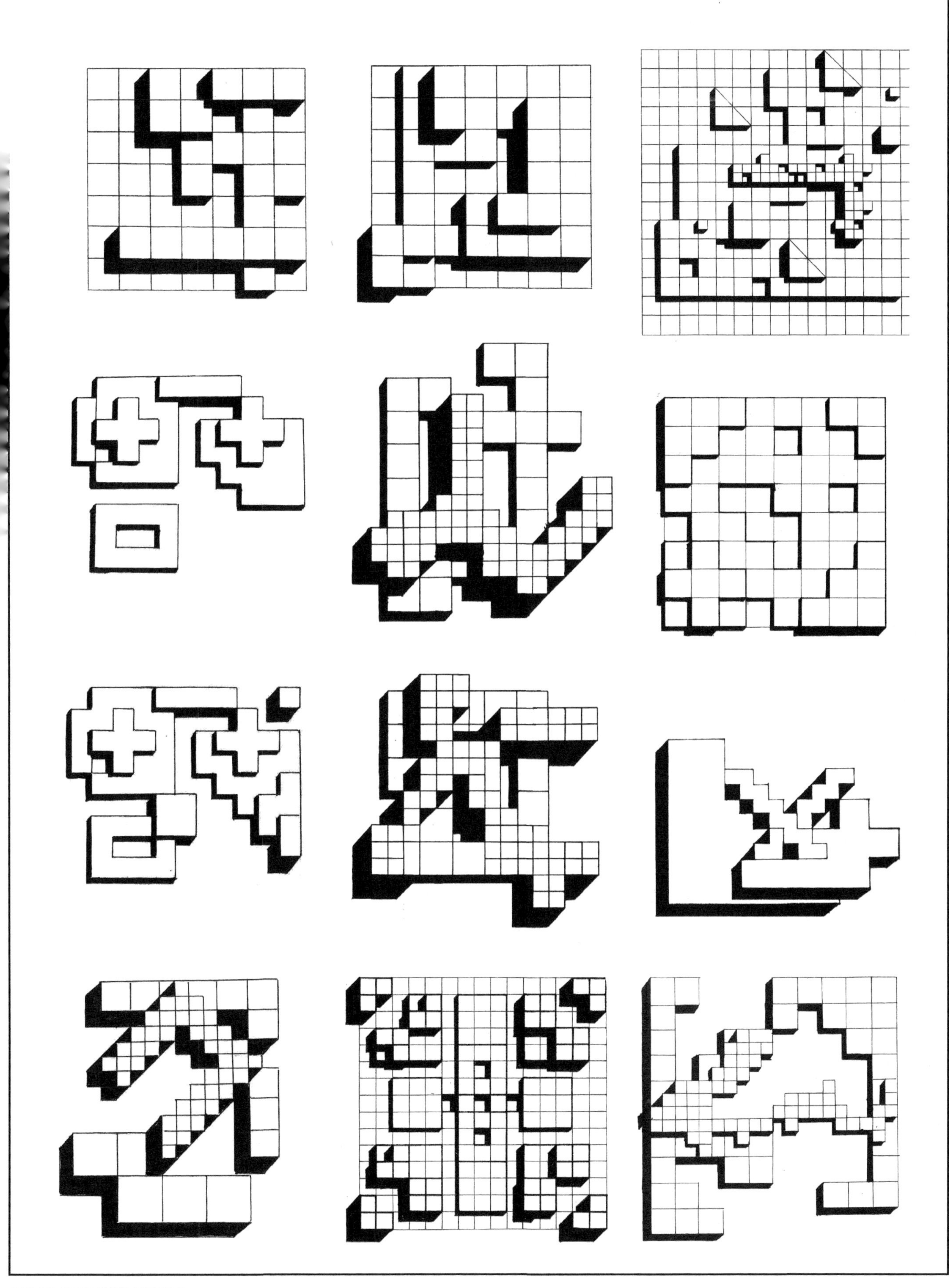

图2.38 习题19学生示范作业

培养目标

本题重点在于在构图之前确定构图主题，即在某一空间方向上的构图重点的变化。

完成此组练习，有助于培养对于群体组合和立面处理的能力，突出主题思想，体现条理性、连续性和统一性，避免出现分散、杂乱的问题。

复杂组合排列中的秩序，细节处理，统一中的变化与秩序是本训练的重点。

解题思路

练习a，以简单图形为构图元素，确定构图主题，完成3~4个构图组合，体现出一种有组织的变化，注意秩序与韵律。构图主题，比如说有向心性很强的圆形构图，产生向心、收敛、内聚的感觉。

练习b，由对简单图形的组合过渡到对建筑单体的组织，分别就连续性强的“链条式”，条理性强的“庭院式”，重复性强的“街道式”三条主线完成三组构图。

习题20：图形的构图思想

a. 用固定的构图思想把“无序”的构图变成“有序”的构图。

例：

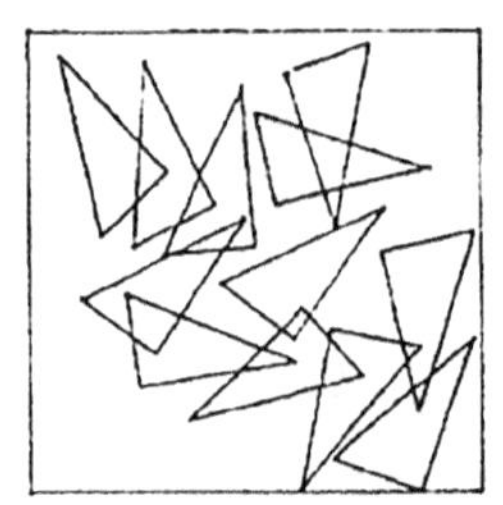

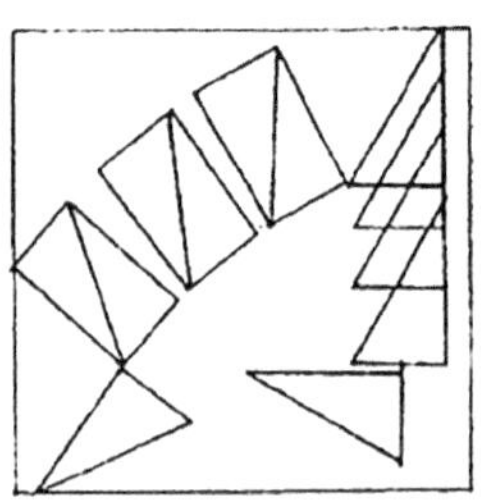

完成3～4个新构图，典型构件图形及构图的主题思想自定，可能的方案如：圆形构图，复杂的排列，“规则的”等，构图部件的数量由所选的构图来确定。

b. 以一组完整的建筑群组合为模仿对象，组合成一个构成图。

要求：

单个建筑轮廓及尺寸由完成者选定，可以运用以下封闭式示意图——“链条式”、带有院子的一组、“街道”等三种形式组合新构图。

图2.39 习题20：图形的构图思想

学生示范作业

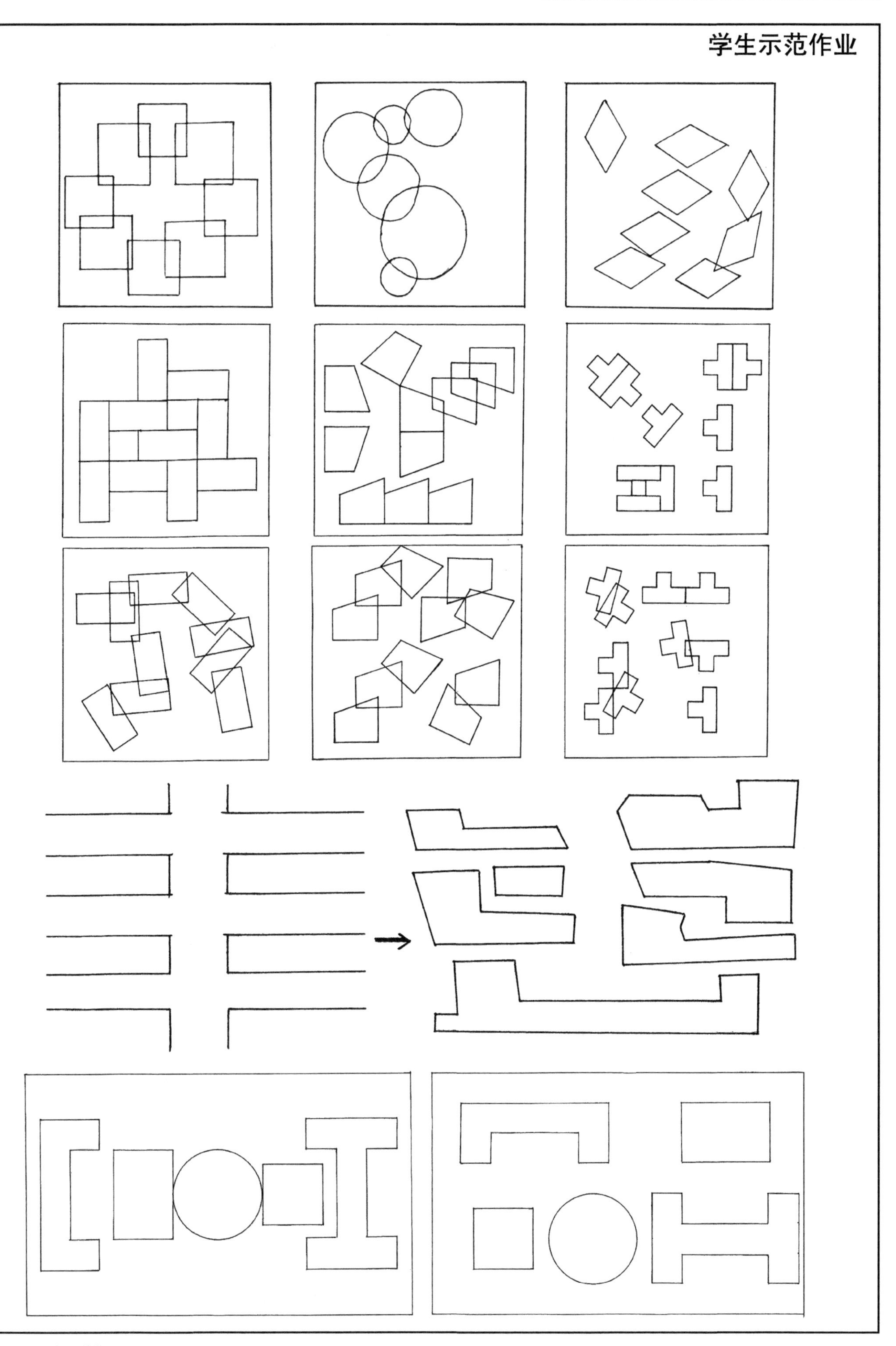

图2.40 习题20学生示范作业

培养目标

本题重点在于训练学生对立面的处理能力。通过不同比例、不同模数的开窗形式以及风格各异的洞口排列秩序，形成不同的立面特征。

同时，通过改变洞口的数量、排列及组合方式，给观者塑造不同的立面感受及视觉冲击。

解题思路

通过该练习，完成不同数量及风格的立面构图，主题、方式自定，开拓思路，通过不同的组合方式体现不同的建筑个性和特征。

习题21：立面窗户的构成

用所给的窗户部件组成一个建筑的正立面的构成图，构图思想由完成者选定，完成3～5种比较方案。

例：3层建筑的正立面结构图

图2.41 习题21：立面窗户的构成

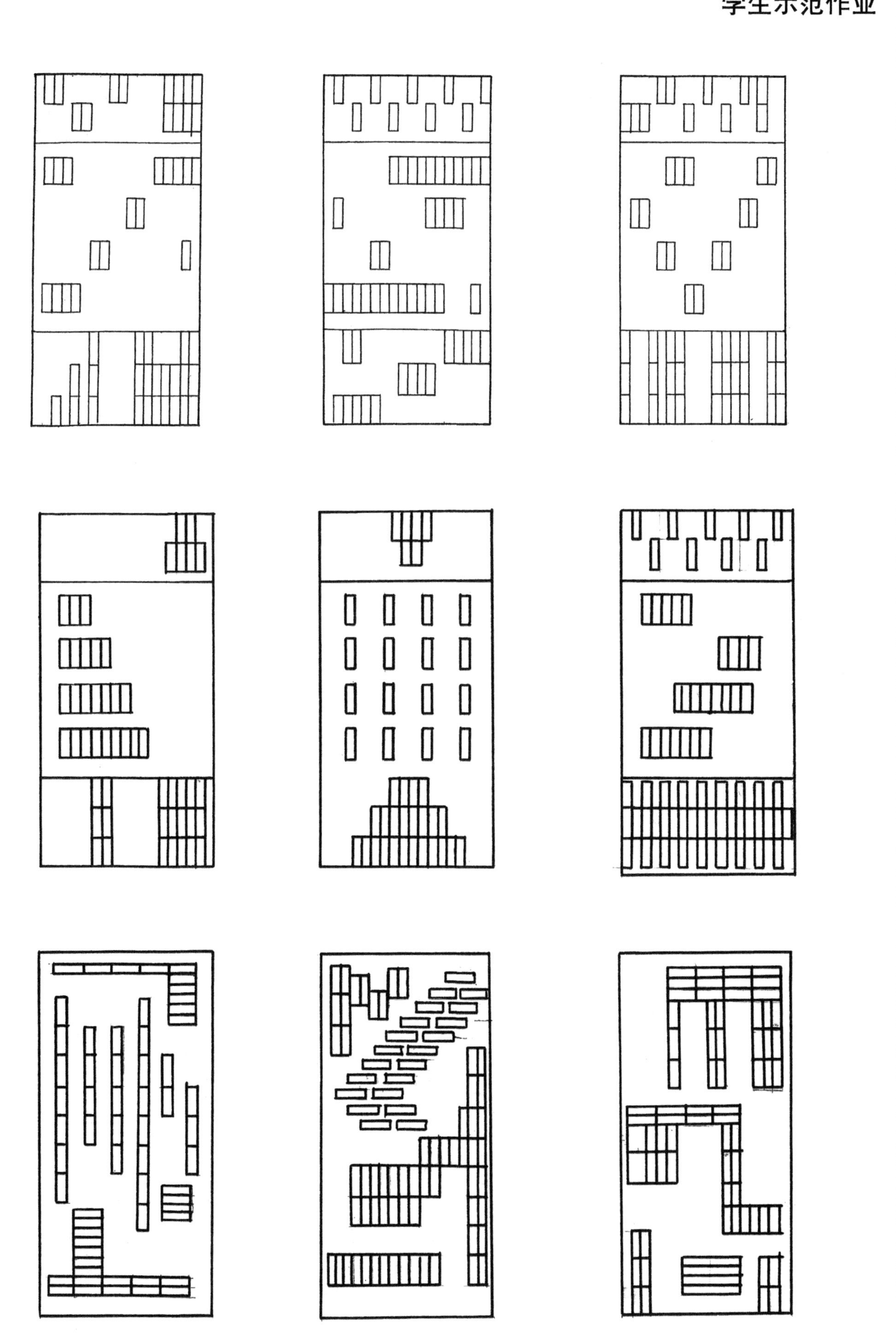

图2.42 习题21学生示范作业

培养目标

基本形体元素包括片（面）、体块，体块组合与同一尺度的片（面）在不同空间方向上的组合，可以形成变化丰富的空间界定与空间围合，比如正方体可以在不同的空间方向上组织成不同的空间形体，利用轴测绘图或模型制作的方法可以更好地理解这种纯粹基本形体元素的空间构成。

本题是在上一题的基础上，将同一元素的不同组合提升到三维空间思考角度，注意立体构图主题的确定。

解题思路

练习a，利用所给图形元素，自定构图主题，将其纵、横交替组合在一起，可借助方向上的改变而产生对比效果，完成3～5个空间构图,可以利用轴测法和模型完成。

练习b，利用所给矩形块元素，自定构图主题，通过虚实、凹凸的变化，完成3～5个空间构成。

练习c，在3种不同单元尺寸的立方体中，通过“加法”和“减法”，形成不同的立体造型，注意空间的渗透与层次、对比与变化。

习题22：片面在空间中的构成

a. 利用所给的图形组合成 3～5个空间构成图，构图思想由完成者选定。

完成方法：轴测法或者空间模型法　（可完成于A4纸）

例：

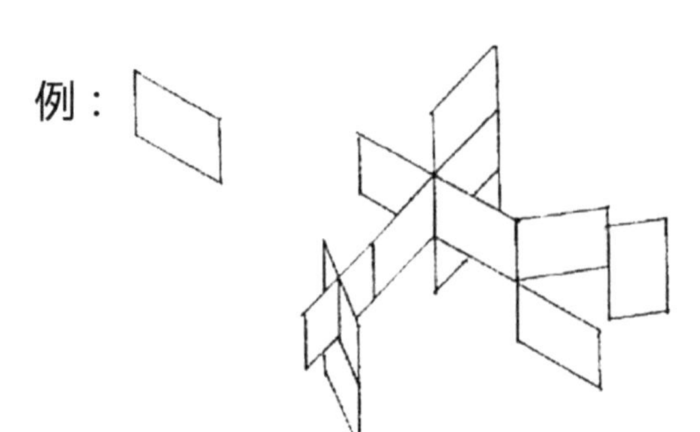

b. 用所给的立体图形组成 3～5个新构图，构图的主题思想由完成者自行决定。　（可完成于A4纸）

例：

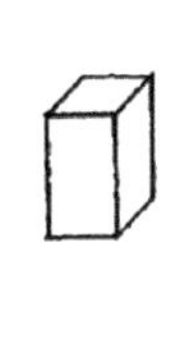

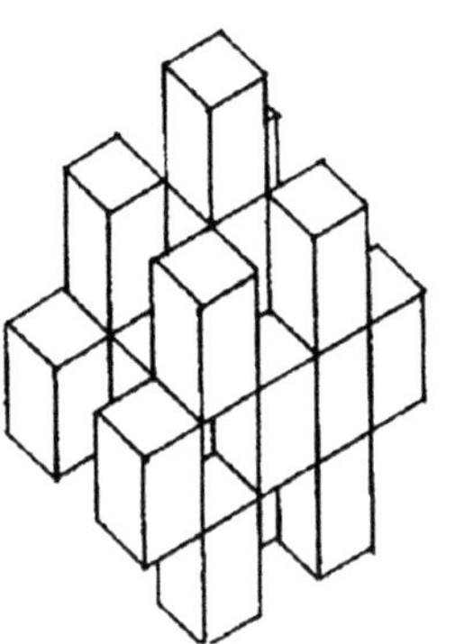

c. 改变3个同样尺寸的立方体，遵循以下原则：单个的构图元素尺度越小，组合的可能性就越大。

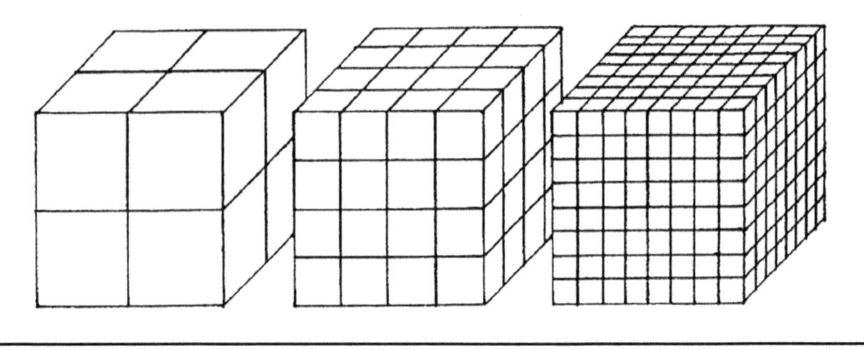

图2.43 习题22：片面在空间中的构成

学生示范作业

图2.44 习题22学生示范作业

培养目标

对于典型范例建筑形体元素的归类与总结，是学习形态构成的必经之路，a示例了对1906年建筑师B.A.波科罗夫斯基所设计的宫邸建筑平面的形态构成分析，将构成元素详细分类与归纳，找到“母题”元素，促进学生对建筑形态构成的认识。b、c主要培养运用建筑“母题”和空间体形组合表现建筑的个性与性格特征的能力，对于以后根据不同建筑功能进行造型，赋予建筑以不同的象征意义，以此突出建筑的性格特征都是必不可少的。

解题思路

练习a，找到其他类似建筑的平面和立面，归纳并画出其中的“母题”。

练习b，以所给的块为母题元素，组成灵活自由的立体组合。

练习c，自定主题和个性，组成不同的性格色彩的立体组合，通过不同的体量组合和空间形式，增强构图的感染力和表现力。

习题23：母题元素的提取

a. 选择几个建筑平面图和正立面图示例，并选择出其中的典型“母题”元素的图形。

例：B·A·波科罗夫斯基，1906 年

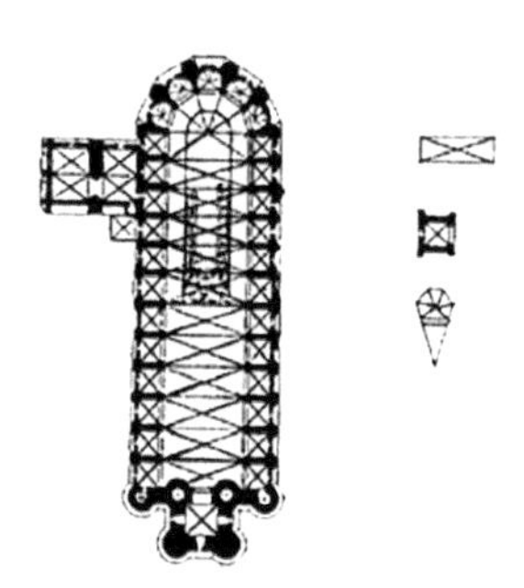

b. 用所给的典型“母题”元素图形按自由题目组成新的构成图。

例：

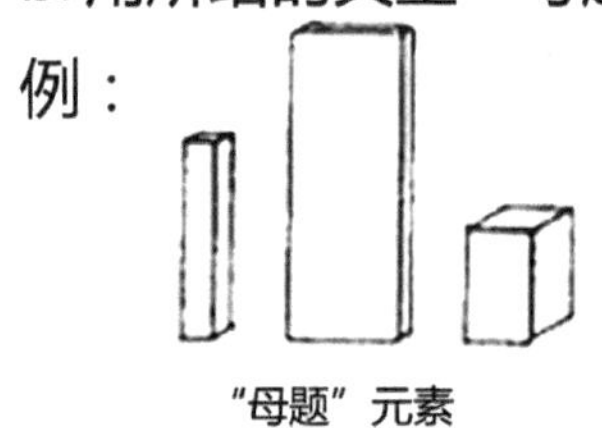

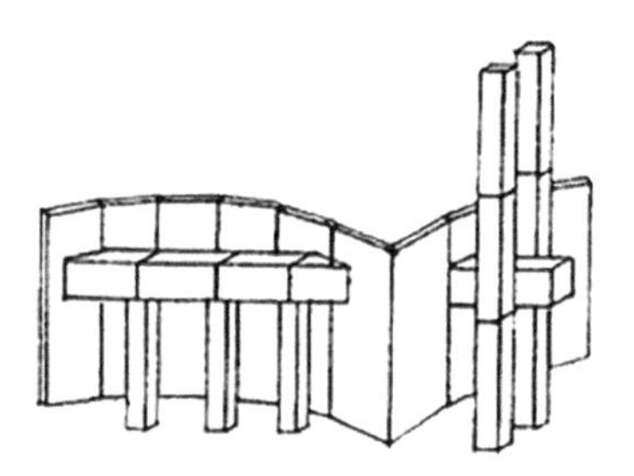

c. 用上述典型“母题”图形组成新的构成图，表现所定的性质与图形性格。（如表现静止、稳定、表现力、类似于某种样式等）

静止

图2.45 习题23：母题元素的提取

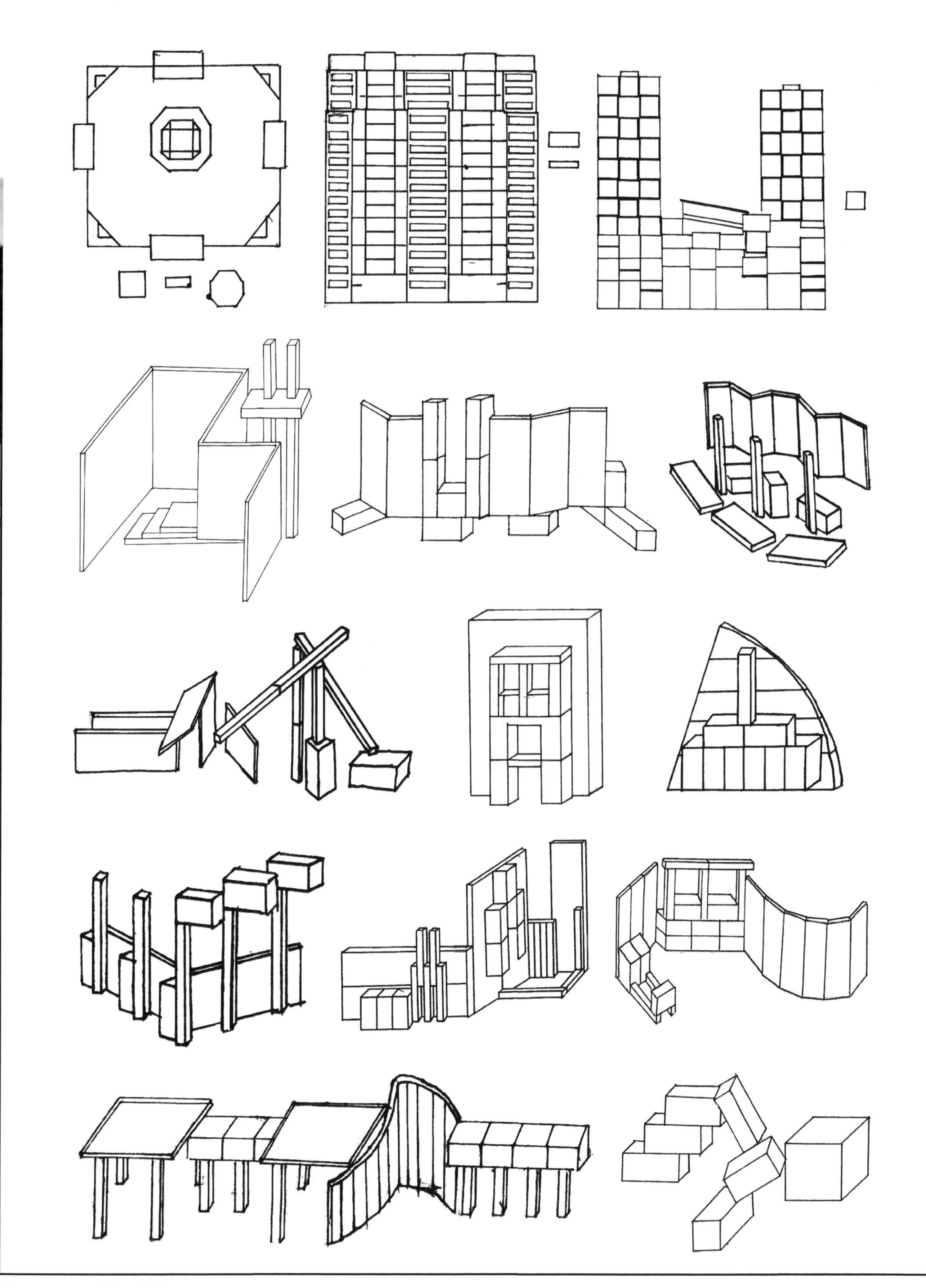

图2.46 习题23学生示范作业

培养目标

典型“母题”形体与“个体”形体元素的组合，应注重其主体与从属的关系，“个体”的出现为重复性的“母题”增加了变化，避免单一。

这组练习有助于了解和掌握这种构图关系的规律。

解题思路

练习a，根据练习要求，分别在给定的“典型图形”上增加“个体”图形以完成指定的构图意向，参考示例，增加单调“典型图形”的变化。

练习b，自定义一个典型“母题”，经过一系列的构图变化，产生新的构图组合。先增加“个体”，根据构图比例改变“个体”尺寸，创造新的“个体”取代之前的“个体”，再改变“母题”在构图中的位置，最后把“个体”与“母题”互换，重新组合构图。

练习c，自定义一个典型“母题”，选择其中的片段，进行浮雕处理，再从片段中分离出“母题”，继而将分离出的片段与“母题”分层，注意层次关系。

习题24：个体与母题元素的构成（一）

a. 典型图形构成的构图中添加“个体”图形，用以完成所指定的构图意向。

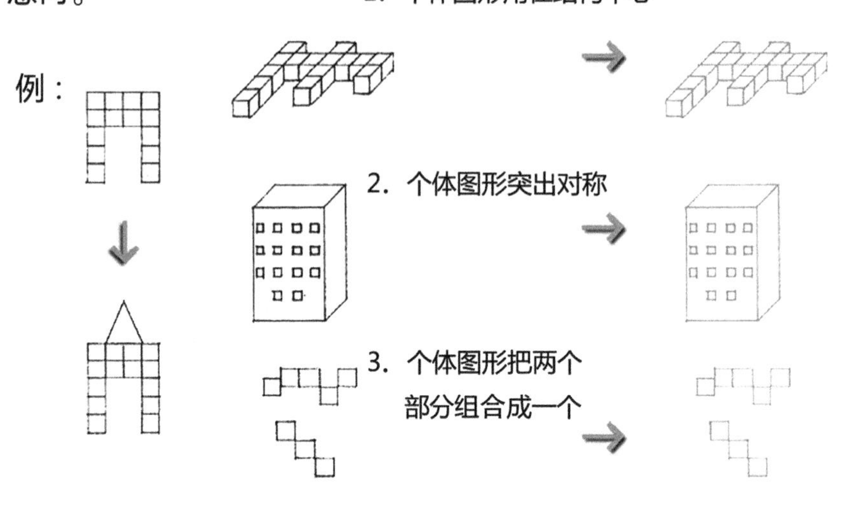

b. 按照下列要求，应用典型“母题”元素图形组合成新的构图。

1. → 2.

（1）加入“个体”图形

（2）改变“个体”图形的尺寸

（3）替换“个体”图形

（4）改变典型“母题”图形的位置

（5）把个体图形变成典型图形，重新加以组合

3. → 4. → 5.

c. 用典型“母题”图形组合构图并完成指定的要求（在典型“母题”图形中创造“个体”图形）。

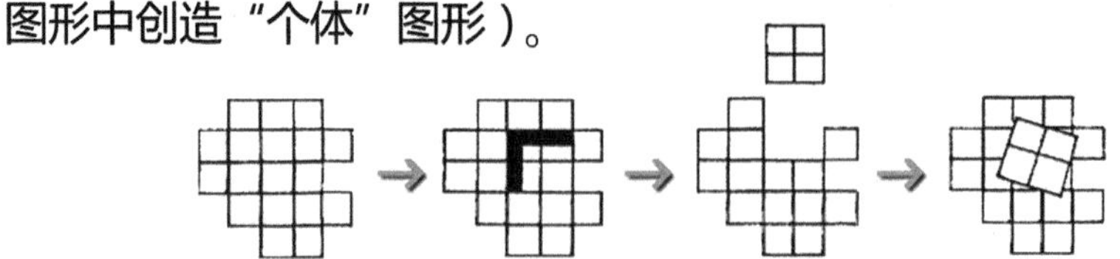

创造“个体”图形靠“浮雕图形”来完成，它把一个或几个典型“母题”图形分成一个独立的元素组，并把余下的典型图形分层并转变。

→ → →

图2.47 习题24：个体与母题元素的构成（一）

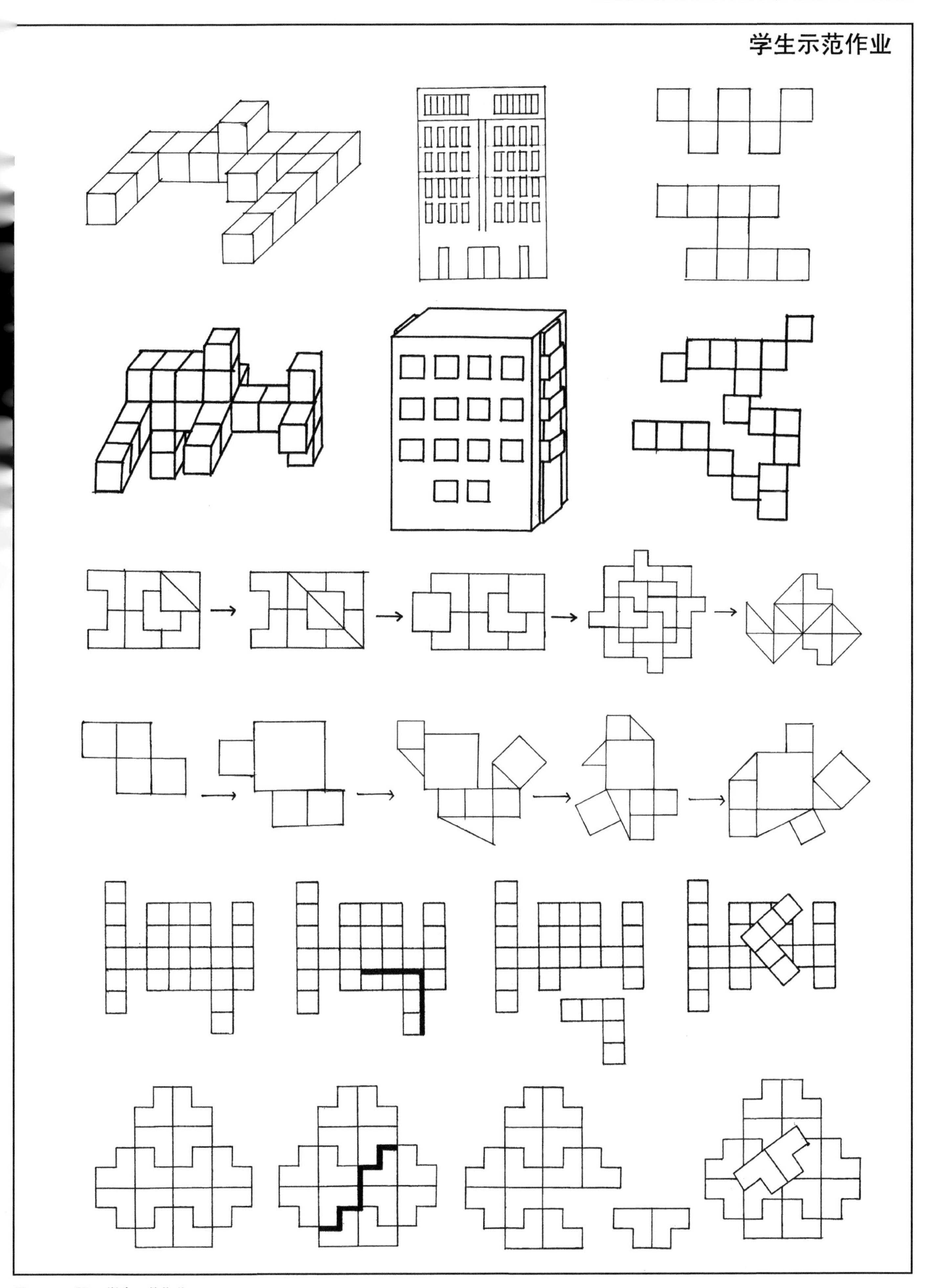

图2.48 习题24学生示范作业

培养目标

在之前有关基本“母题”和“个体”组合构成的基础上，进一步练习替换、移动某一元素，体会不同的构图效果。

对立面处理和窗洞组织方面的能力进行训练。一幢建筑，无论复杂与否、规模大小，立面上势必需要许多窗洞，那么，如何把墙、柱、窗洞、入口等各种要素组织在一起，做到既有条理、有秩序、有韵律，又不单调呆板而富有变化，就显得尤为关键。

解题思路

练习a，根据示例变化形式，需要首先以2～3组彼此联系的图形作为“母题”，添加新的“个体”元素，然后根据提示要求，替换、移动“个体”，替换、移动“母题”，形成4个新的构图组合，在变换构图过程中注意“母题”与“个体”各要素之间的内在联系与制约关系。

练习b，运用所体会到的“母题”形态与“个体”形态元素的组合规律，完成立面和窗洞的组织，采用2～3种窗洞形式，可参考提示中的构图形式要求或自定义构图对称关系，并利用“个体”元素突出墙面上的入口。

习题25：个体与母题元素的构成（二）

a. 用2～3个典型“母题”图形组成一个新构图，其中加入一个“个体”图形，并按照以下所给出的要求，力求达到协调一致。

例：

1.替换“个体”图形

2.移动“个体”图形

3.移动部分“母题”图形

4.替换部分“母题”图形

1.　　2.　　3.　　4.

b. 完成几种横向的建筑正立面图组成方案，利用2～3种窗户（利用“个体”图形区分出大楼入口）。

例：

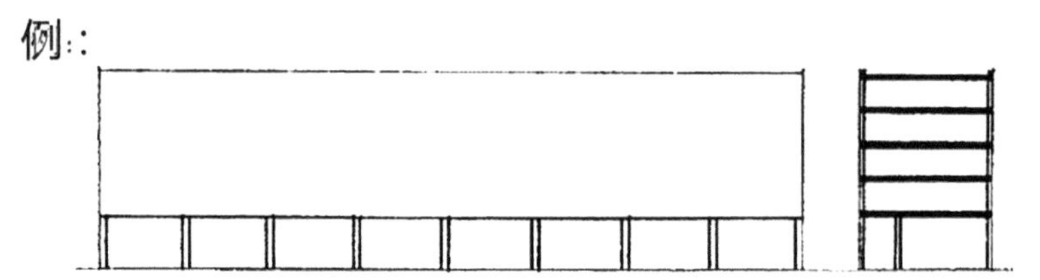

可能的构图示例：

1. 一字排开的构图示例；
2. 均匀分布的窗户和三条对称轴，以其中一条为主；
3. 均匀分布的窗户和一条对称轴。

图2.49 习题25：个体与母题元素的构成（二）

学生示范作业

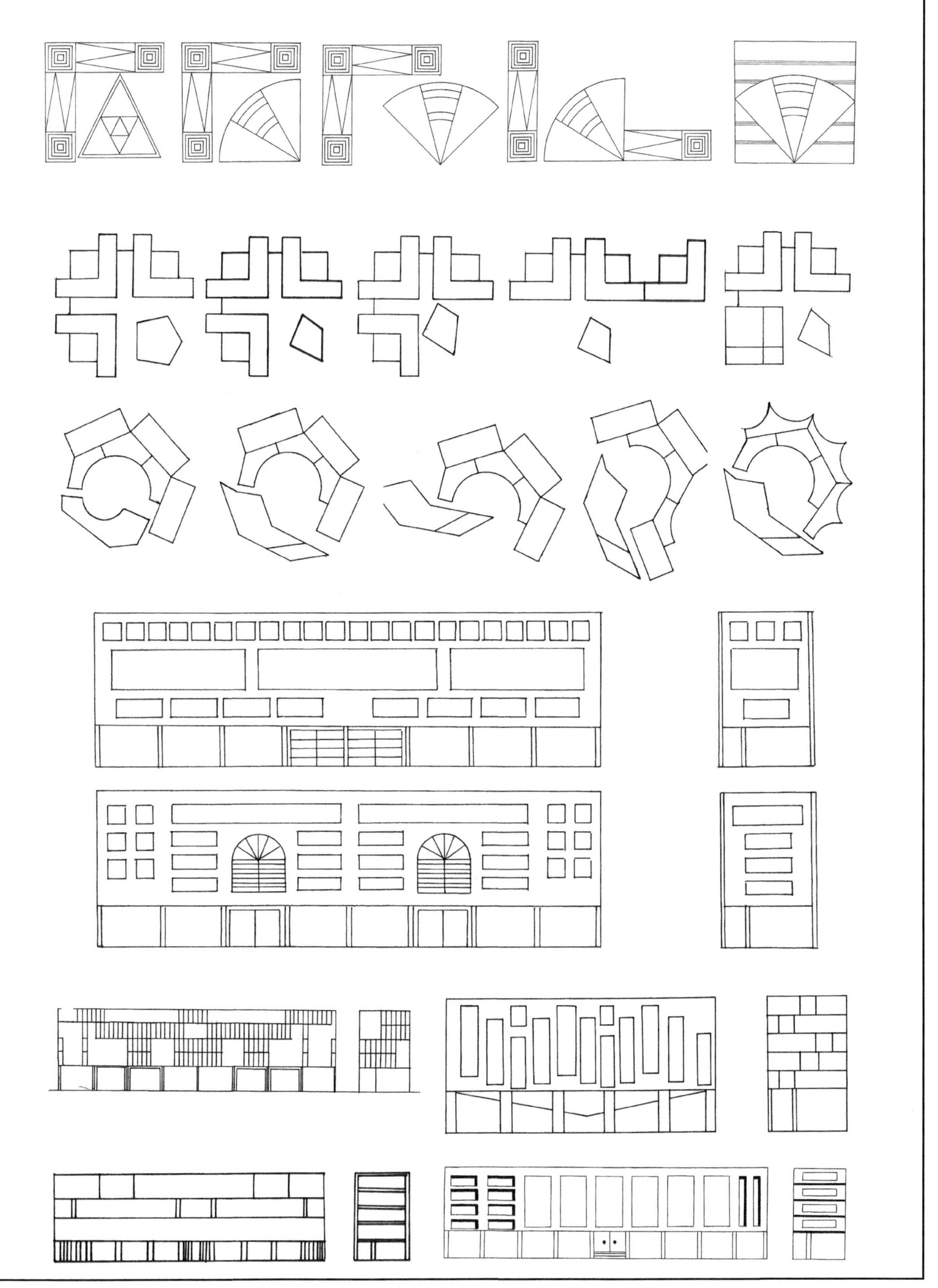

图2.50 习题25学生示范作业

培养目标

若干元素组成的一个整体中，各元素在整体中的位置和地位都会对整体的统一性产生很大的影响。若不能确定各要素之间的主从关系，极其容易出现“各自为政”的现象，凌乱松散，削弱整体的统一性和完整性，影响构图效果。

本练习着重培养处理“母题”形态与“个体”形态组合的复杂构图中主从关系的能力，确定并能够区分出主体与附属、核心和外围的差别，形成统一协调的有机整体。

解题思路

练习a，以示例中的“母题”图形和“个体”图形为基本元素，依次在图框中增加图形，组成主体与从属关系明确的统一的构图关系。另外，运用同样的规则，完成浮雕式的构图，图形自定，要求层次明确，错落交叉，可采用纸质模型的形式完成。

练习b，以大小不同的“母题”为外围，在构图中划分不同的区域，各区分别填充图形，注意平衡各分区的关系，突出主体，保持整体构图的完整统一性。

习题26：多个母题与个体的构成

a. 用2～3个典型“母题”图形和2～3个“个体”图形组成一个抽象的、复杂的构图并突出其并列从属关系。

1.构图由匀称的几何图形构成，运用图形不同的位置布置，典型“母题”图形重复再现的次数由完成者确定。

2.构图由浮雕式的自由图形来完成，图形有不同的高度、分成及相互交叉。

完成方式：可用纸质模型表现

例：典型“母题”图形　“个体”图形

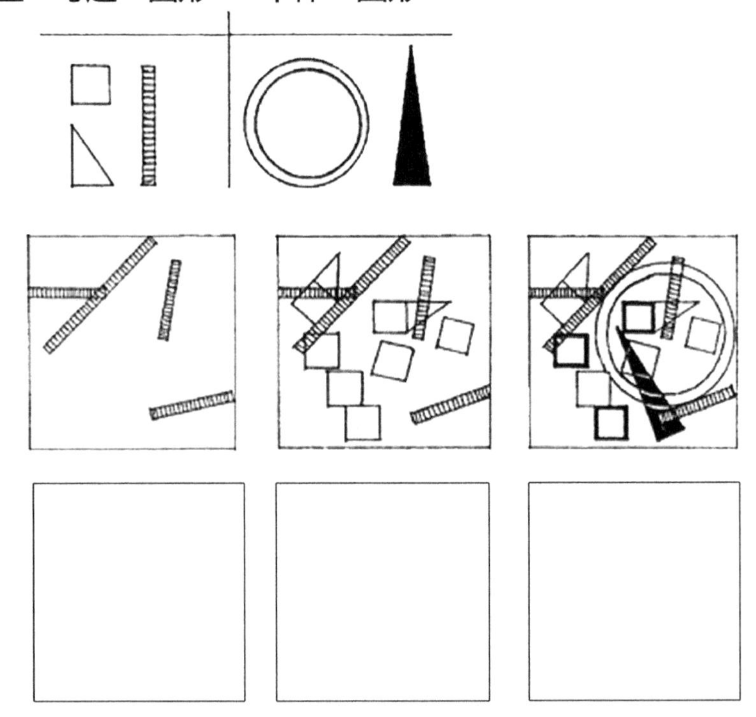

b. 每个“图形体系”有自己的“领地”，用同一种图形填充，在一个重复循环中出现一个新的“体系”，在各区分别填充图形，以突出主体，完成练习，需要改变典型“母题”图形的尺寸。

例：

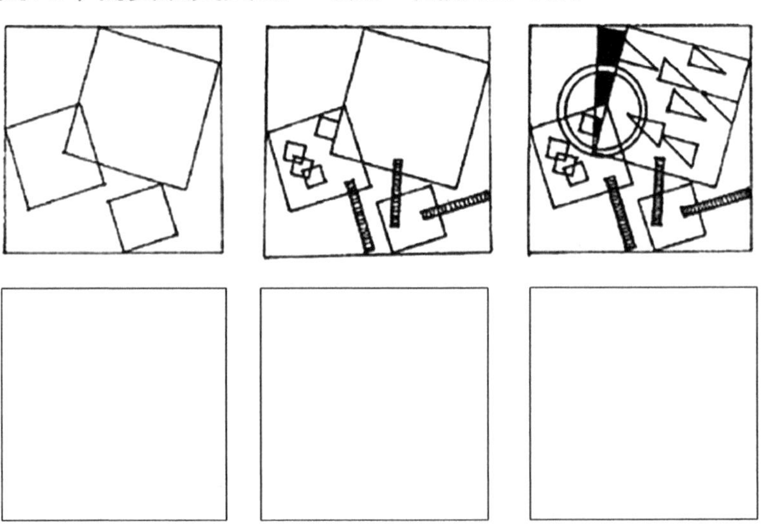

图2.51 习题26：多个母题与个体的构成

学生示范作业

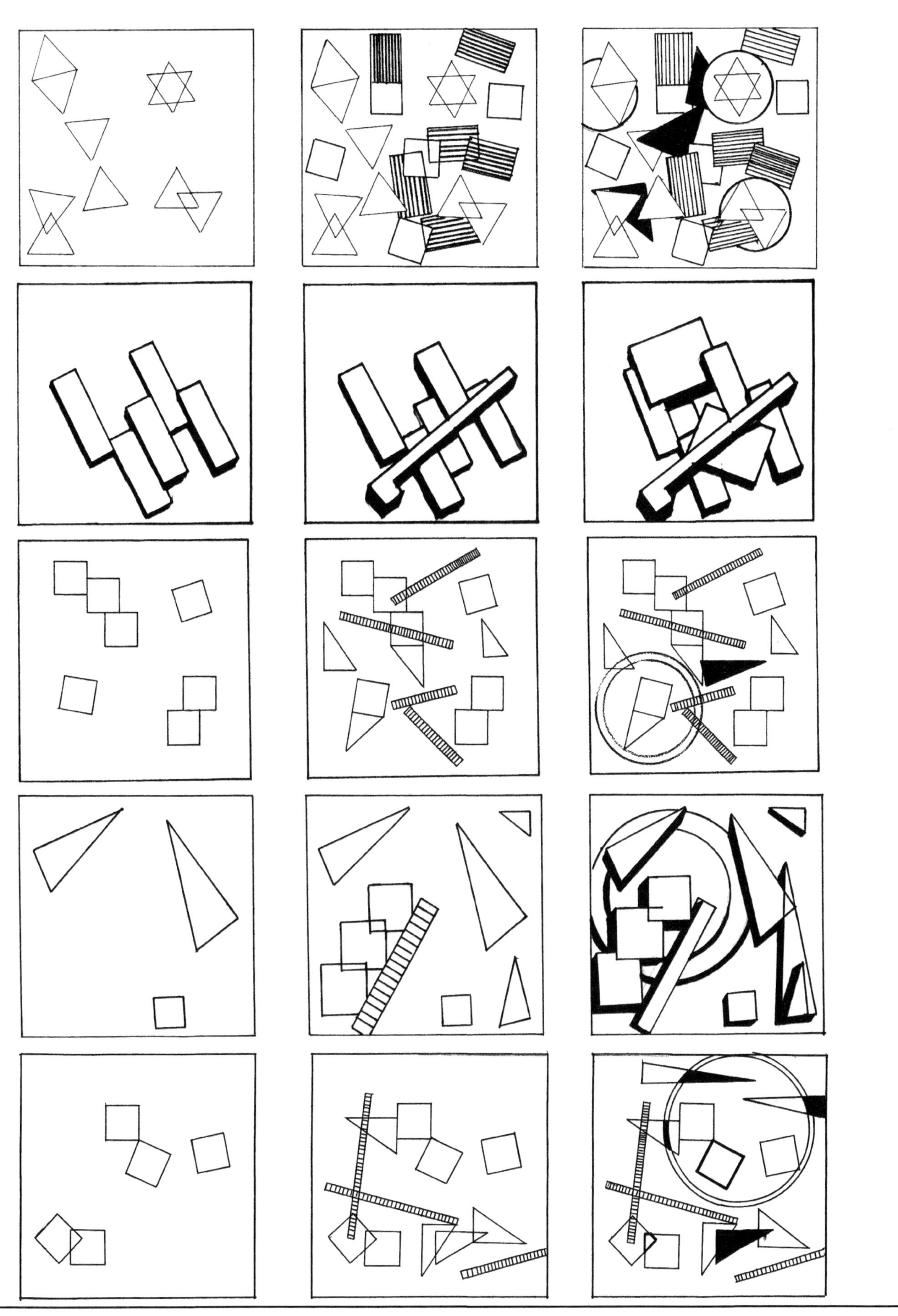

图2.52 习题26学生示范作业

培养目标

在建筑设计过程中，从平面组合到立面处理，从内部空间到外部形体，从细部装饰到群体组合，为了建筑整体的统一，处理好主与从、重点与一般的关系，是本练习训练的重点。另外，在设计过程中，根据功能分区的特点，理清思路，以某一部分作为重点或中心突出，即“趣味点”，使得建筑避免流于表面、平淡松散，形象更为鲜明突出，引人入胜。

解题思路

通过示例a体会其中的规则，完成b中的练习，以各种式样的窗户、入口、屋顶等作为“母题”和“个体”元素，在示例的艺术学校大楼三维立体图的体块组合“分系统”中，进行立面处理和造型，可以通过正立面、投影图或纸质模型完成。

注意参考各空间的功能，在立面处理中注意考虑开窗形式，并协调各体块之间的关系，形成统一的整体。

习题27：实际建筑的母题分析

a.分析并找到所给示例中的构图规则，弄清其中采用的构图方法。

例：居民住宅楼（建筑师B·A·波科罗夫斯基，1906年）

1-典型“母题”图形　2-“个体”图形　A、B、C、D-构图“分系统”

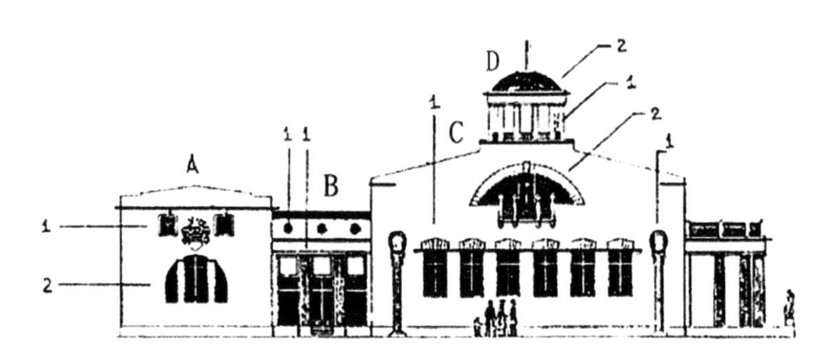

b.用典型的“母题”图形和“个体”图形按照类似原则组成新构图，并运用所提供的建筑平面以及三维立体图进行组合训练。（可以运用各种样式的窗户、入口、屋顶等，进行组合练习，可以通过正视图、投影图或纸质模型表现）

例：艺术学校大楼

1-前厅　2-教室　3-歌舞大厅　4-展厅

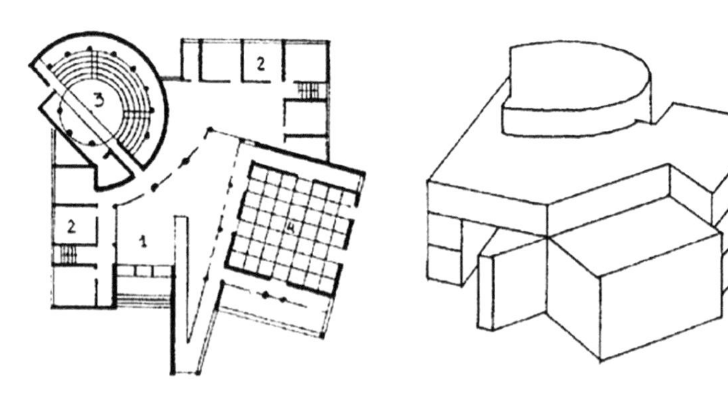

图2.53 习题27：实际建筑的母题分析

图2.54 习题27学生示范作业

培养目标

在建筑设计中，在大体外形和风格确定后，需要推敲细部处理，细部的形式、质感、材质、色彩，很大程度决定着设计的整体想法的落实能否达到设计效果，而且合理运用能够为设计增色，增加表现力。

本练习以用不同的“着色”方式填充格栅为题，侧重于训练细部处理能力，熟悉并积累更多的细部处理手法和方式，有助于在设计中根据不同的建筑物功能性质，选择适合的处理方式。

解题思路

本题需要在平面格栅中进行细部处理“着色”，完成的3组构图，每组至少运用5～7种提示的方法在网格中进行填充，通过练习，体会不同处理方式的表现效果。

习题28：平面栅格的基础练习

a. 组成平面格栅并在其基础上完成几个构图练习，在网眼中用不同方法进行填充（完成方法：彩色贴花法、图解法及其他方法）。

例：格栅及其不同填充方法

1.较小的网眼
2.在平面栏格中的墙体
3.小的凹陷
4.各种网眼组合
5.深凹陷
6.凸出的平面
7.颜色、材料质感：麻面、镶面
8.离格栅较远的面
9.另一种尺寸的透明格栅
10.带移动的另一种格栅
11.带变化的另一种格栅
12.彩色玻璃
13.打孔
14.其他物体的形式

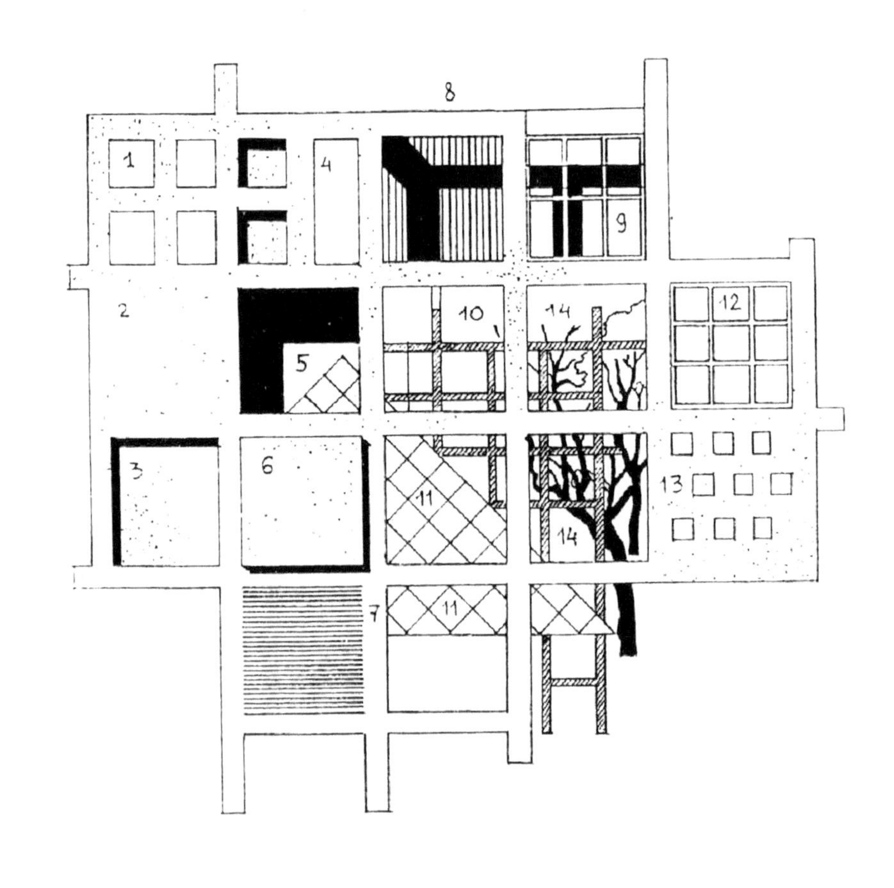

b. 运用5～7种“着色”方法完成至少3种构图（可完成于A4纸上）。

图2.55 习题28：平面栅格的基础练习

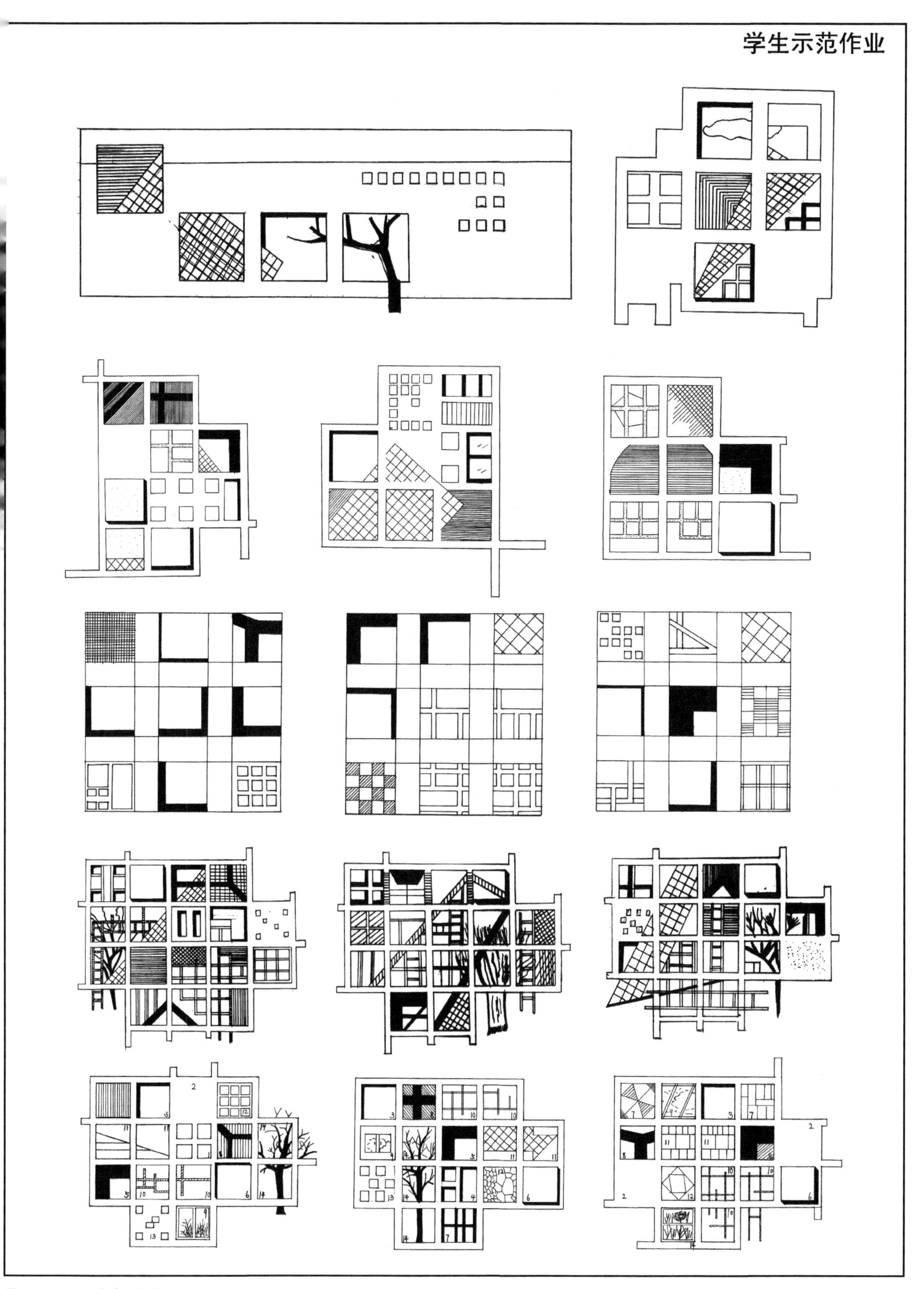

图2.56 习题28学生示范作业

培养目标

通过对空间和体形的巧妙组合，整体与细部的比例尺度关系，色彩和质感的处理方式等因素的恰当把握，加强建筑的艺术表现力，是本题训练的重点。注意修饰适度，避免过于繁琐、造作。

线条的疏密、墙面的凹凸等，需要注意选择与整体相适合的尺度，比例不适会影响整体的统一。

解题思路

根据示例，运用柱、廊、窗、墙等元素在格网中丰富细部，完成2～3个居民楼正立面设计，通过浮雕形式刻画出虚实、凹凸的变化，从整体着眼，综合考虑颜色、材料、质感等因素。

习题29：栅格的立面构图

a. 利用习题7、11、12、13、21、23所研究的构图原则，组成新的构图。着色方法包括颜色、材料的质感、填充线条等。

注释：着色指任何组合图形的非几何特性。其中包括颜色、材料的质感、填充线条、浮雕图形、图形局部构成及其他类型的起到填充作用的图形。

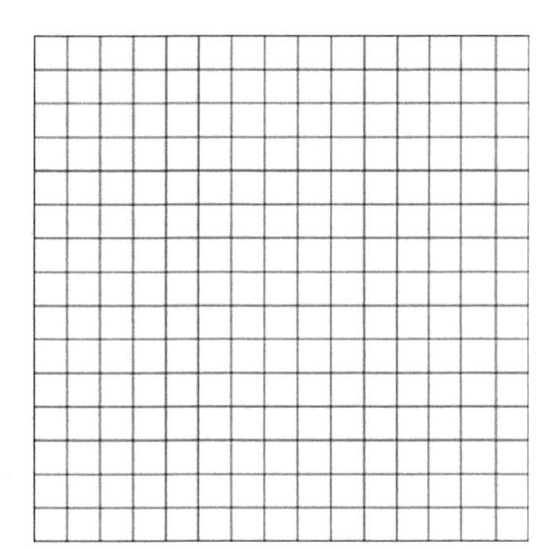

b. 在所给的格栅内完成2～3种居民楼的正立面图设计。

例：栏格的网眼各具特色，运用大小不同的窗、敞廊以及彩色玻璃进行设计。

为了形成敞廊的效果，格栅部分的网眼相对其他部分明显深陷，产生正立面中浮雕图形的效果。另外，还运用了补充图形元素——拱门、山墙、廊柱等。

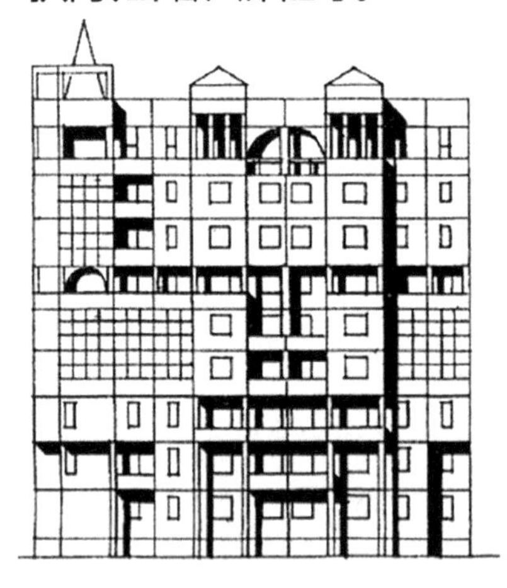

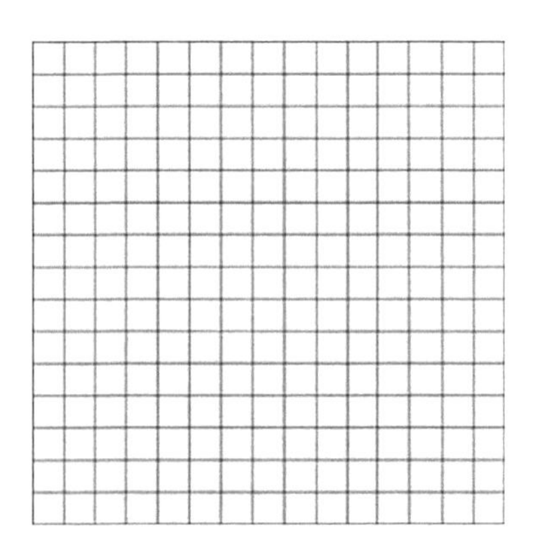

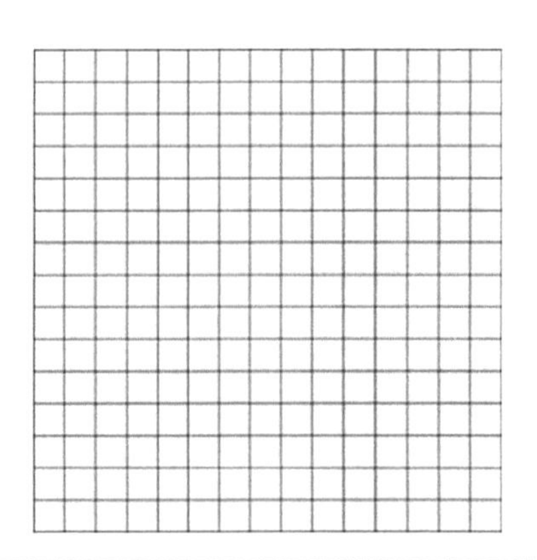

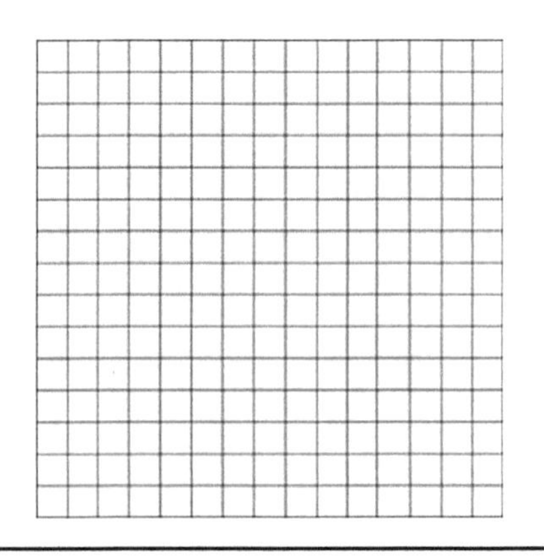

图2.57 习题29：栅格的立面构图

学生示范作业

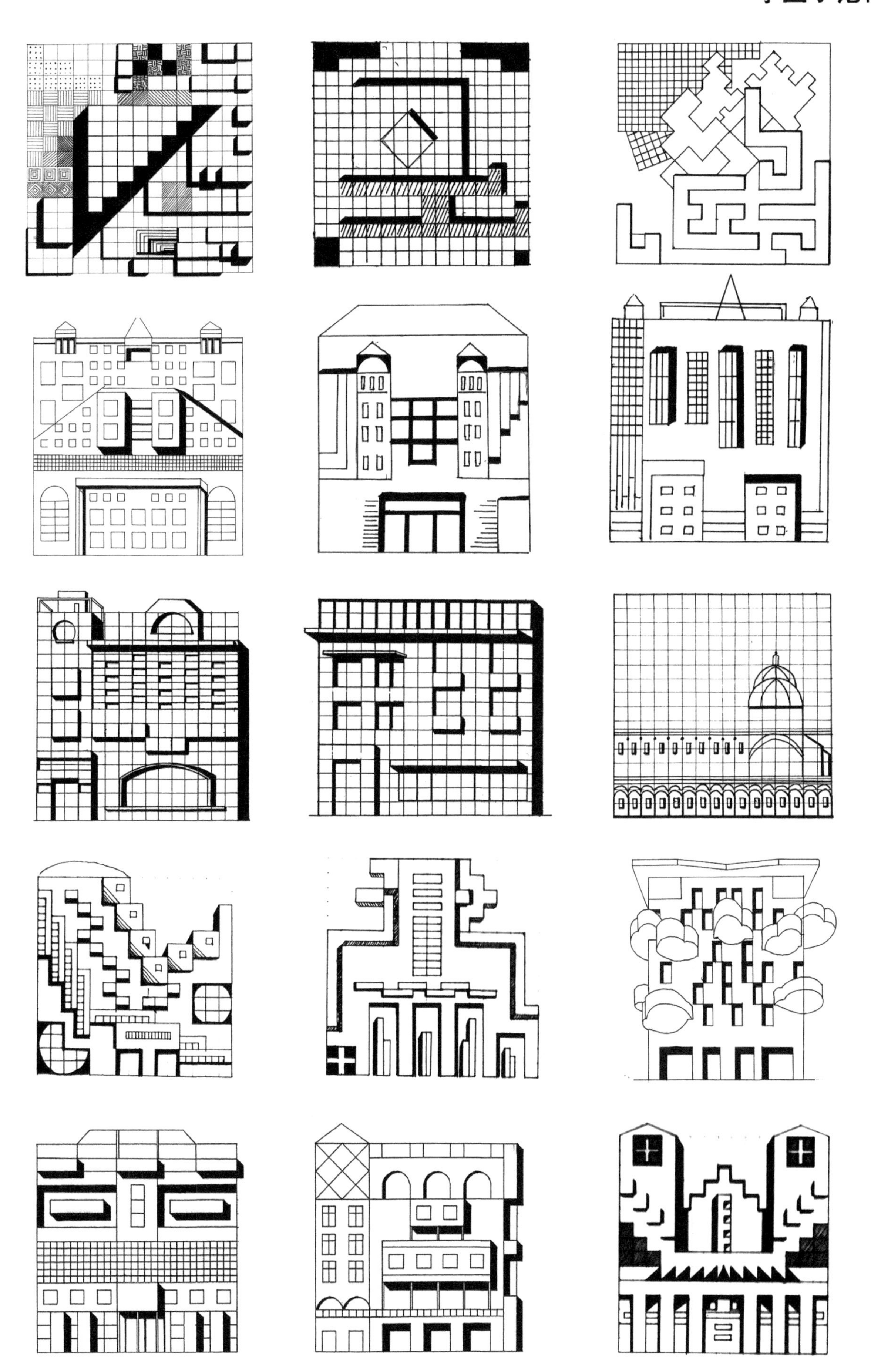

图2.58 习题29学生示范作业

培养目标

现代建筑形体可以被简化抽象成简单几何形体的穿插或有机的连接组合。这个练习主要训练学生对建筑构件如柱廊、山墙、栏格等构图形体元素基本形的个性化组合，有利于掌握更多建筑形态塑造方面的知识，把握空间形态的秩序感和逻辑性。

解题思路

本题a中示例了一组纯粹的几何形构图原始样板元素，练习b需要用其中一种作为基础，运用其他元素作为建筑构件的原型，丰富基础样板，从而形成不同的建筑形态，完成2～3组构图。练习c需要改变基本建筑形体，并以新颖的构件组合丰富简单的形体，要注意新组合的形态构成的秩序感及其空间形态的逻辑关系。

习题30：建筑体的构成

a. 纯粹的几何构图样板原型。

例：

1.圆柱体+平行六面体　2.柱廊　3.山墙　4.栏格

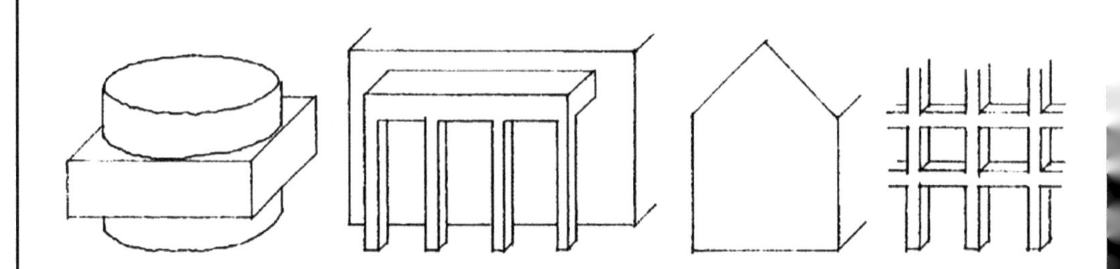

b. 用一个纯粹几何构图元素作为基本原型，组成不同的立体空间结构。可以选用其他形体作为建筑部件。

例：

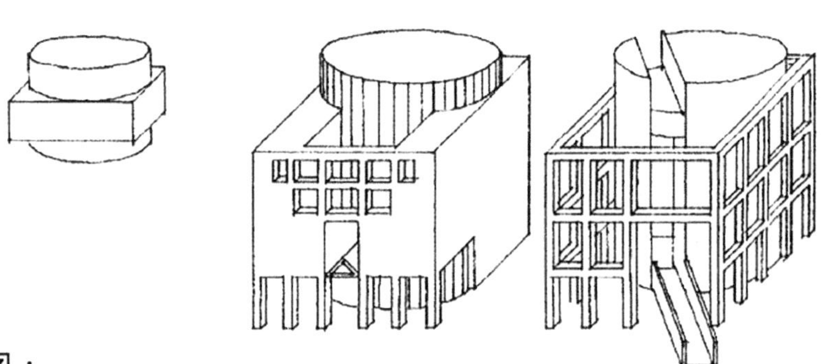

新构图：

c. 替换基本几何构图样板原型，进行组合，完成新的构图，要求体现出较强的建筑形态构成意向。

例：

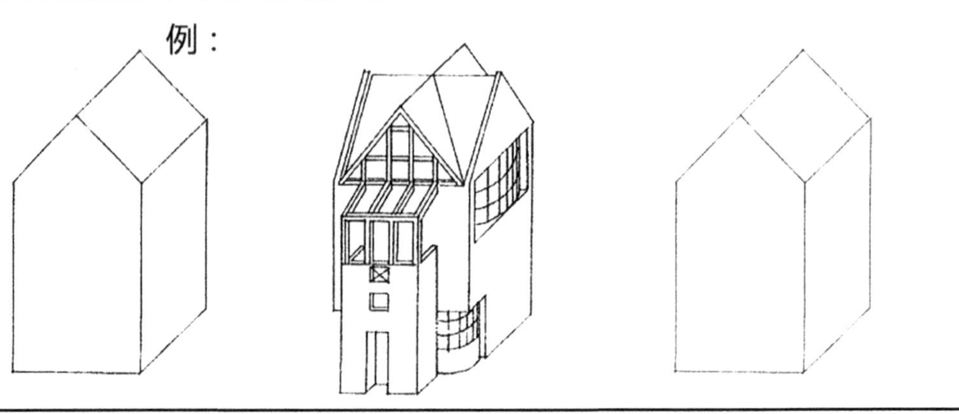

图2.59 习题30：建筑体的构成

学生示范作业

图2.60 习题30学生示范作业

培养目标

高层建筑的形体构成就是对各种构图方法的综合利用，着重针对高层建筑的顶部、底层、中段进行一系列细化处理，主要包括对窗、洞、玻璃幕墙等外墙构成部分以及结构框架的主导方向部位的加工处理，综合表现外墙细部的质感和表现力。

解题思路

分析并体会以上高层建筑实例的构成方式，学习形成高层建筑的最基本建筑方法。练习中，以长方体为原型，进行形体的推敲与塑造，注意大的形体之间的比例尺度关系及其空间联系，利用丰富而统一的建筑语言（外墙细部构成元素），控制韵律和节奏，完成2～3种方案。

习题31：以高层建筑为例的形态构成

a. 高层建筑实例。

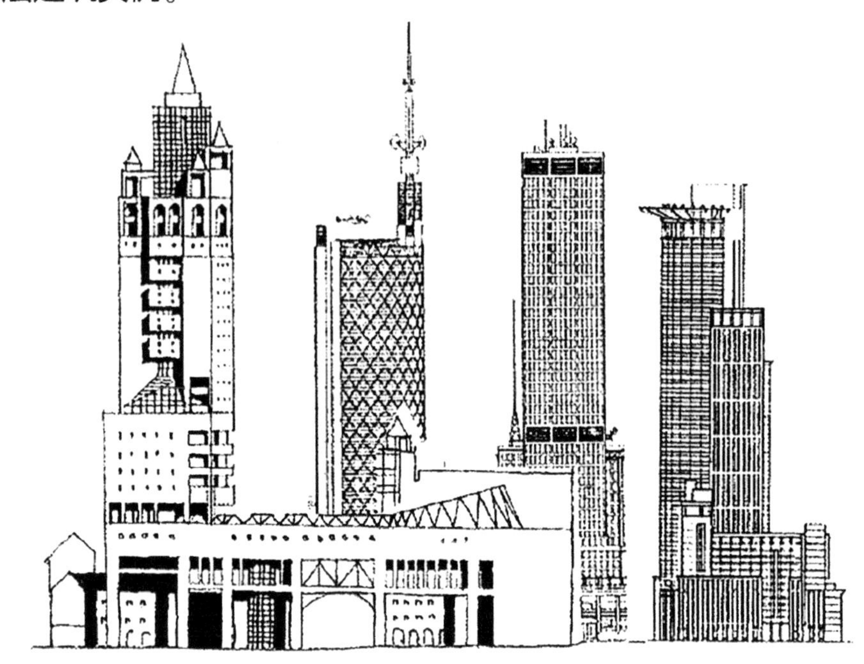

b. 理解形成高层建筑的最基本方法（在立面构图变化上，注重楼顶和底层、高层建筑的中段玻璃、结构框架的主导方向部分以及外墙等方面的构图加工）。

c. 运用所给原型，完成2~3种不同方案，组成高层建筑形态，尝试利用高层建筑的局部构图元素进行各种组合。

例：

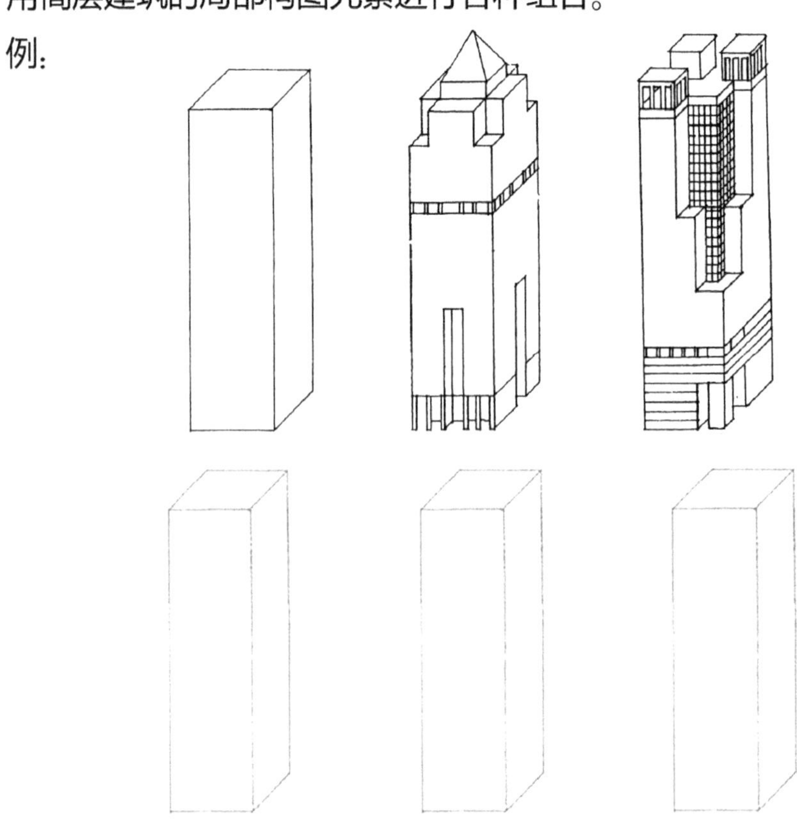

图2.61 习题31：以高层建筑为例的形态构成

学生示范作业

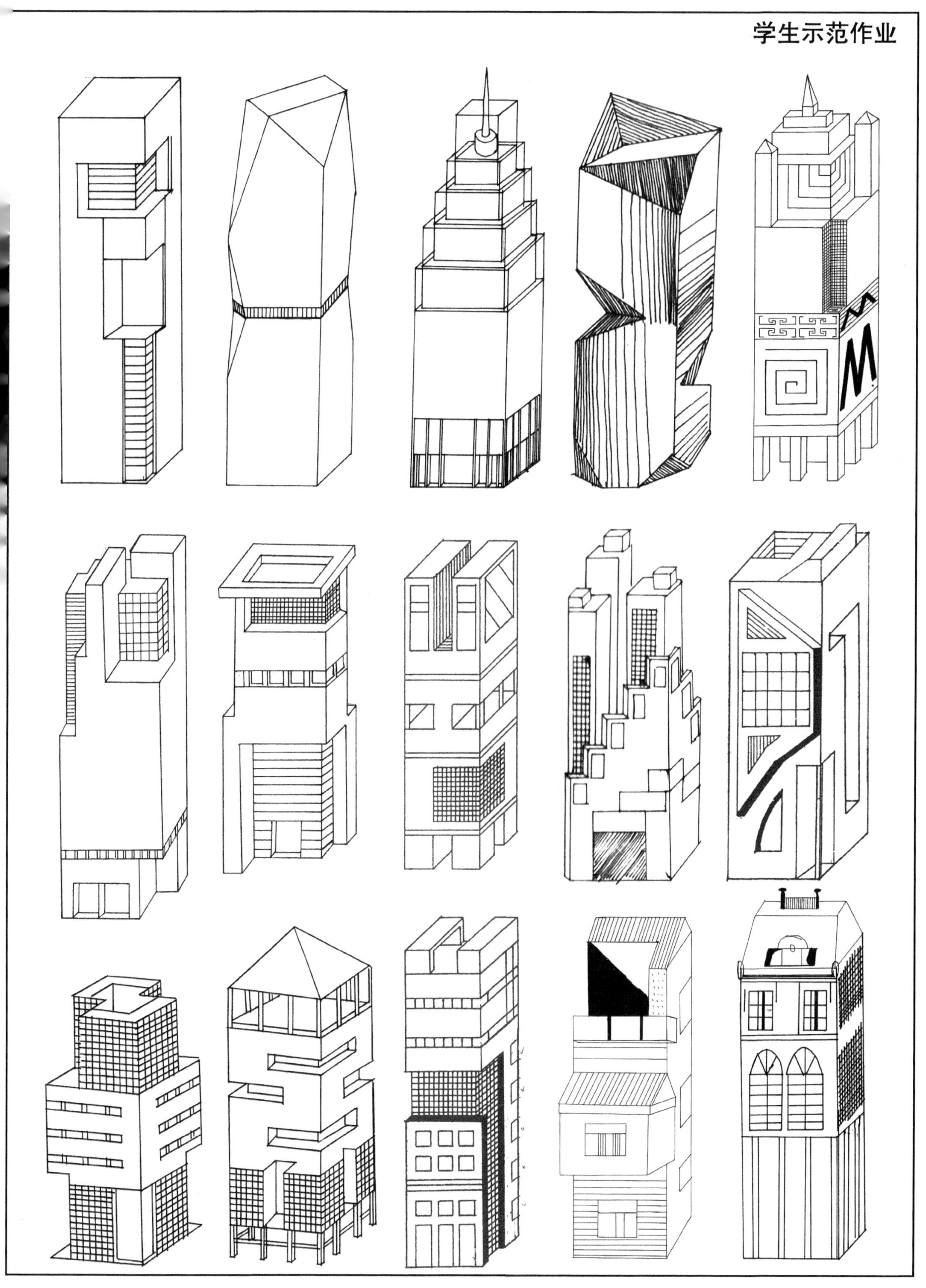

图2.62 习题31学生示范作业

培养目标

建筑转角是一个相对的概念，相对不同的墙面或立面会泛指不同的建筑转角。诸如建筑体块转折的交角、室内外墙面转折的交角等。本题侧重于研究建筑体量转折的交角。

建筑转角的形态非常重要,也是街区中城市空间形态重要的构成要素。

建筑转角特殊的视觉特性，决定了其在建筑形象中起到韵律起止变化与转折连接的作用，因此，训练这方面的能力对于构成建筑形象的视觉显著点，塑造建筑形态的整体性和特色化，具有重要意义。

解题思路

练习a，提供了一组典型建筑转角的实例，需要根据示例，找出不少于10个建筑转角的例子，积累这种素材，体会其中不同的视觉特色，分析确定建筑转角在建筑整体形态不同层次的建筑视觉显著点。

练习b，提供了一组转角处理构图方法示例，举一反三，需要应用其完成3组建筑转角构成图，熟练应用建筑转角形态构成的方法（要求每种方案中应用2～3种示例方法）。

习题32：建筑转角的形态构成

a. 找出一些建筑转角的实例（不少于10个）。

例：

b. 完成3组建筑转角构成意向图，要求每种方案体现2~3种示例方法。

例：　转角构图示例

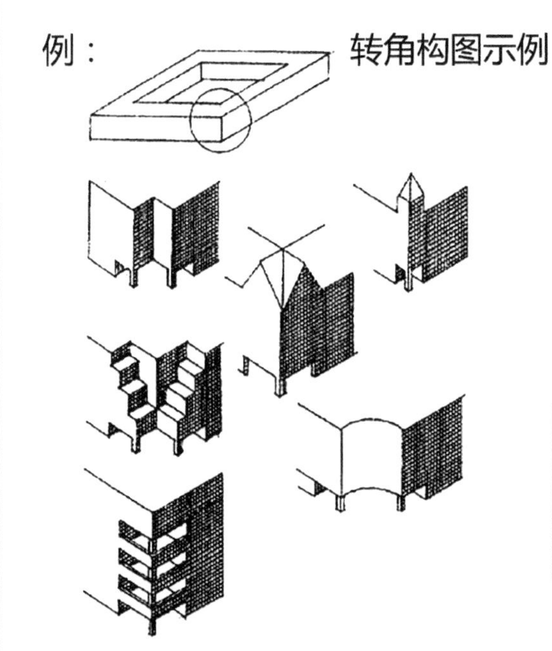

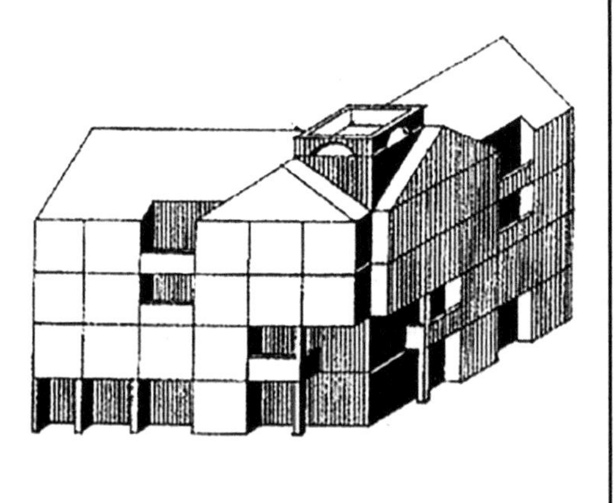

1.

2.

3.

图2.63 习题32：建筑转角的形态构成

图2.64 习题32学生示范作业

培养目标

建筑形态构成的细部包括外廊、屋顶、入口、雨篷，室内空间部分包括楼梯、上下贯通空间（大厅）、采光井等，这些建筑细部的构图规律在前面的练习中涉及较多。

本题重点训练学生在建筑细部构成与整体建筑形态构成方面的综合能力。通过这些综合方法的运用，简繁得体地进行构成组合。注意体会示例中建筑的廊、柱细部的构成原则。

解题思路

练习a，列举了若干具有典型效果的建筑外廊、内廊、柱列的作品范例，仔细研究这些建筑细部，体会并提炼其中的构成规律和构成原则，并注意相关素材的积累。

练习b，对柱廊的形式与墙的关系进行了比较，学生可以通过对这两个元素的不同变化进行构图练习，分别做出对应的立面柱廊构图，并将这些细部“元素”积累起来。

习题33：建筑外廊的构成

a. 在现代建筑作品中选择5~7个具有典型性的建筑外廊、内廊、柱列作品范例，研究其建筑细部构成规律，侧重于柱、廊的细部构成。

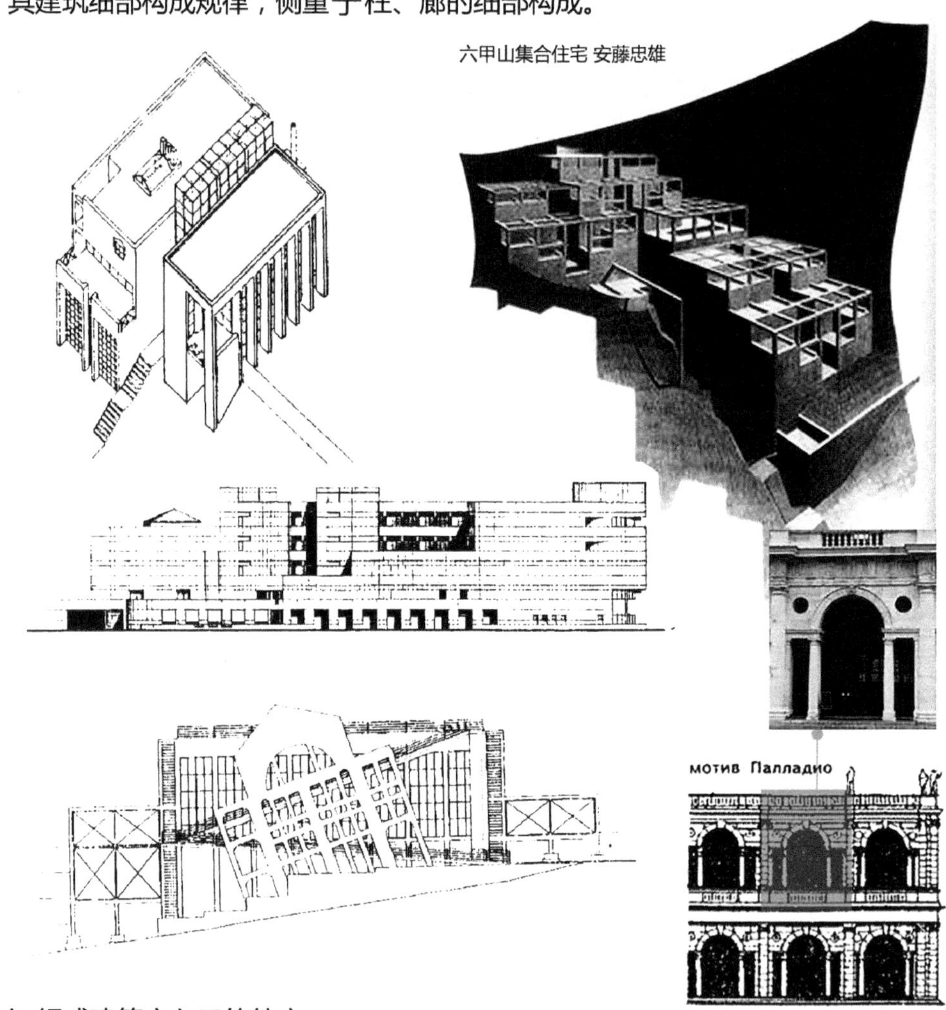

b. 组成建筑主入口的外廊。

1.建筑墙面呈曲线形，而柱廊为直线形的情况

2.建筑墙面呈直线形，而柱廊为曲线形的情况

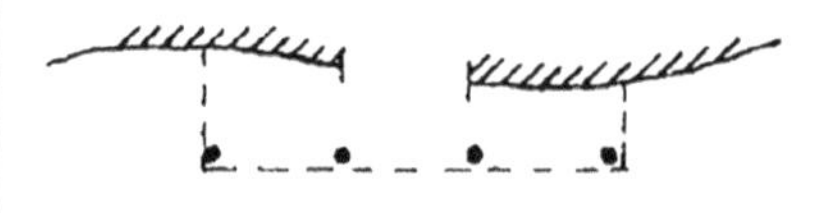

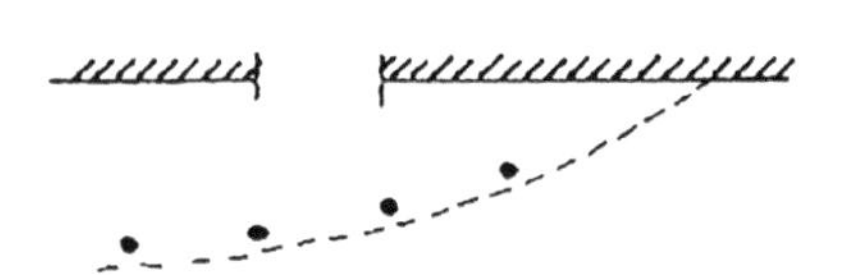

图2.65 习题33：建筑外廊的构成

图2.66 习题33学生示范作业

培养目标

本题重点训练学生建筑细部构成与整体建筑形态构成的综合能力。通过这些综合方法的运用，简繁得体地进行构成组合。

注意体会示例中建筑的栏杆、凸窗等细部的构成原则。

解题思路

示例a，列举了一些不同的现代建筑实例，分析并体会其中的构成规律和构成原则，并注意相关素材的积累。

练习b，根据上面掌握的构成规律和原则，完成两组抽象构成图，要求由一个圆柱和一个内部包含有立方体的直角六面体的基本形体元素组成。

练习c，对建筑细部的栏杆进行归纳，参考示例的栏杆，完成一组应用圆柱旋转样式的栏杆构图练习。

练习d，对建筑细部的凸窗进行归纳,参考示例，创造几组凸窗形式的平面构成图，需要在图中体现弧线、直线以及投影线。

本题c、d侧重于训练学生对细部构图语言及其与整体建筑形体的联系的理解和掌握。

习题34：建筑细部的构成

a. 选择能够体现原始构图样板的不同建筑实例。

例：1.俱乐部(学生作品)

2.住宅（建筑师 M·博塔）

3.住宅（建筑师 安藤忠雄）

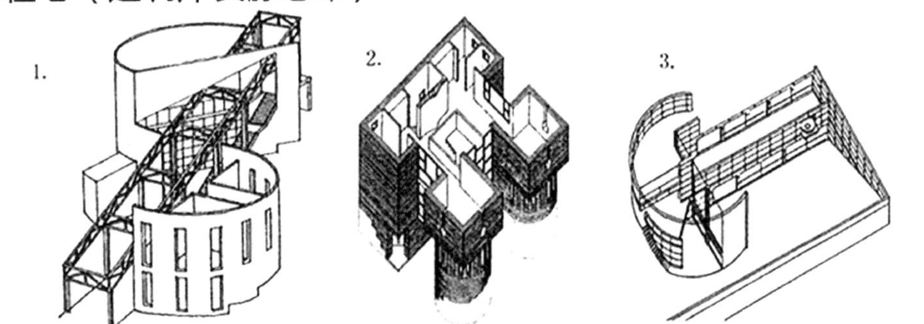

b. 完成两组构成图，由圆柱和一个内部有立方体的直角六面体组成。

1.　　　　2.

c. 完成一组应用圆柱旋转样式的栏杆构图。

d. 参照范例，完成凸窗形式的平面构成图，需要体现直线、曲线、投影线。　　例：

方案1

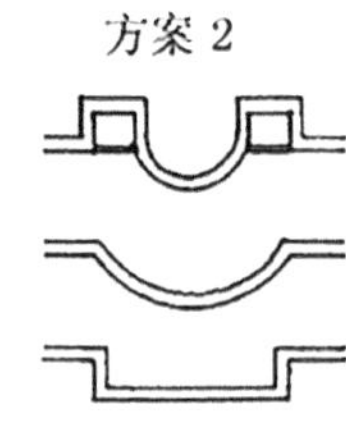

图2.67 习题34：建筑细部的构成

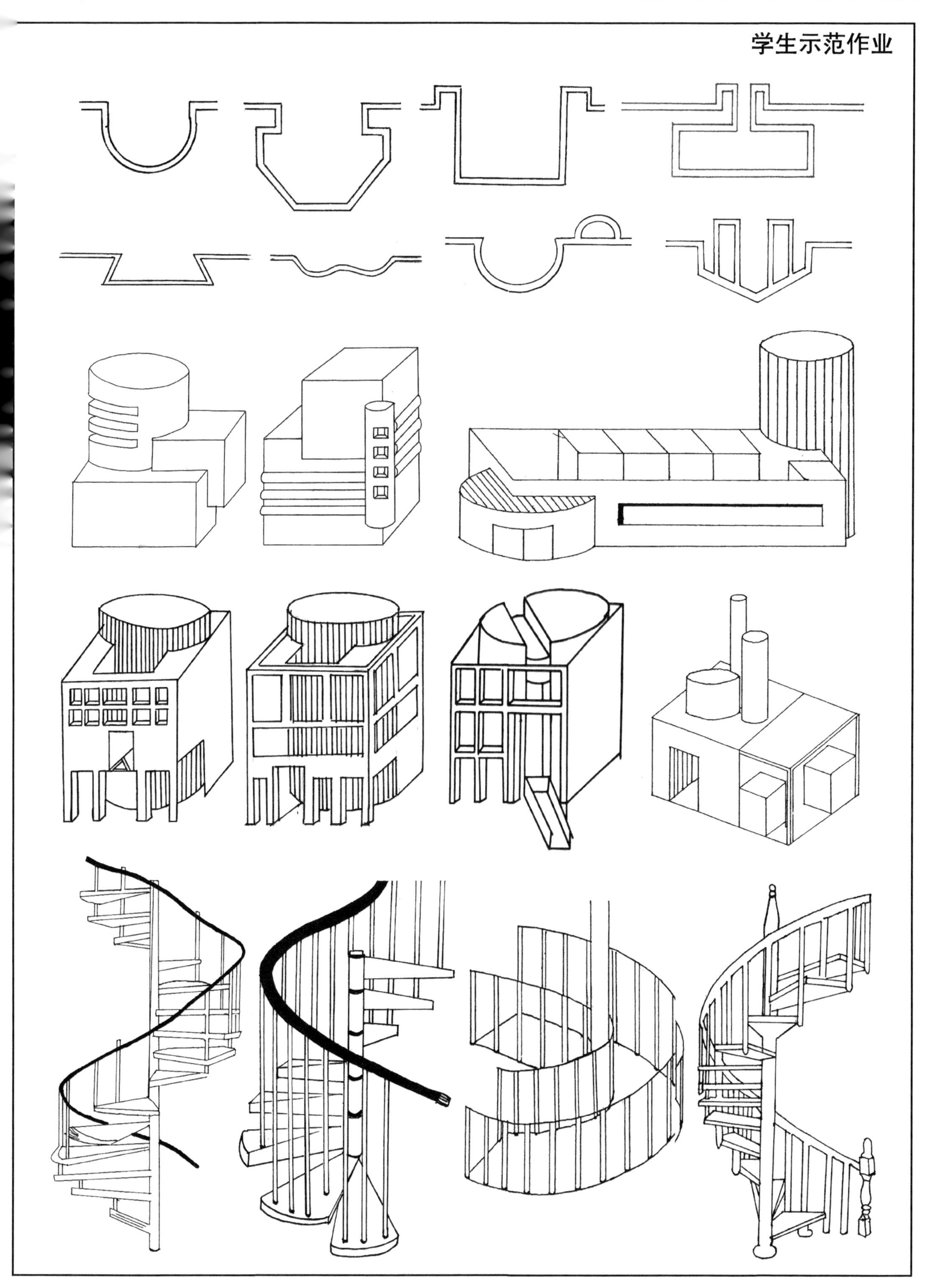

图2.68 习题34学生示范作业

培养目标

本题着重训练学生运用分隔与联系进行空间组合的能力，借此达到围与透的最佳组合，塑造不同空间类型的目的，并注意保证院落结构与楼房的有机协调性。

解题思路

在所给的结构中，体会不同形式的院落空间的特点，完成不同的空间组合。

注意通过分隔与联系，使得若干空间相互渗透，从而形成丰富的层次变化。

习题35：空间院落构成

在所给的结构中用几种方案组成院落空间，保证院落结构与楼房的协调性。

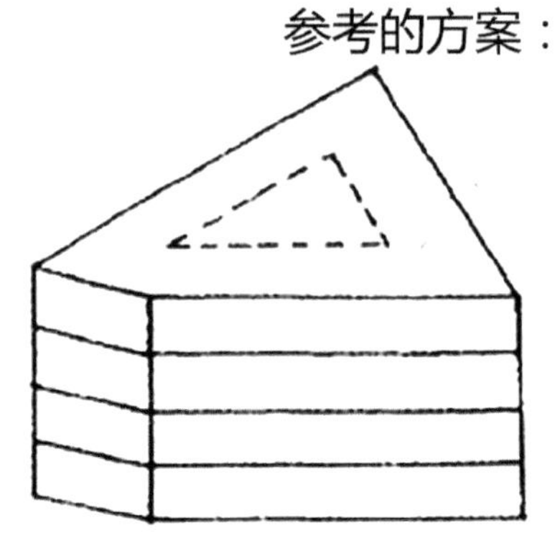

参考的方案：1. 一个露天院子
2. 两个相互联系的院子
3. 带有出口的围合的院子
4. 有公共平台的三个相邻的院子
一个较为开放的院子
一个较为封闭的院子

1.

2.

3.

4.

5.

6.

图2.69 习题35：空间院落构成

学生示范作业

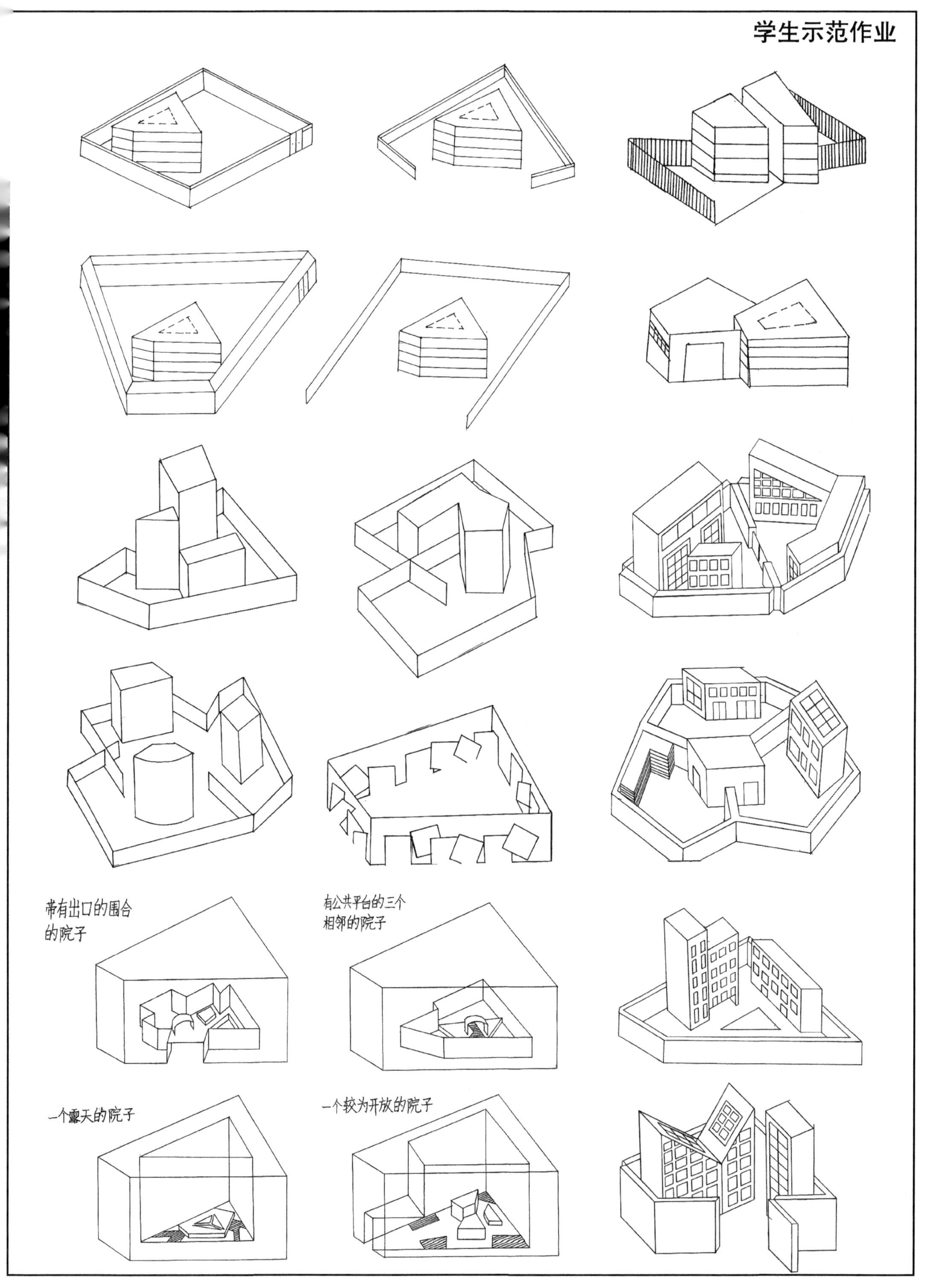

图2.70 习题35学生示范作业

培养目标

本题侧重于定义不同主题或者目的，据此将基本的几何形体有机组合起来，达到完整统一的效果。

解题思路

练习a，自定义组合方式，将基本图形单元块进行排列组合，完成几组新的构图。

练习b，自定义完成目的，完成几何体块的组合。

练习c，综合以上两个练习，完成一组富于变化的几何构图组合。

习题36：几何体的有机组合构成

按照指定的特性，运用各种不同的组合方法或手段组成新构图。

a. 实现手段——图形摆放

例：

对称摆放　　相对于一块图形平行摆放　　链条式的成对摆放

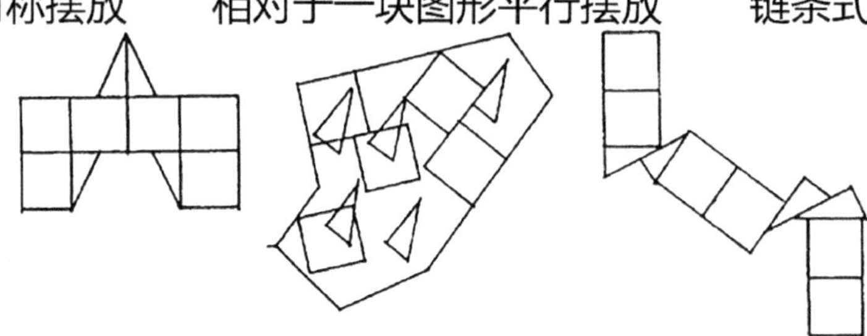

b. 实现手段——完成者的目的和任务

例：形成表面最大化或是展开所有图形形成正面组合。

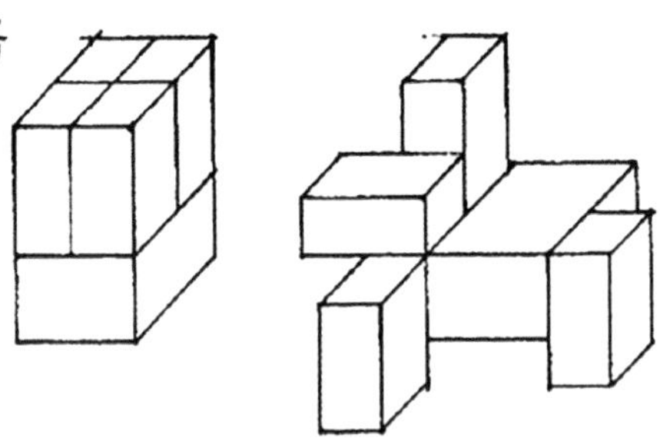

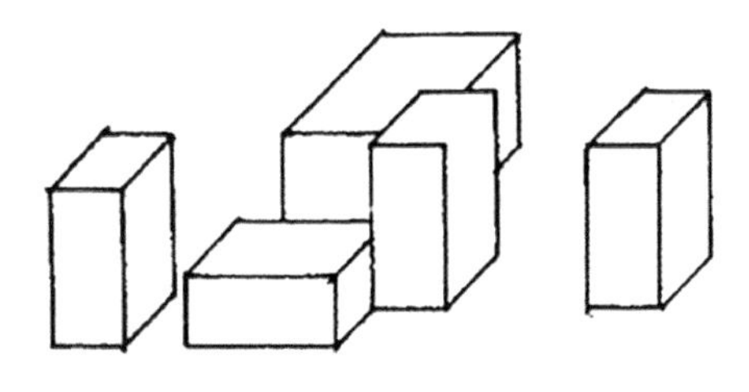

c. 实现手段——构图图形的集合

（综合习题a、b的要求，完成者可自行替换构图图形）

图2.71 习题36：几何体的有机组合构成

图2.72 习题36学生示范作业

培养目标

建筑形态的构成是将不同形态的单体建筑按照一定的建筑群形态组合方式，有机、有序地组织在一起。

解题思路

练习a，以1个正方体、4个板体、2个长方体为基本构成元素，利用中轴结构式、自由结构式和“半”字形排列等三种基本组合方式，将它们理性地组织起来，可以参考这三种组织方式，形成自己的建筑群体组织，形成自己的群形态构成元素。

练习b，要求增加构成元素的数量，组织新的群体形态，训练对数量较多的不同建筑单体的理性组织与多种处理方式。

习题37：几何体块的组合

a. 利用不同的示例图，用所给的同一图形组合成 3个构成图。

完成的示例：1. 中轴结构图
2. 自由结构图
3. 米字排列

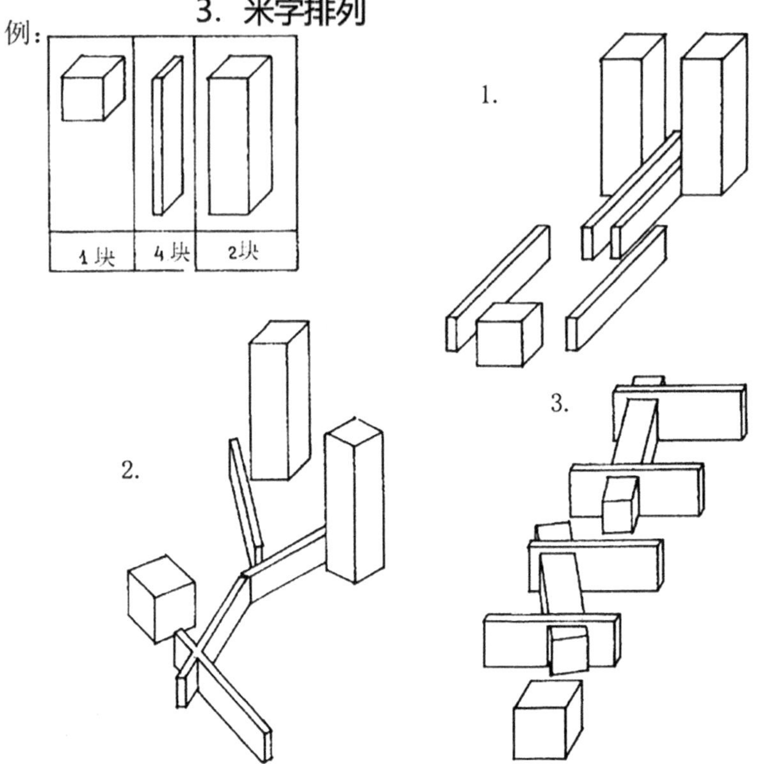

b. 组成新构图，把其中每一种图形的数量扩大到 10。

图2.73 习题37：几何体块的组合

学生示范作业

图2.74 习题37学生示范作业

培养目标

在建筑形体立面的推敲处理过程中，可以从不同形体的组合穿插的体量入手，推敲各基本体量长、宽、高三者的比例关系，当然也需要结合建筑的功能、结构等制约因素。

比例、尺度、数学的空间表达。

解题思路

建议在专门选择的示例中或自己当前的学习设计中完成类似的比例关系恰当的组合构图。

习题38：建筑立面形体构成

利用建筑形体立面构成的特点及投影法组合构图。

例：多层汽车库的正面图

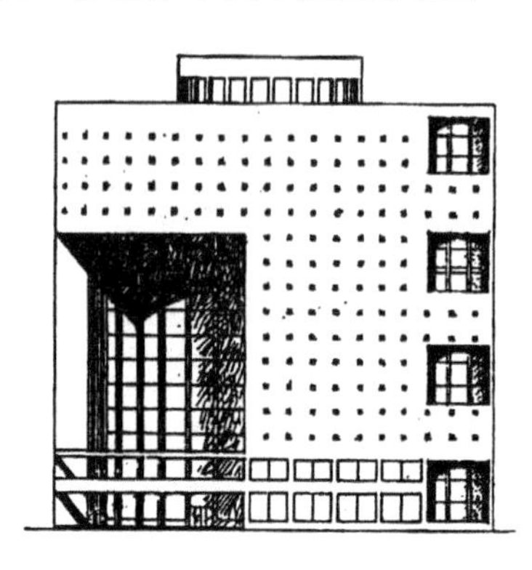

在“黄金分割”的基础上形成正立面图的协调性。正立面图的整体是正方形。正立面图的结构不变。

方案 1 正方形的边为 “1”; 方案 2 正方形的边为 “2”。

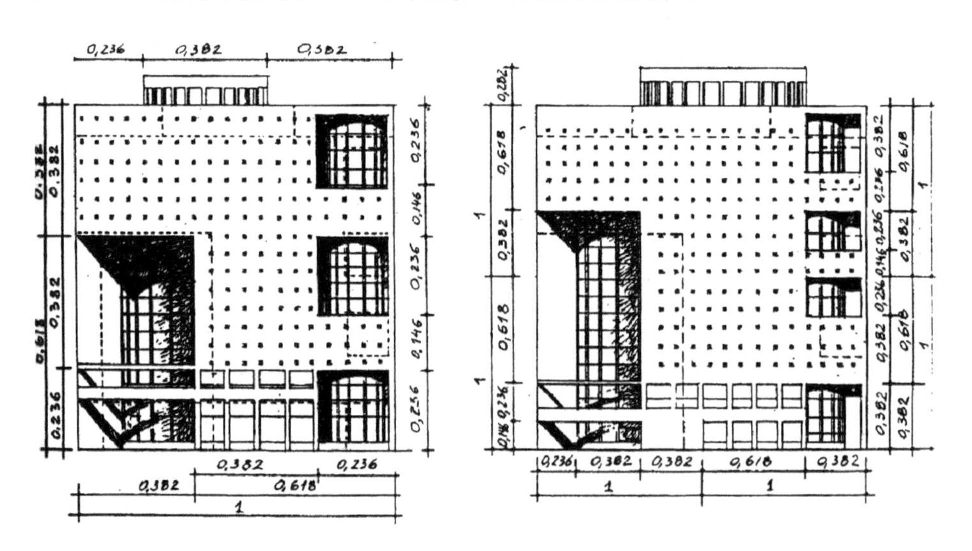

最初方案的轮廓由虚线确定

图2.75 习题38：建筑立面形体构成

学生示范作业

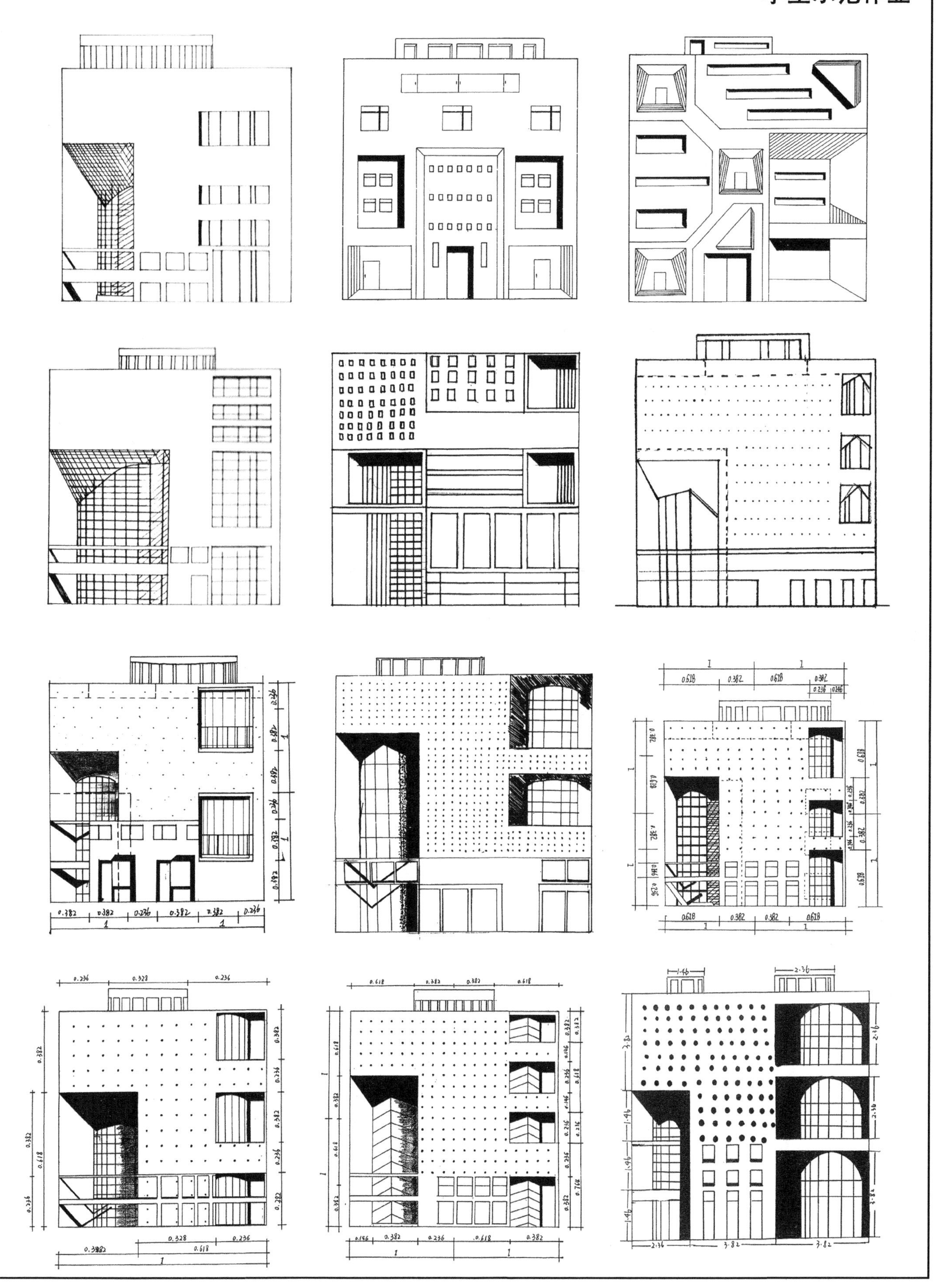

图2.76 习题38学生示范作业

培养目标

本题主要训练对建筑空间内部结构的处理方式。

不同形状的空间，会带给人不同的心理感受，在选择空间形状时，可以对功能要求同心理感受综合考虑，按照一定的主题意图组织联系起来，给人不同的空间感受。

解题思路

练习a，找出能够表达出不同空间主题、表达效果的建筑空间结构实例。

练习b，完成一组灵活、穿插、错落的内部空间结构，可以用纸质模型来完成。

练习c，在所给的30厘米见方的立方体空间结构中，建立富有层次的内部空间分隔，形成围合与穿透的空间感受。

习题39：不同空间结构的构成

a. 找出几个不同规模的空间结构，而且它们要能表达出不同的感情。

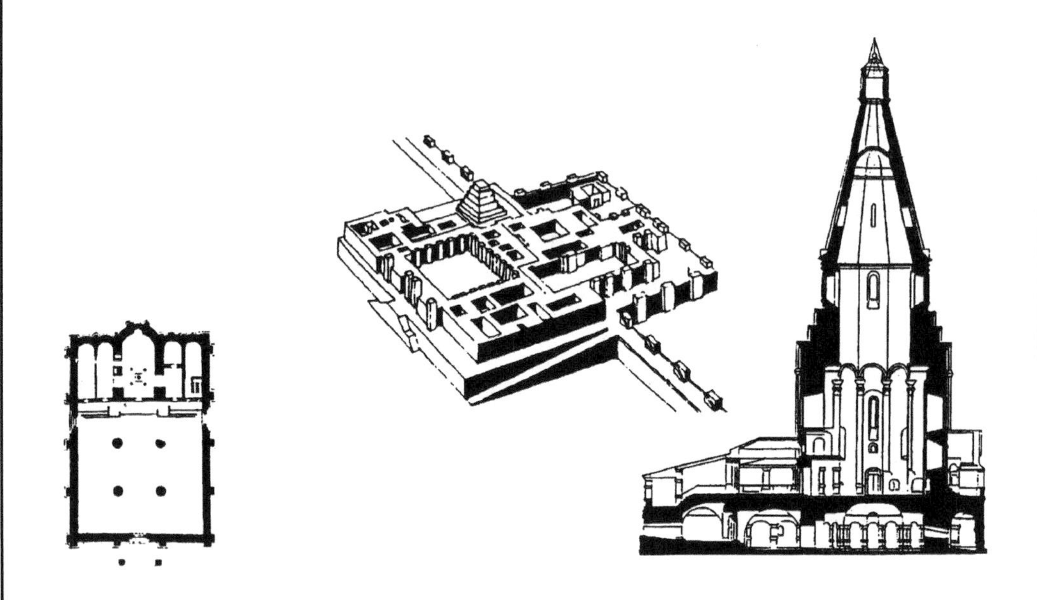

b. 组成连接在一起的空间图，其结构中要有错落的不同感觉（如高低、宽窄等）。练习用纸质模型来完成。

例：

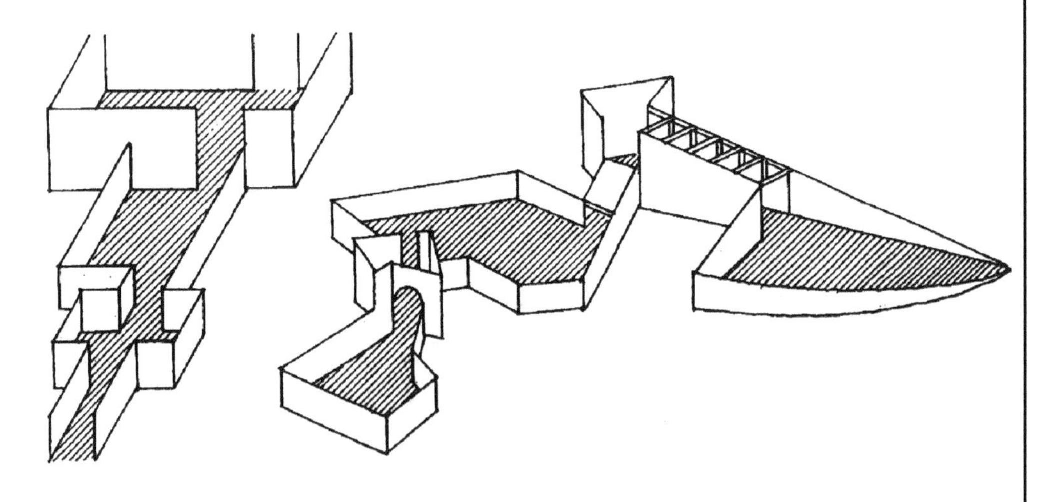

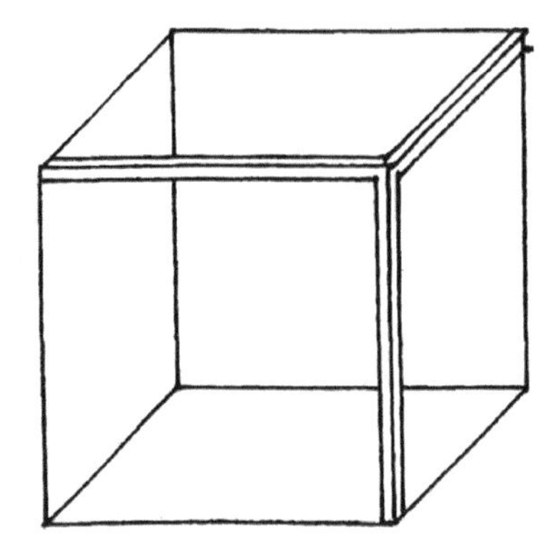

在所给的立体图中建立一个高度不同且连在一起的空间结构系统（模型）。所给的立体图：三面没有封闭的30厘米×30厘米×30厘米立体图形

图2.77 习题39：不同空间结构的构成

学生示范作业

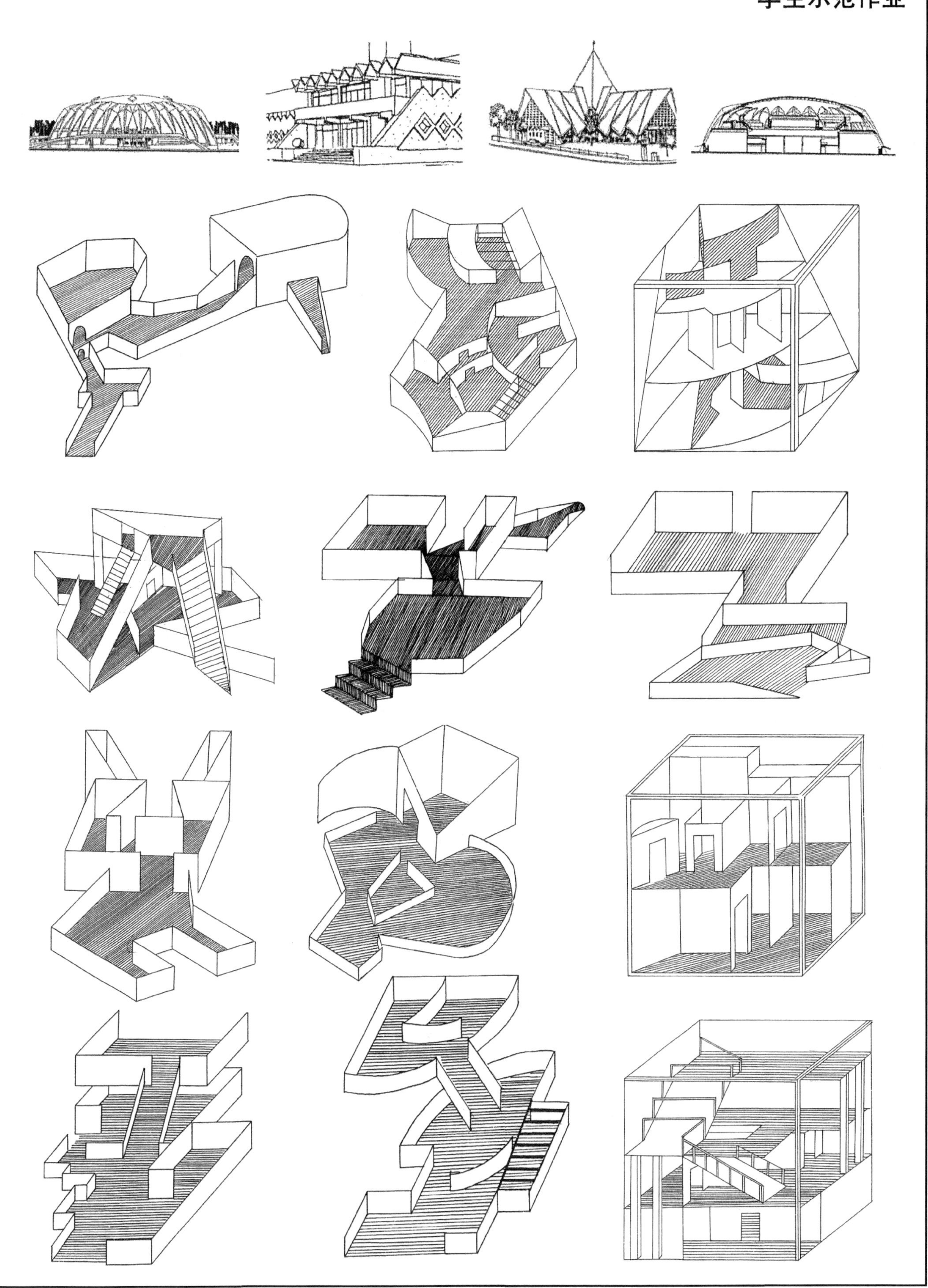

图2.78 习题39学生示范作业

培养目标

居住区建筑平面的构图是建筑群形态构图中最典型的例子，是一种极富代表性的建筑群体形态构成，这种由抽象到具象的过渡与思维转化，侧重于训练学生的构图能力和群体形态组合的综合能力。

解题思路

练习a，需要将小区内的建筑形态线条化，抽象成平面构图的线条。

练习b，改变构图的基本元素，进行新的构图方式的尝试。

练习c，在练习b基础上，增加难度，需要尽量提高层数，产生新的组合。

习题40：利用网格的居住区构成

利用所设计物的特点

例：一组小规模的居民住宅总设计构图

用间隔确定

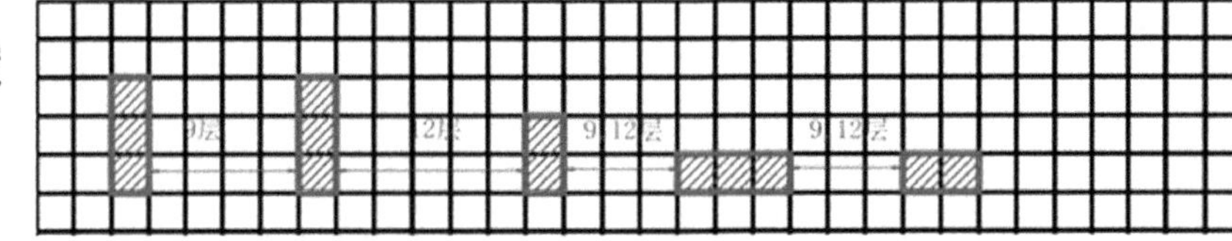

a. 在指定的范围内尽量放置最多数量的示例图形，使图形的位置、结构相协调。

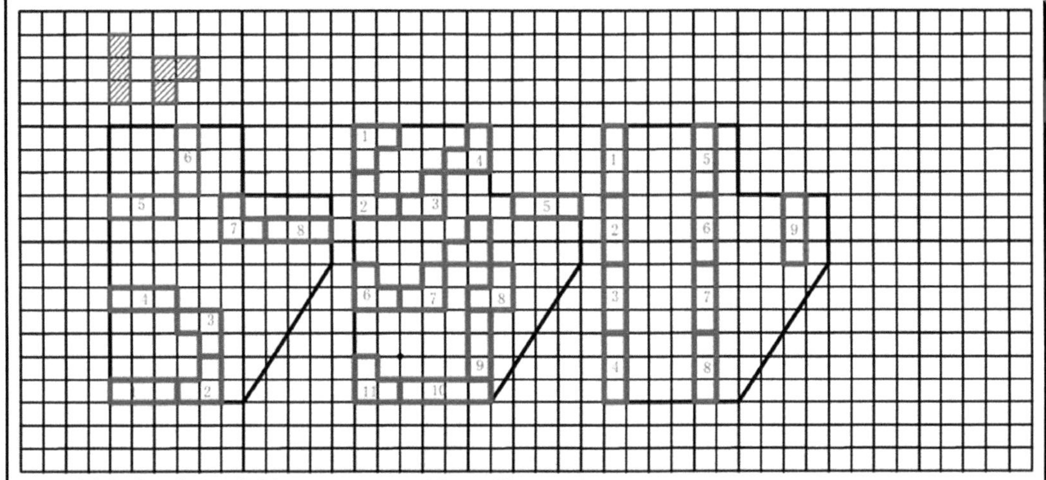

b. 继续完成上述练习，用另外一些图形。

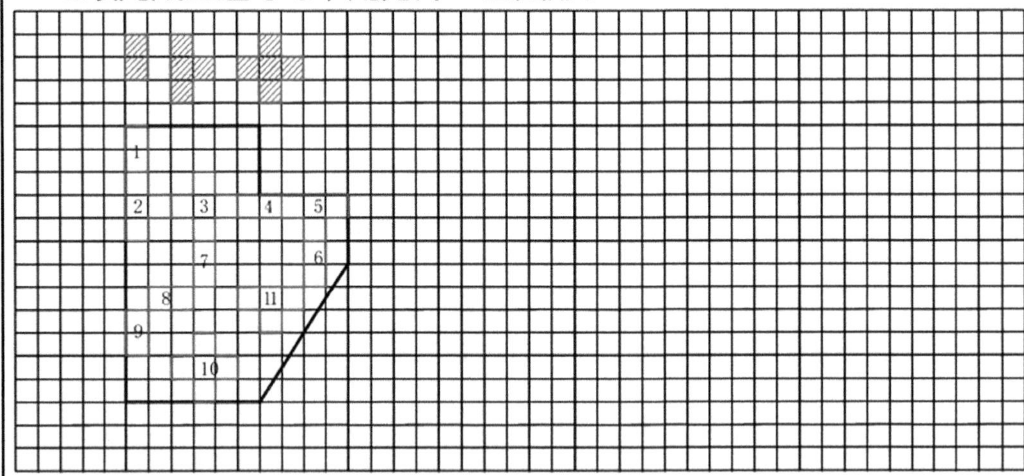

c. 继续完成上述练习，尽量提高图形的层数。

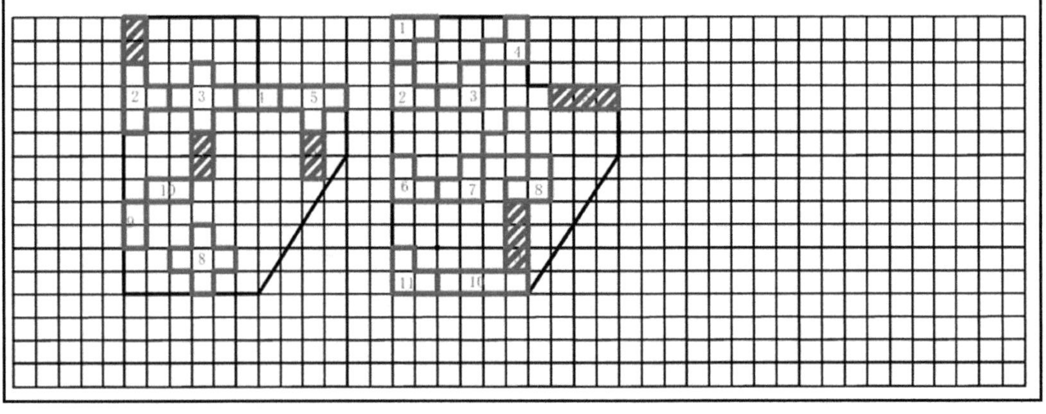

图2.79 习题40：利用网格的居住区构成

学生示范作业

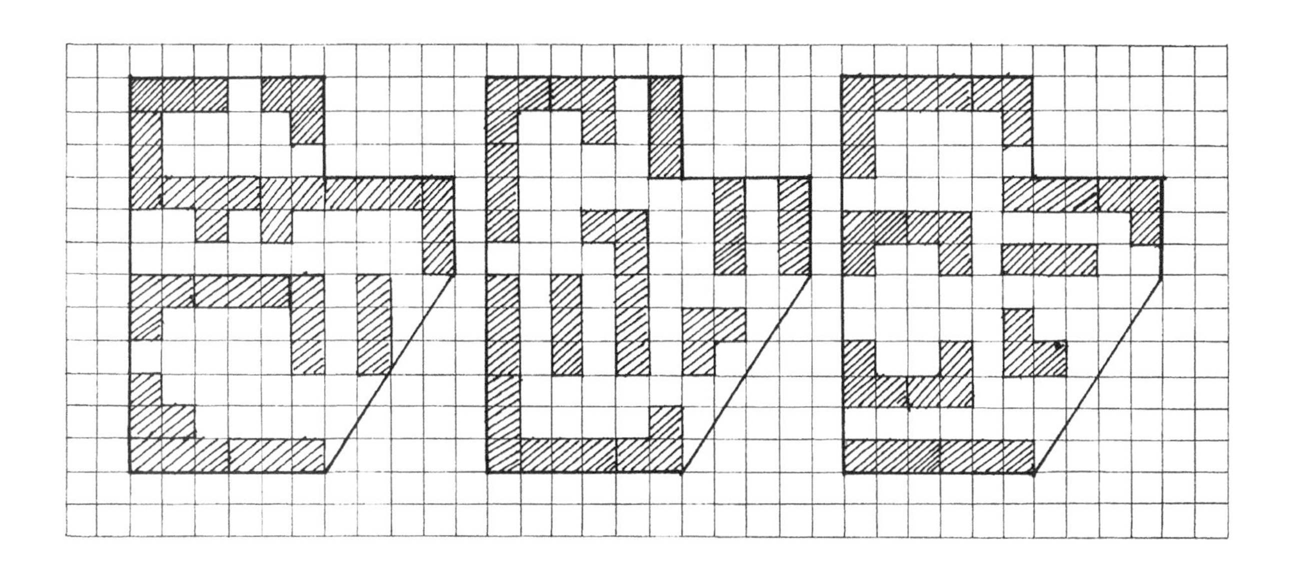

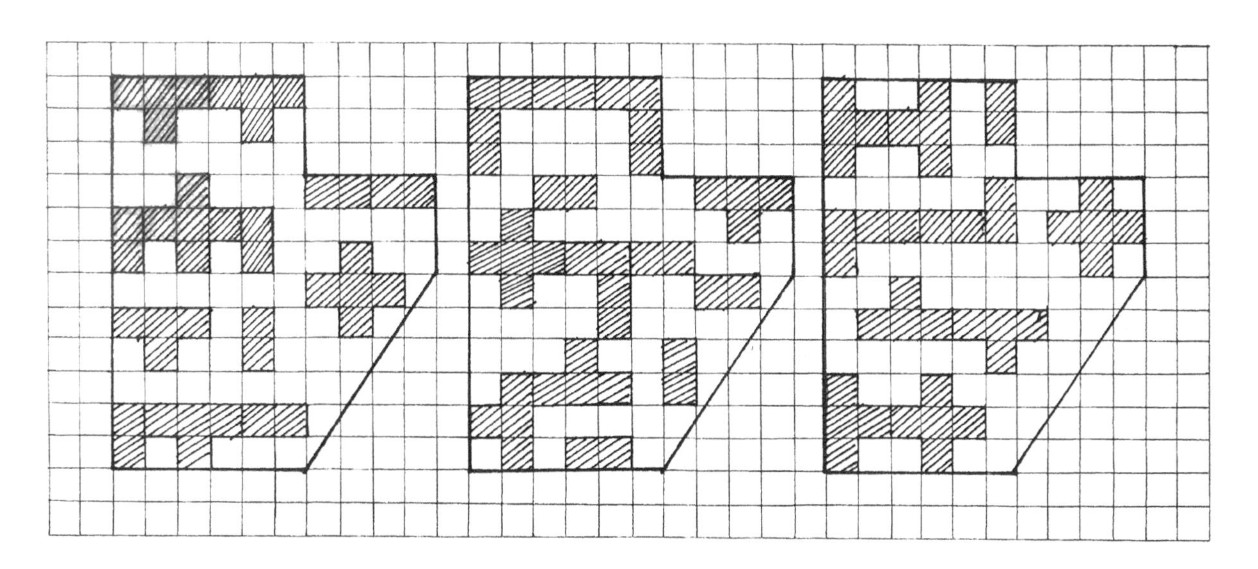

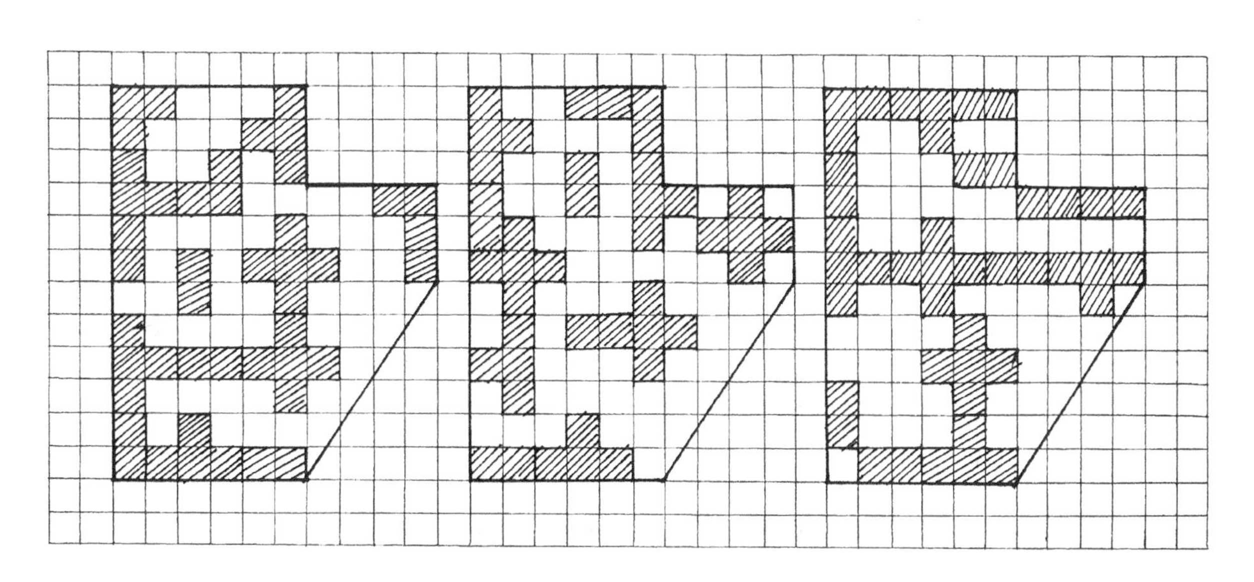

图2.80 习题40学生示范作业

培养目标

根据结构和功能的要求，需要设置一些墙、柱、水平夹层等元素来把大空间分隔成若干部分。

无论是走廊式还是穿廊式，抑或是水平层次上有变化，都会作用于空间流线的组织和使用者的心理感受，比如说，柱距越近，柱体越粗，空间的分隔感就越强，所以说，恰当地处理空间形式，有助于空间形式的完整统一，也有助于利用这些来丰富空间的层次与变化，反映出建筑的特色。

解题思路

根据提示中的空间分隔方法，对所给的空间样式进行内部空间分隔，利用墙体、柱廊、水平夹层等建筑构件来组织空间形式。通过纸质模型或轴测图表达出新的空间组合。

习题41：同轮廓下空间的构成

a. 在所给的空间轮廓中按计要求完成不同的空间结构。

例：空间分隔方法

走廊式　　穿廊式　　水平上层次变化

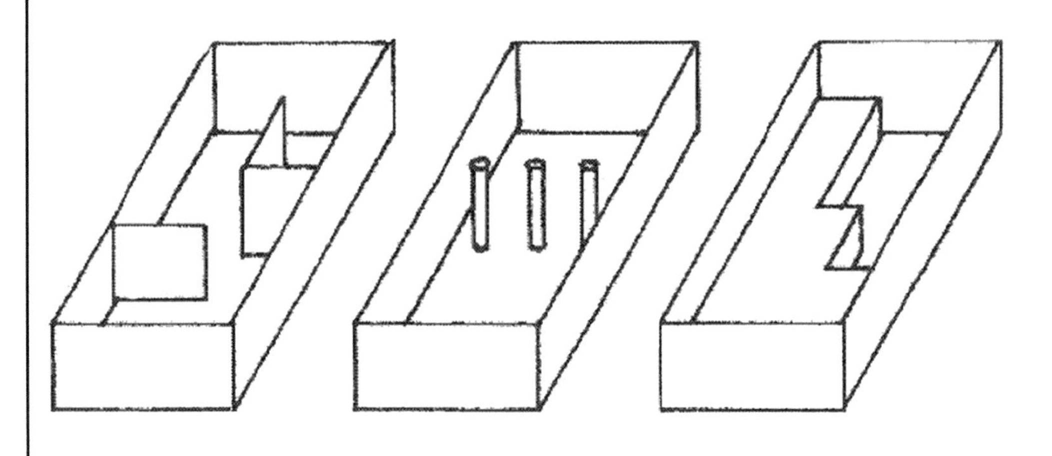

空间样式	走廊式构图	穿廊式构图	层次变化的构图
	运用墙体	运用墙体及圆柱	运用圆柱及水平隔板
	运用水平楼层隔板及墙体	运用水平楼层隔板及圆柱	运用墙体及圆柱
	运用圆柱及墙体	运用墙体	运用圆柱墙体及水平楼层隔板

b. 练习用纸制模型或者轴测图来完成。

图2.81 习题41：同轮廓下空间的构成

图2.82 习题41学生示范作业

培养目标

在建筑空间上，封闭与通透是相辅相成、互相联系的。若完全封闭，则很容易让人产生心理上的压抑和闭塞感；相反地，若整体通透，一览无余，则不但容易让人感觉没有安全感，也有悖于建筑物的功能要求。

解题思路

参考所给实例，找出一些在立面处理上，能够体现出表面的封闭性、通透性的建筑实例。

需要在理解相关实例的基础上，应用习题27中所学的一些处理方法和技巧，完成2～3组由封闭结构的墙面和格栅结构的抽象立面组成的构成图。

习题42：建筑立面实例分析

选择几个实例，要求建筑立面设计要体现出表面的封闭性、通透性。

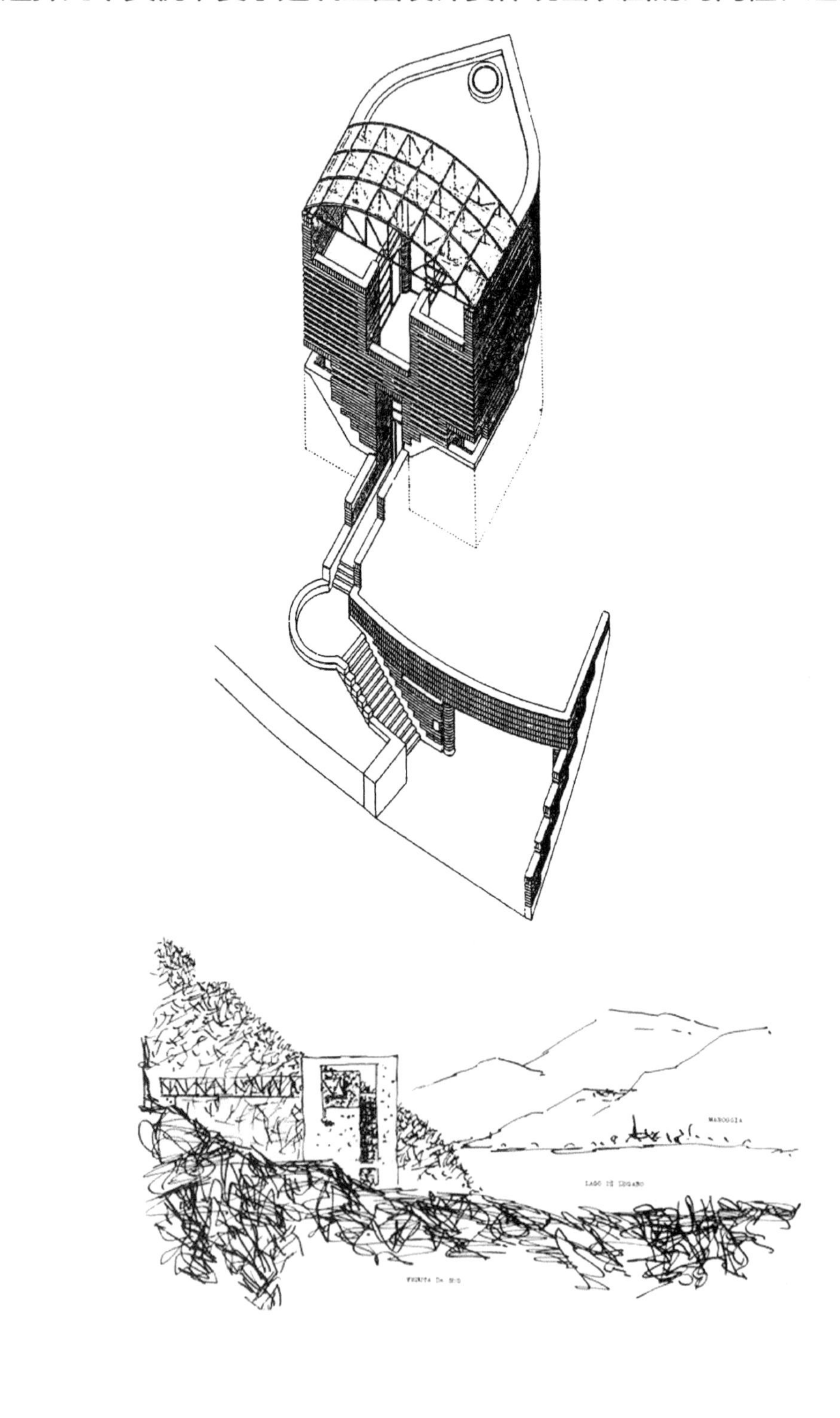

图2.83 习题42：建筑立面实例分析

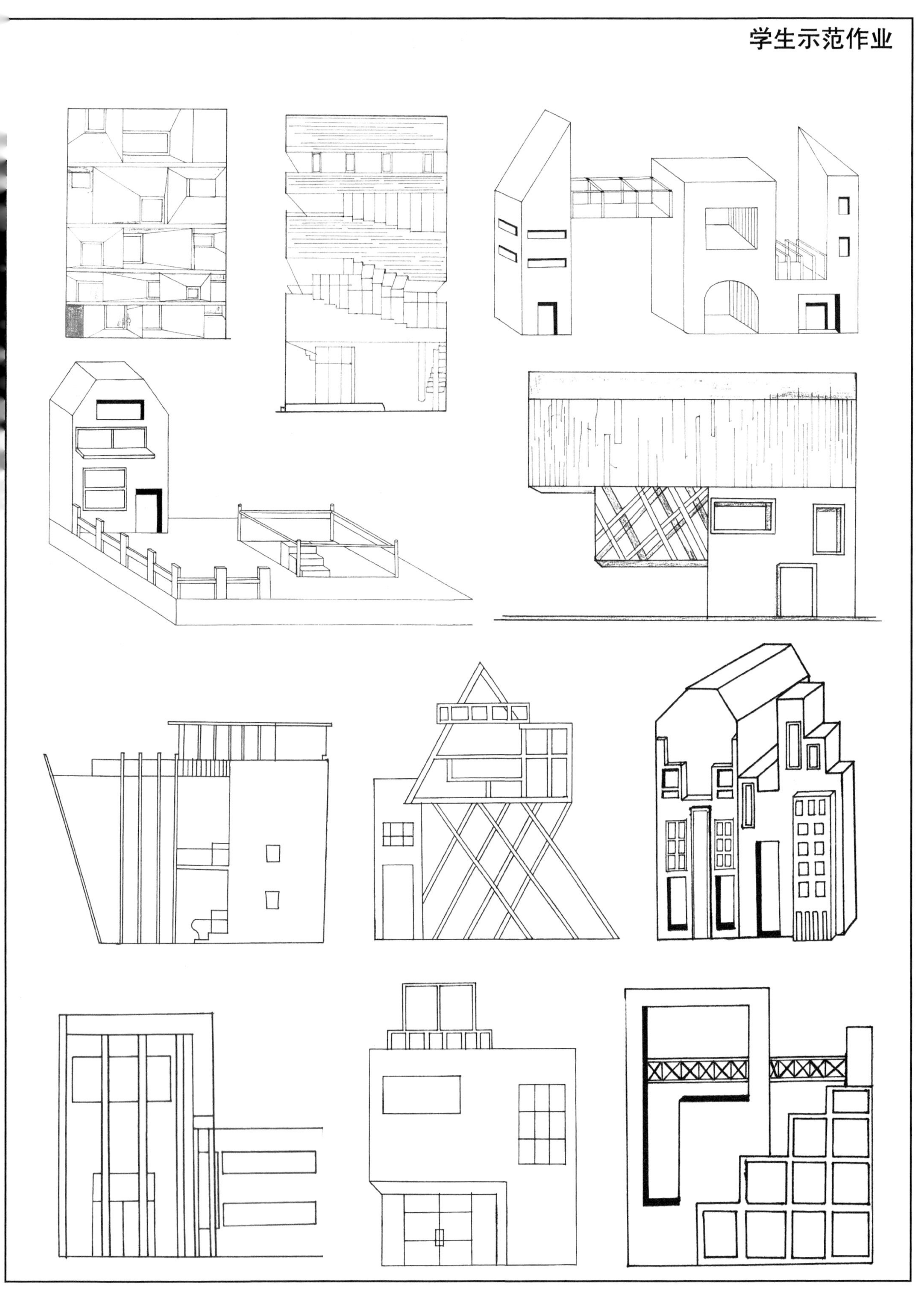

图2.84 习题42学生示范作业

培养目标

该练习需要学生综合考虑封闭与通透之间的对立统一关系，依据建筑不同的功能和结构要求，巧妙处理这两方面的关系。

解题思路

该练习，需要在理解相关实例的基础上，应用习题27中所学的一些处理方法和技巧，完成2～3组由封闭结构的墙面和格栅结构的抽象立面组成的构成图。

习题43：立面的封闭与通透构成

例: 俱乐部大楼（学生作品）

组成2～3个由封闭结构及格栅结构相互交织的抽象立面构成图。

图2.85 习题43：立面的封闭与通透构成

学生示范作业

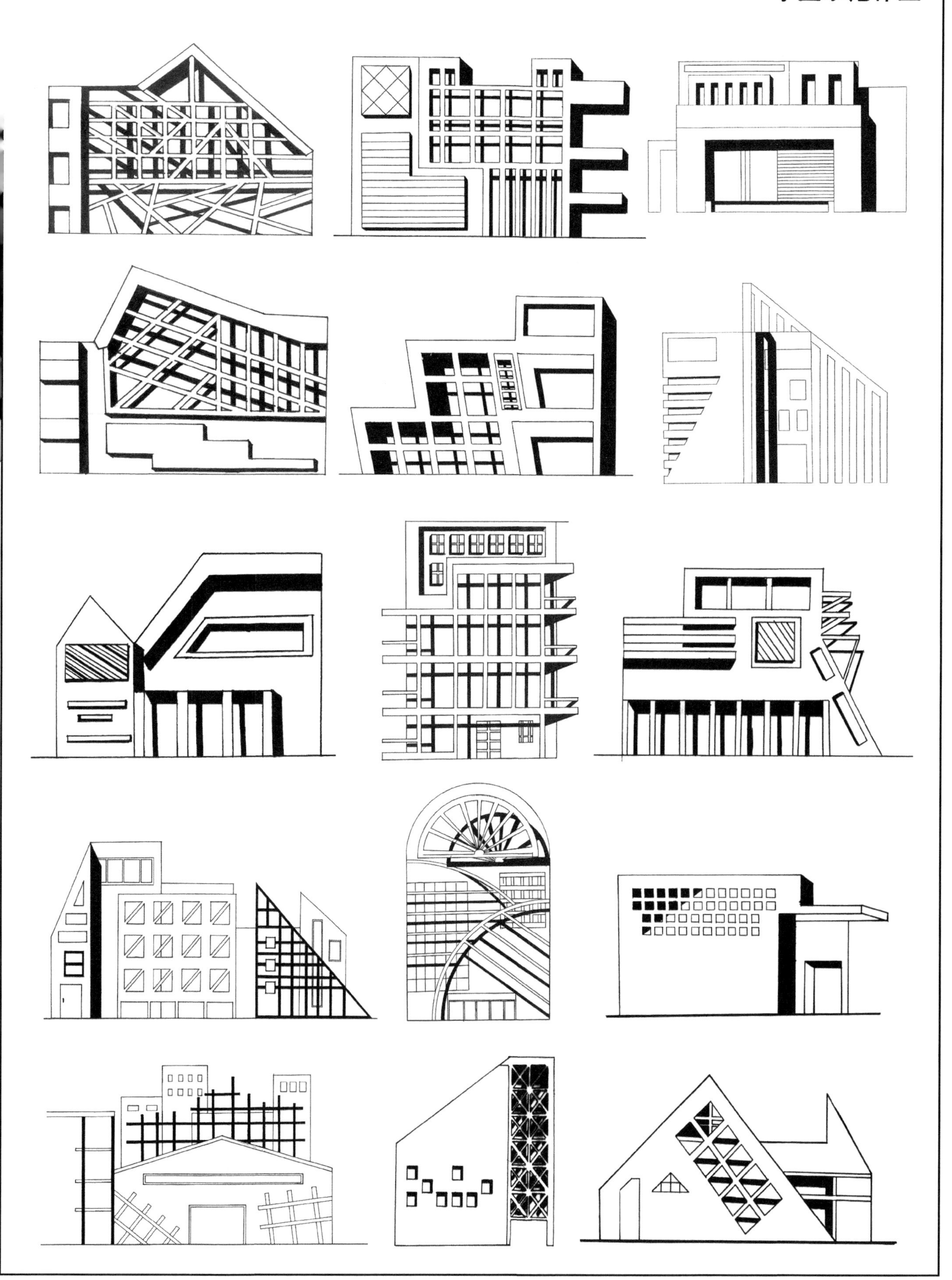

图2.86 习题43学生示范作业

培养目标

大空间的分隔形式，根据功能和使用的要求，利用不同的分隔形式，划分不同的空间单元，注意在划分过程中，把握主从关系，保证空间的统一性。

举例来说，假如在空间中居中设置单排柱列，就会将空间划分为两个部分，但由于没有区分主从关系，会影响空间的使用，破坏空间整体感，而若根据功能关系，偏于一侧，则更能起到突出主要空间的作用，层次也更加分明。

解题思路

练习a，需要找到与图示中空间形式相似的建筑实例，体会空间的效果。

练习b，需要在所给三个平面组合中假想出其空间立体形式，可通过廊、柱、开洞或格栅等形式丰富空间层次。

练习c，图中示意了空间组织对流线的影响，要求以模型的形式完成立体空间形态。

习题44：空间分隔的构成

a. 找到三个示例的实例。

1. 开放的空间 2. 封闭的空间 3. 开放与封闭结合的空间

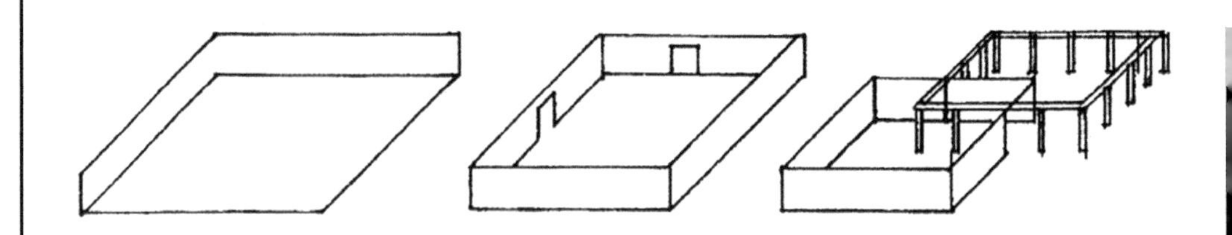

b. 用所给的开放及封闭的空间图形完成 2 ~ 3个立体构图。

平面示例： 1. 2. 3.

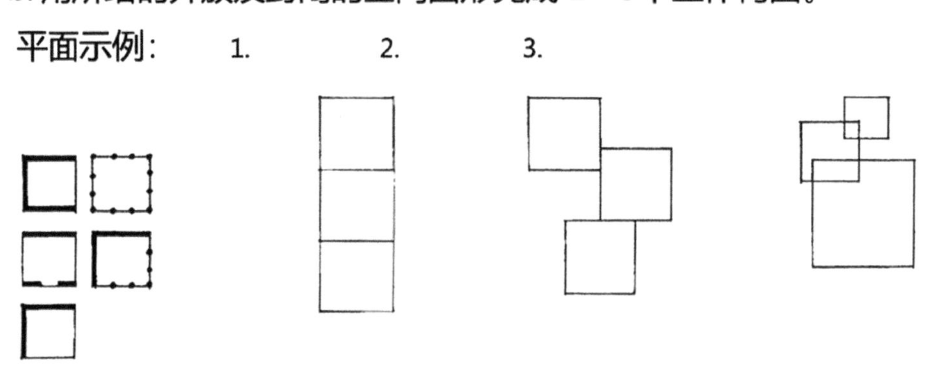

c. 按示例用所给的图形完成一个相互关联的空间构成的系统图,示例应随参观者的移动而展开。 （以模型形式来完成）

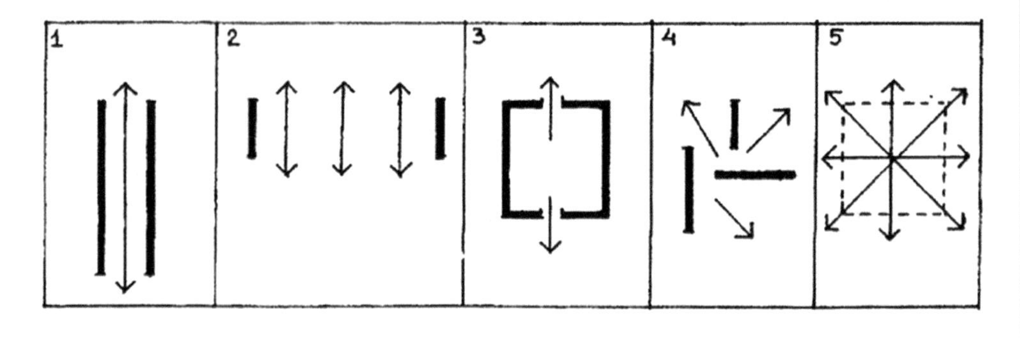

图2.87 习题44：空间分隔的构成

学生示范作业

图2.88 习题44学生示范作业

培养目标

建筑异类形体的一个典型就是空间曲面形体。

同一个立面可以具有不同的平面解释，这正是空间曲面构成的魅力所在,由立面到平面,再由平面到立面的变化训练,对于丰富学生的空间想象力、提高对异类空间的认知，有着非常重要的意义。

解题思路

练习a，需要根据所给立面，假设出2种新的平面，主题自定。

练习b，需要在上题基础上，由平面的构图方式衍生出相应的立面效果，反映不同的主题思想。

习题45：立面与平面的转换

a. 在所给的正立面图的基础上，假想出2种平面图。

例：带有两个大厅的文化中心正面图

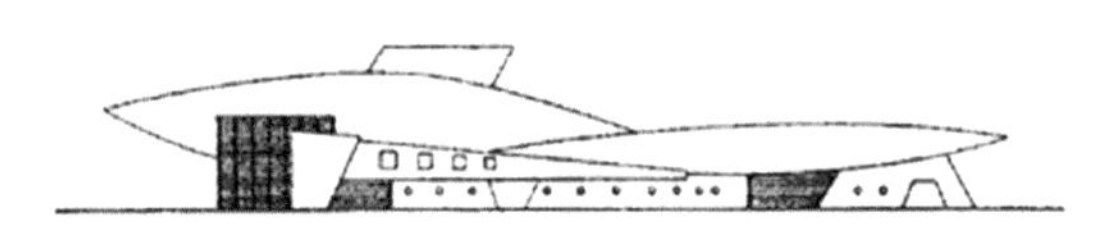

假设示例1

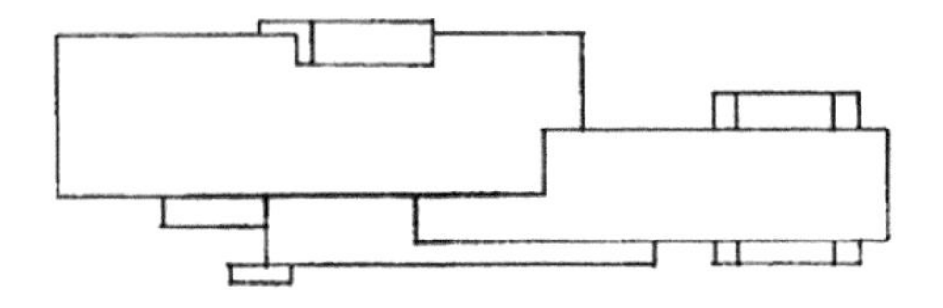

假设示例2

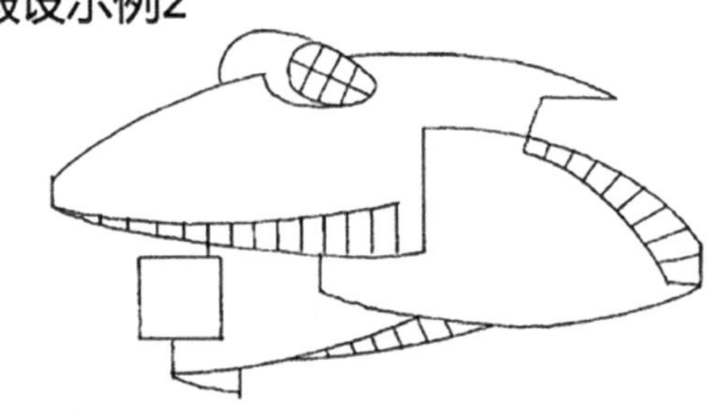

b. 运用所做的平面图改变正立面图并反映出新的主题思想。

图2.89 习题45：立面与平面的转换

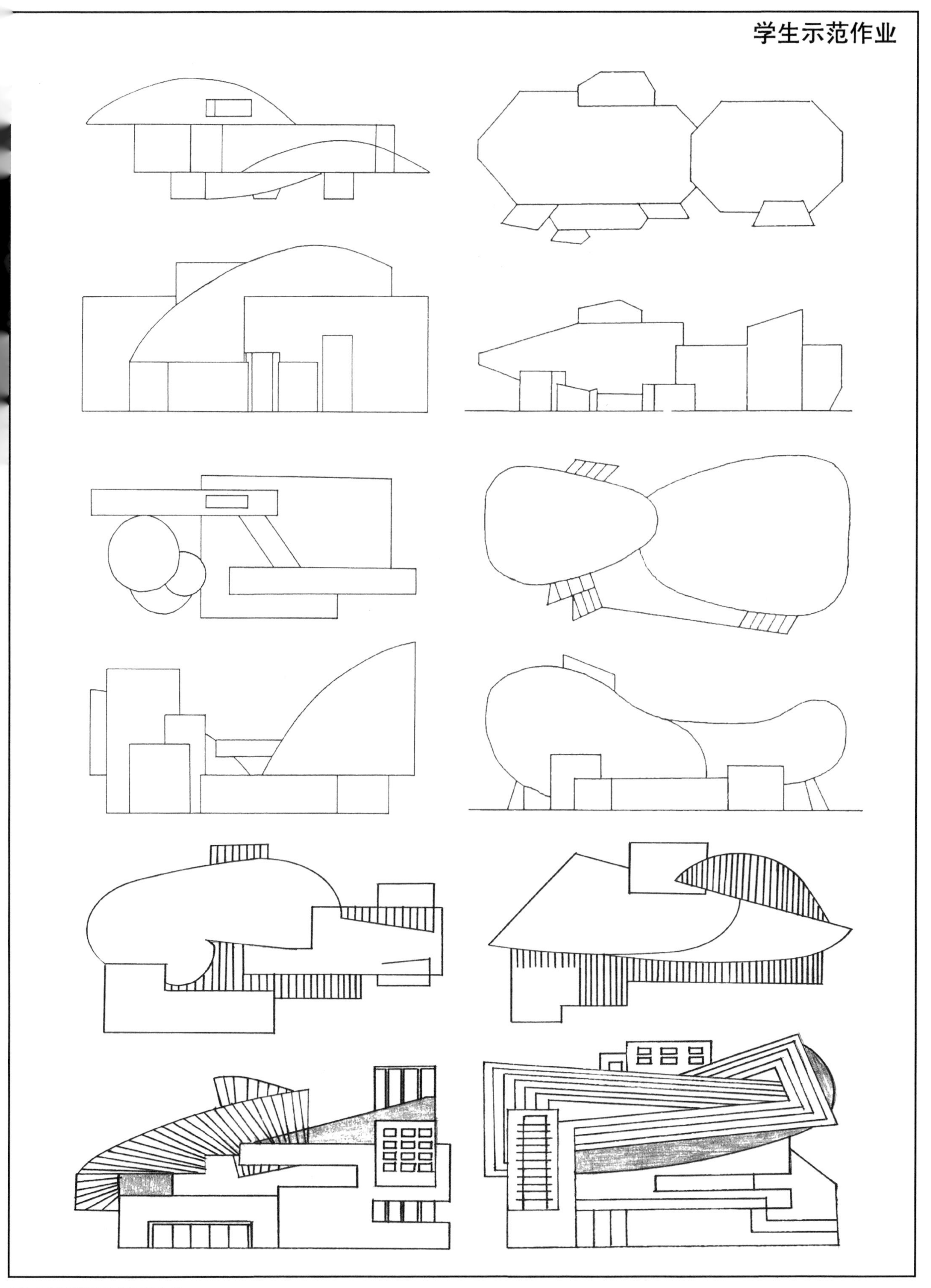

图2.90 习题45学生示范作业

培养目标

建筑异类形态的构成，将纯直线几何形体的建筑形态变得曲线化、空间化、复杂化，但最终其形态构成规律与单纯几何形态的形体构成规律还是一致的。需要注意的是这种异类形态的构成所突出的主体元素是恒定的。其构成的联系性较强，轻率地分割、肢解，会削弱表现力。

解题思路

练习a，需要在构图中发现其内在构成规律，找出其主体骨架结构，即异类构图形态的主干部分。

练习b，参考示例，找到其他异形建筑实例的平面，将其简化，并对其中一些图形元素细节进行数量上的改变。

完成练习后，注意比较并感受改变前后效果上的不同。

习题46：建筑异类型的构成

a. 在所给的构图中找出那些反映其主体骨架结构的图形。

例：

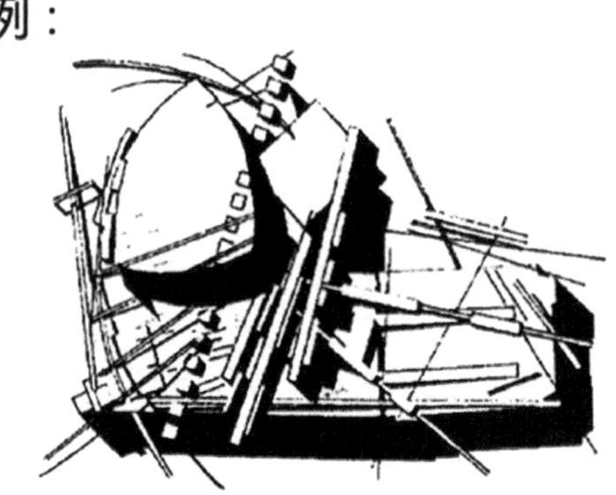

b. 在所给示例中，增加和减少图形中的元素都会改变所给的构图的表达效果和比例关系。

例：

教堂的平面简化图（建筑师：阿尔瓦·阿尔托）

减少图形

增加图形

找出其他实例，组成新构图，一种方案是减少图形，另一种方案是增加图形。

图2.91 习题46：建筑异类型的构成

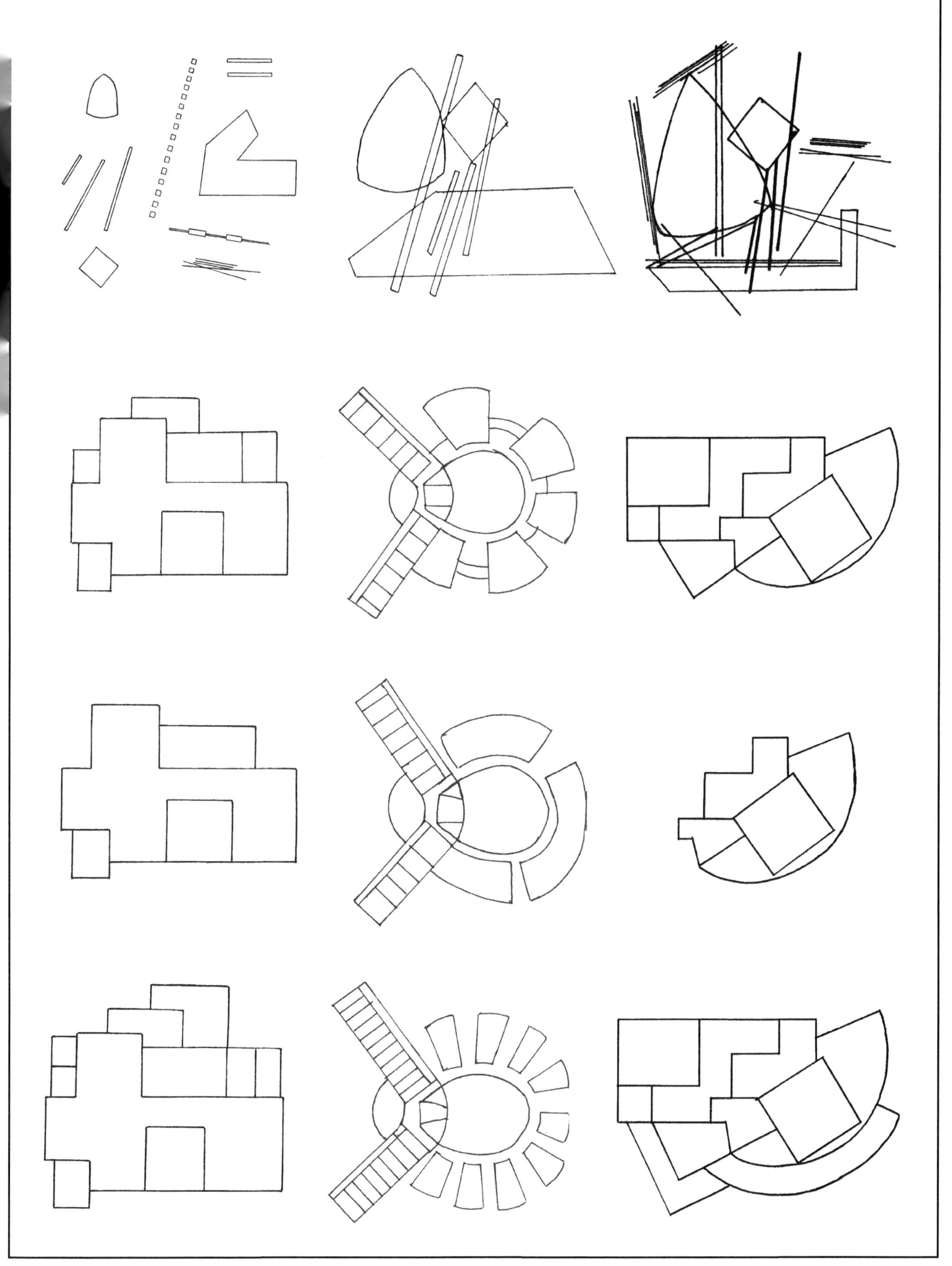

图2.92 习题46学生示范作业

培养目标

本组练习通过对建筑立面形式与形体构图变化的练习，提高学生对于创造的兴趣，启发学生对于不同风格和主题的多种可能的思考，同时也能够开拓思维方向，激发设计方面的灵感。

解题思路

练习a，根据示例，改变门、窗等构件，但不改变其数量，完成3组正立面。

练习b，以“建筑艺术构图对比”为题，充分发挥创造力，完成2～3组异形化的构图。

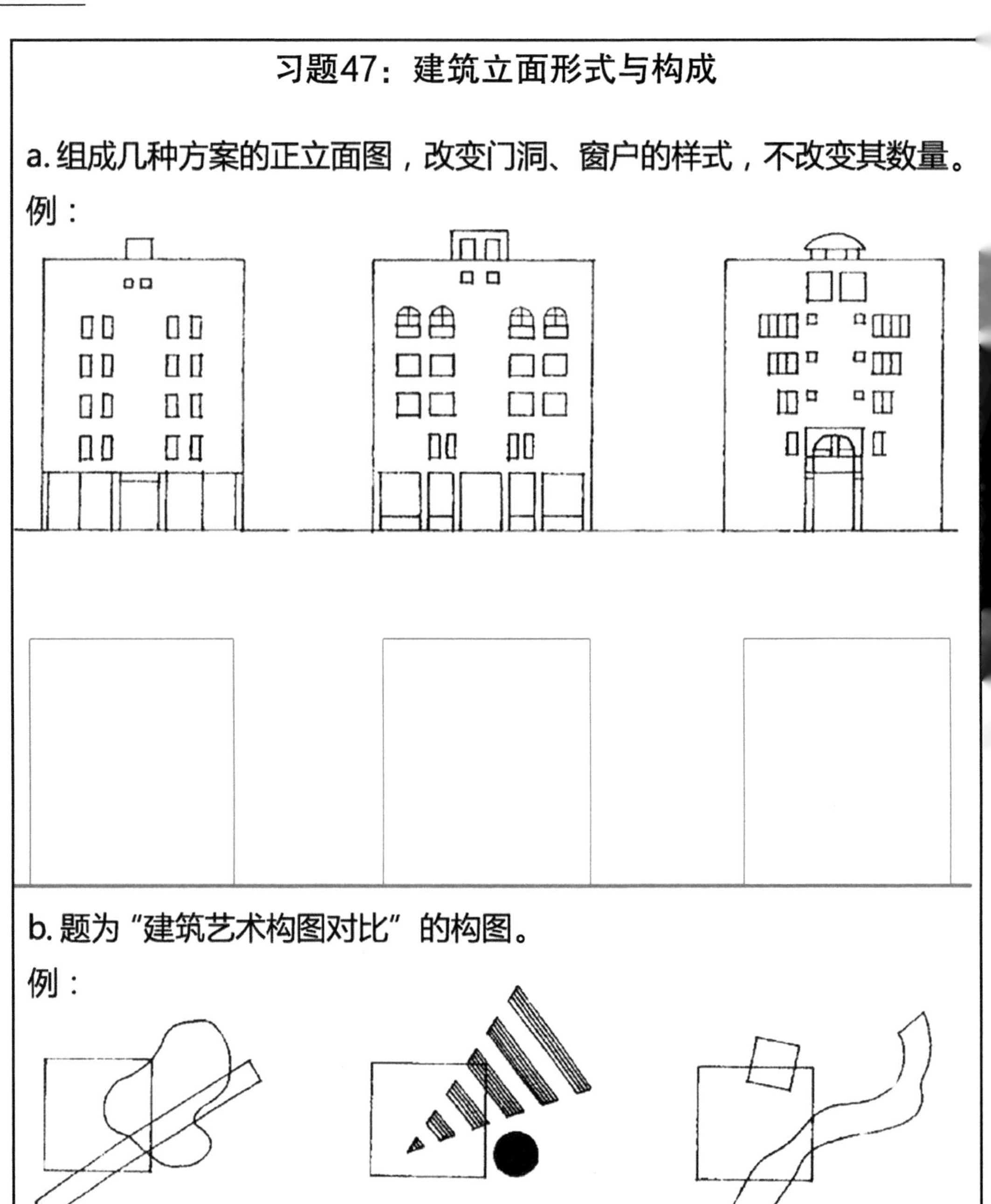

外形对比　　大小及着色对比　　外形及尺寸大小对比

用这个题目组成 2～3个新构图。

图2.93 习题47：建筑立面形式与构成

图2.94 习题47学生示范作业

培养目标

同一平面，同一主题思想，在不同的功能要求下，改变其中的某些元素的位置，也会产生不同的形态，体现构图的多变性和灵活性。

解题思路

练习a，找到类似建筑平面实例，参考示例，对其进行一系列变化，改变其中一些元素的位置，不改变其数量，并且保持主题思想不变。

练习b，应用同样的方法对所给的平面图进行构图布置变化。

习题48：同平面下不同功能的构成

a. 找出一个平面图实例，移动其中的图形，不改变最初的主题思想。例：

展览大厅的平面图

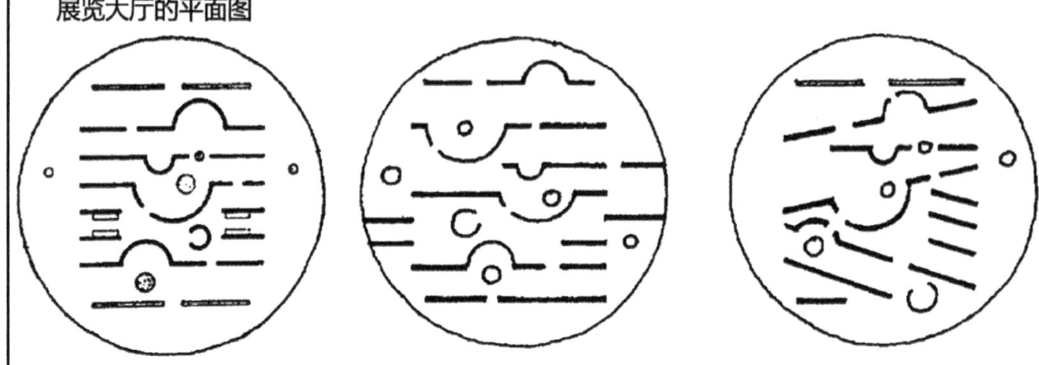

b. 应用上述方法，对所给出的平面构图进行另一种布置。

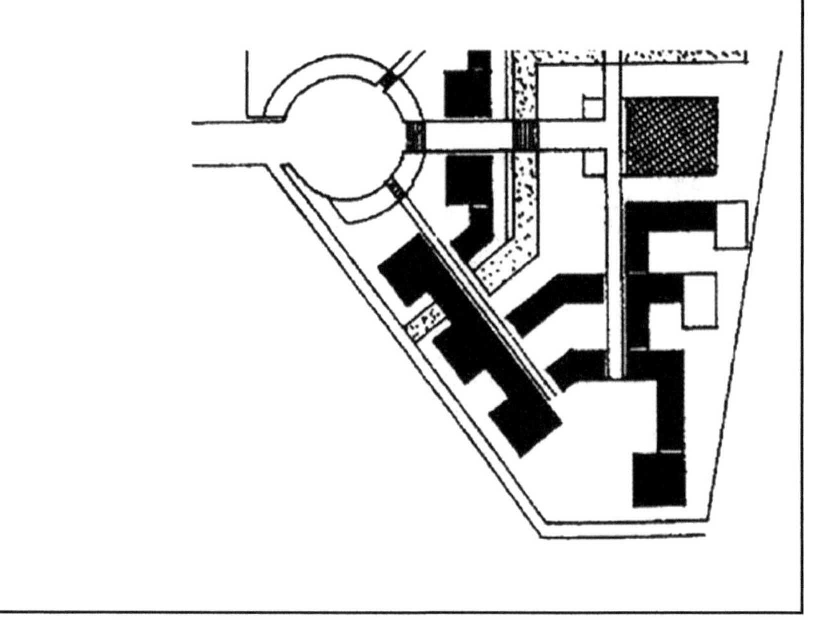

图2.95 习题48：同平面下不同功能的构成

学生示范作业

图2.96 习题48学生示范作业

培养目标

本题需要对特定的平面进行抽象化处理，简化为简单的点-线的形式，通过这种提炼方式，可以反推出建筑平面设计最初的构思和意图，清晰地反映其原始的形态关系，在练习的同时，也为学生提供了一种认识和思考建筑设计作品的方法。

解题思路

练习a，找出两组集合住宅的居住区实例，参考示例，分别将其平面图简化成“点-线”的形式。

练习b，参考示例，简化一居住区的平面，并以不同类型的线条，反映同一平面下不同的构图形态。

习题49：居住区的抽象构成

a. 找出2组居住建筑区平面图，画出组成平面图的线条。

例：

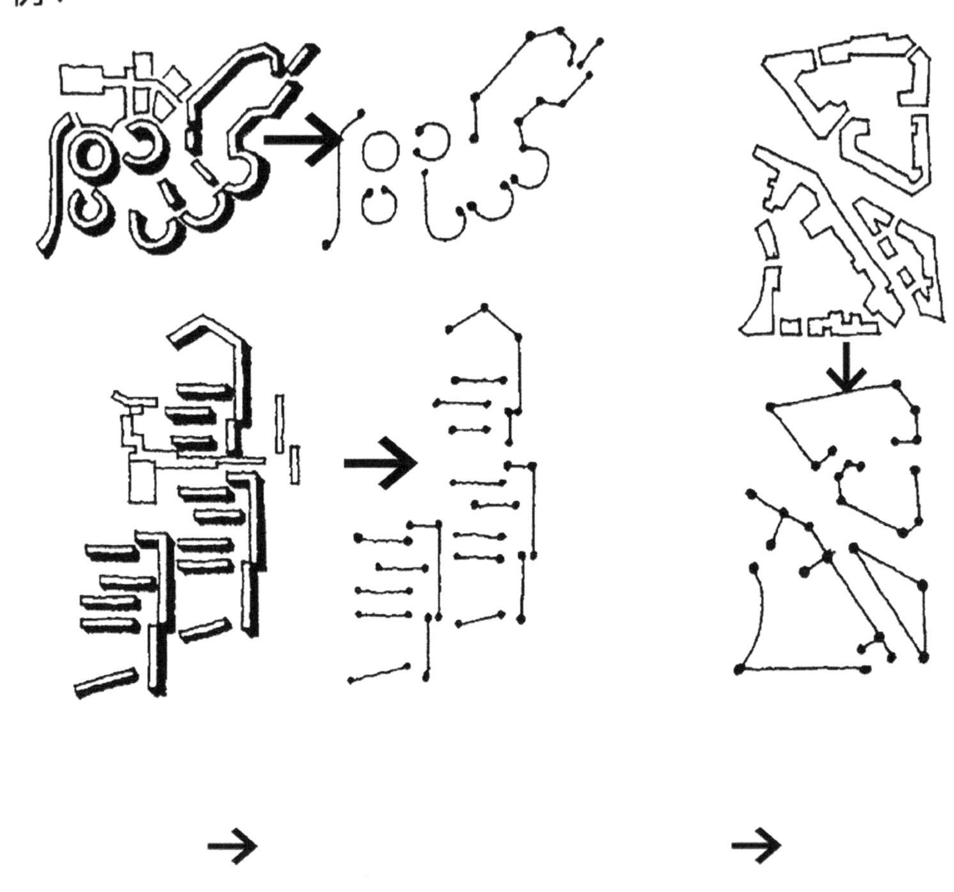

b. 给出同一居住建筑区的几种形态方案，以不同类型的线条完成构图。

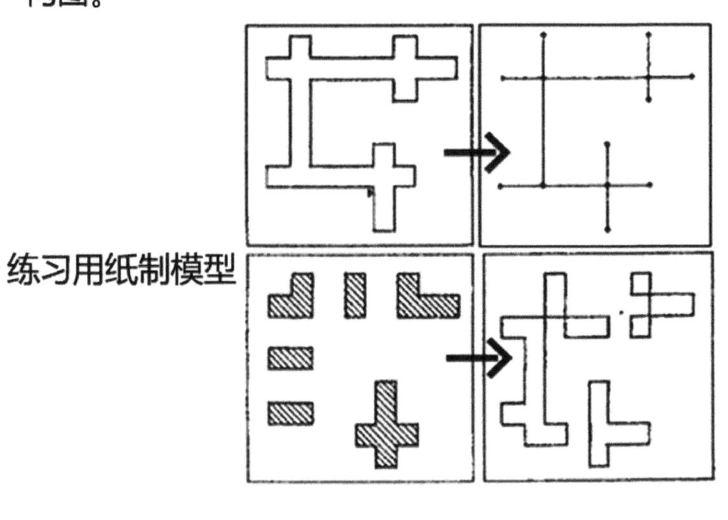

图2.97 习题49：居住区的抽象构成

图2.98 习题49学生示范作业

培养目标

同样的一组平面，当需要表达不同的主题构思时，改变其各体块间的比例关系、结构体系、表面肌理等元素，都会产生不同的建筑形态和表现效果。

建筑立面的封闭性与通透性是建筑立面性格的重要体现，如图中的范例，其立面构成的组织与手法运用差别较大，格栅、阴影等充分表达了建筑立面的通透性，而厚重的墙体，墙体形态的几何雕塑感则反映了建筑的封闭性。

解题思路

练习a，在统一平面中，保证1～3个基本几何形体组合部分不变，变换一些因素，比如比例、结构、外观、肌理等，从而产生出不同的建筑形态，表达出不同的主题。

练习b参考示例，自定义一组建筑组合形体，然后进行一系列变化，以模型或轴测图形式完成。

习题50：建筑方案综合构成

a. 完成建筑形态的不同方案，保持其中1～3个图形不变，而替换或者变换另外一些元素的样式，比如改变比例、结构等。
目的：找到所表达的主题

例：行政大楼主体构图变化

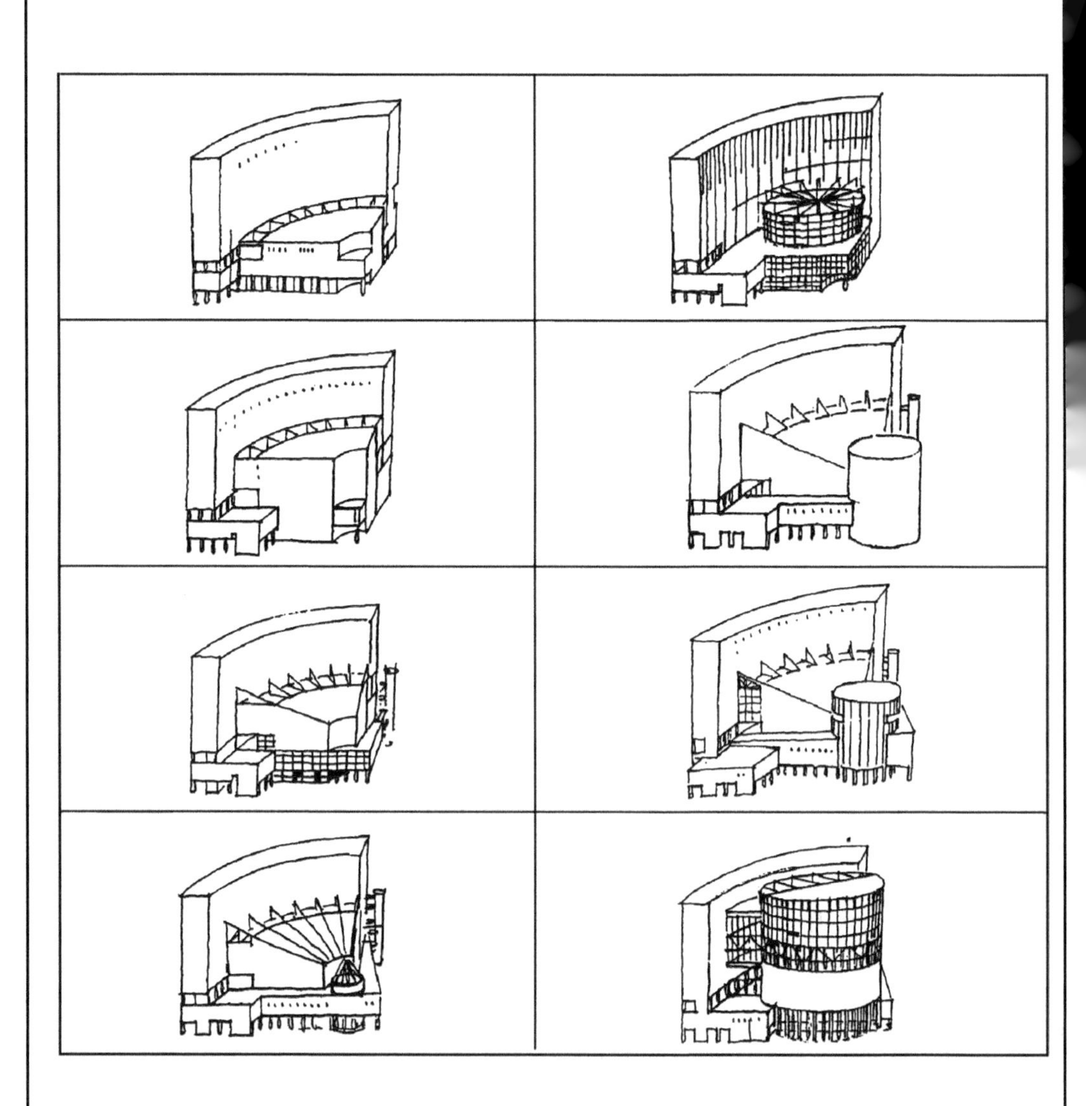

b. 自定义一组组合形体，分别改变其几何图形、比例、结构特点、立面外观等元素。

（完成方式：模型或者轴测图）

图2.99 习题50：建筑方案综合构成

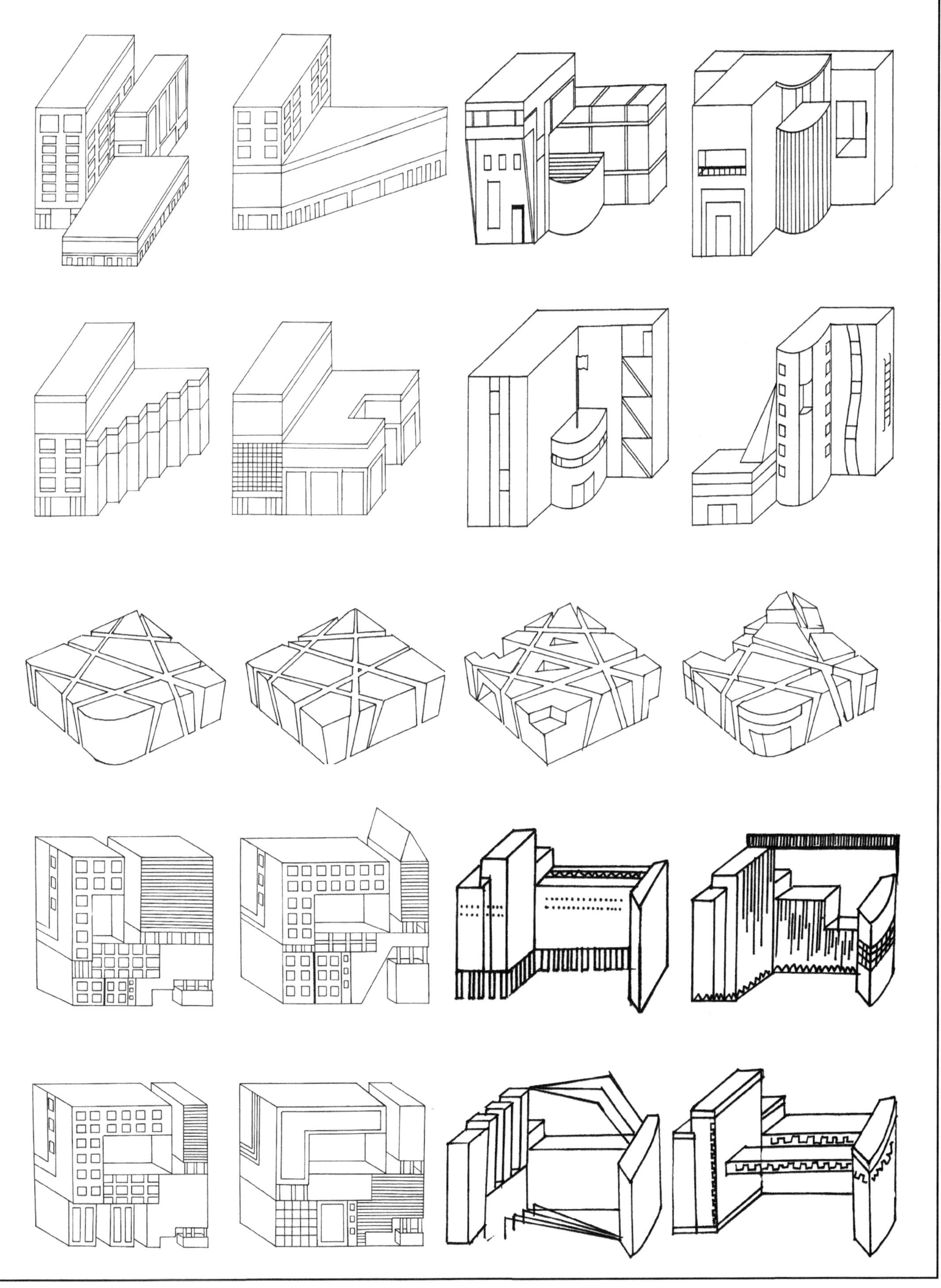

图2.100 习题50学生示范作业

培养目标

同一平面，不同功能、不同形态的建筑形体构成。本题以安藤忠雄设计的建筑平面为例，进行抽象，提取图形基础，再将功能转换到不同的平面图形中，进而深化功能平面，得到多样的较合理的功能组织，提高学生在功能分区和组织处理上的灵活性，有助于在设计过程中探索平面布局上的多种可能性。

解题思路

该练习需要对给定的平面作品进一步进行探索和思考。先将其简化为基本的简单形体组合，再根据不同功能组织，在图形中重新定义功能，最后依据功能需要，改变部分空间的尺寸、外形、位置，产生新的平面构图。

习题51：同一平面不同功能的构成

a. 根据要求，完成新的构图。

例：俱乐部会议大厅楼（安藤忠雄）

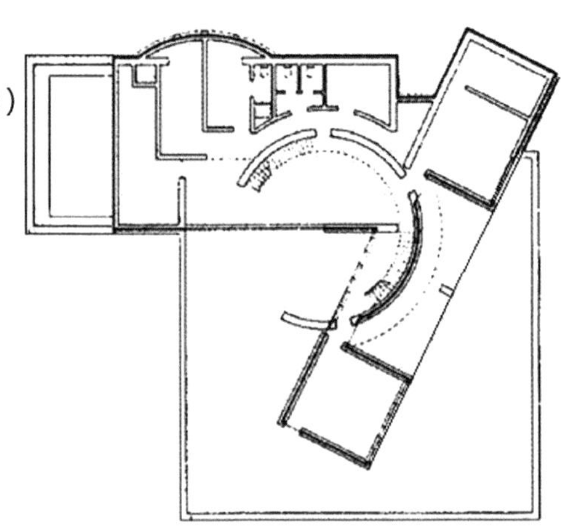

1. 提取图形基础

例：

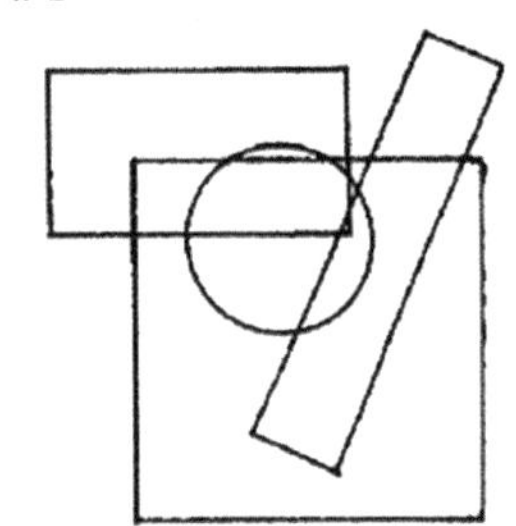

2. 在基本图形中重新布置平面功能分区。

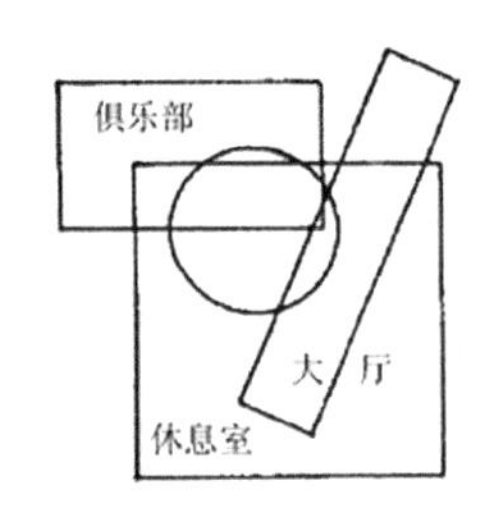

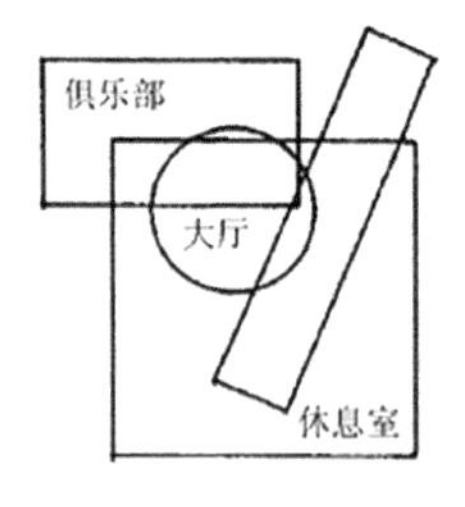

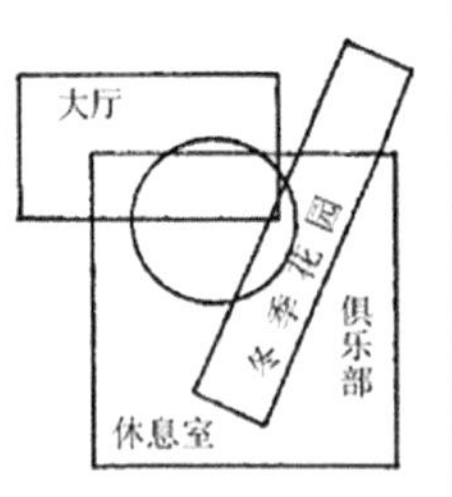

3. 改变所给平面图中部分图形的尺寸、外形及位置，对平面图进行改变。　　例：

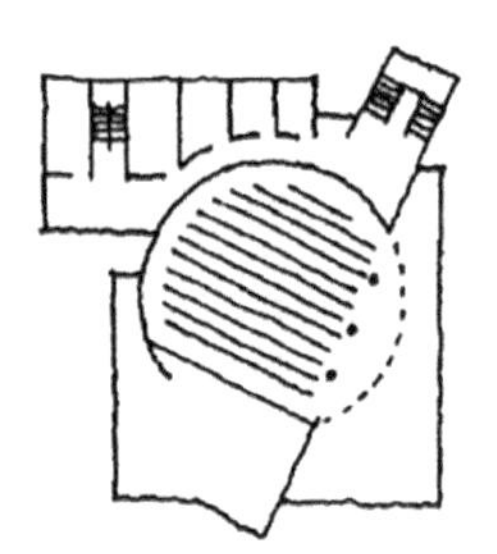

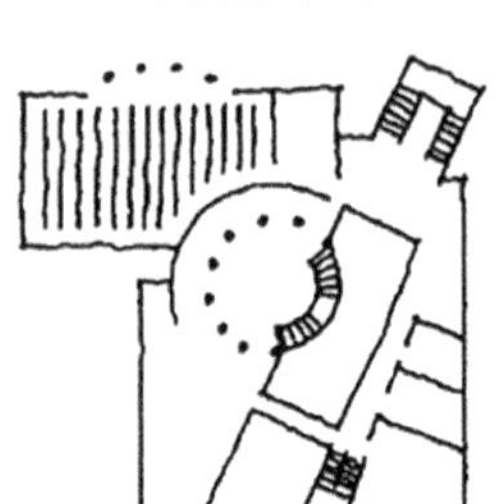

图2.101 习题51：同一平面不同功能的构成

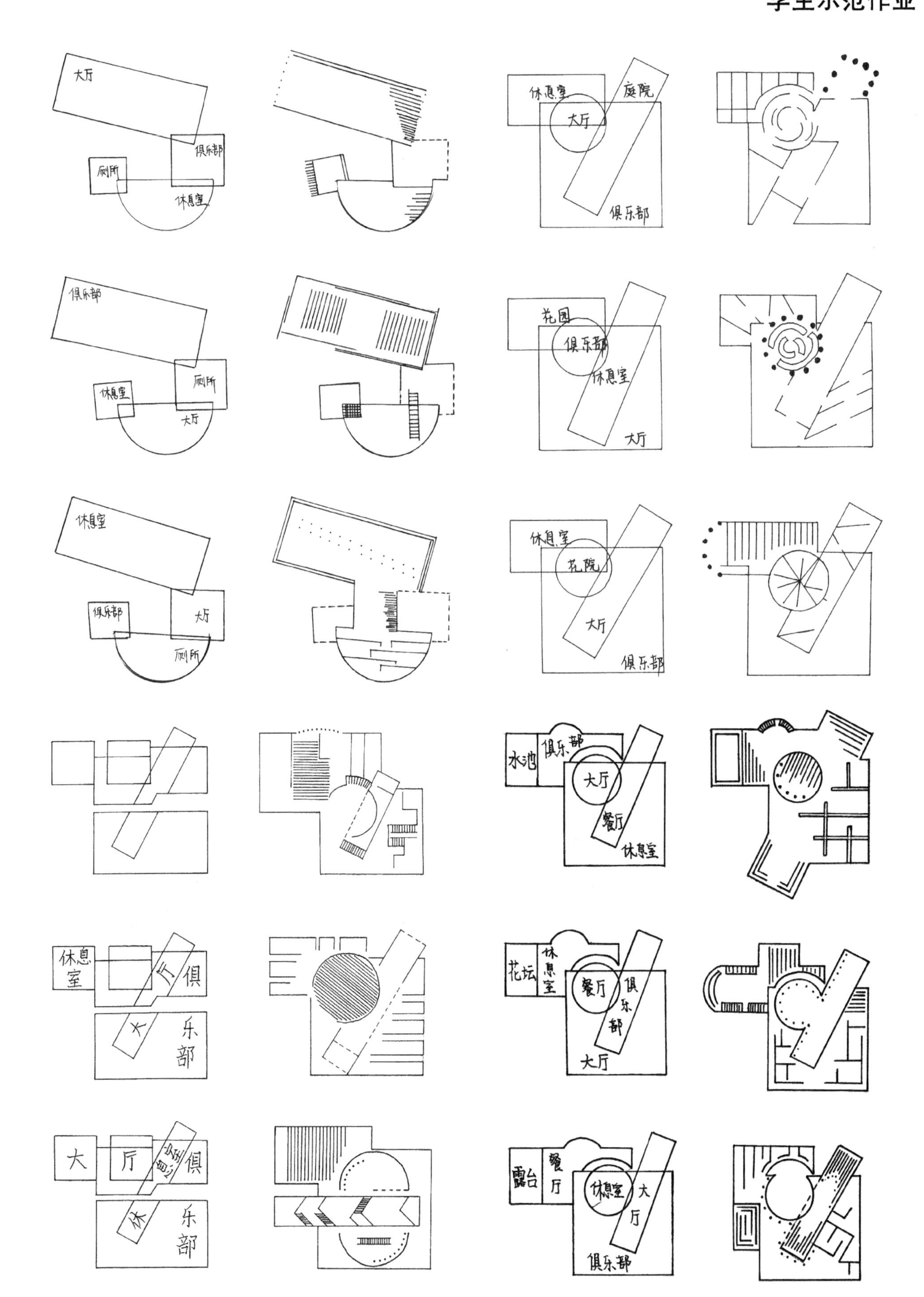

图2.102 习题51学生示范作业

培养目标

将人们所熟悉的传统构件加以抽象、变化，使之成为某种典型意义或具有某种象征性的符号，并在建筑作品中加以运用，从而赋予建筑不同的色彩。

了解不同历史时期建筑风格的脉络发展，体会各时期的风格典型特色。

解题思路

练习a，参考示例，找出一些运用某些建筑艺术风格象征性元素（符号）的建筑实例，并感受不同时期、不同地域、不同风格的建筑典型特色。

练习b，在a的基础上，确定一种风格元素，融入正立面的设计中。

习题52：使用风格元素的构成

a. 找到一些运用某些建筑艺术风格象征性元素（符号）的建筑实例。

例：学生作品

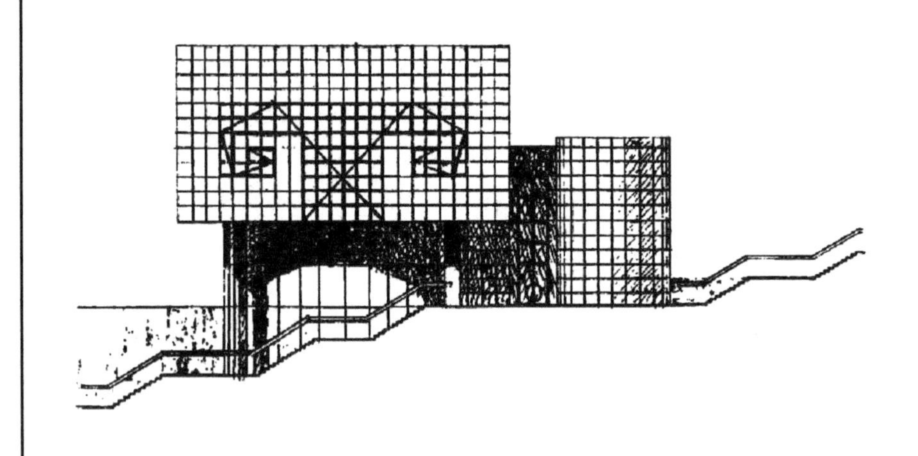

b. 在一个示例立面图中融入另一种建筑艺术风格象征性元素（符号），完成立面。

例：某考古博物馆的正立面图

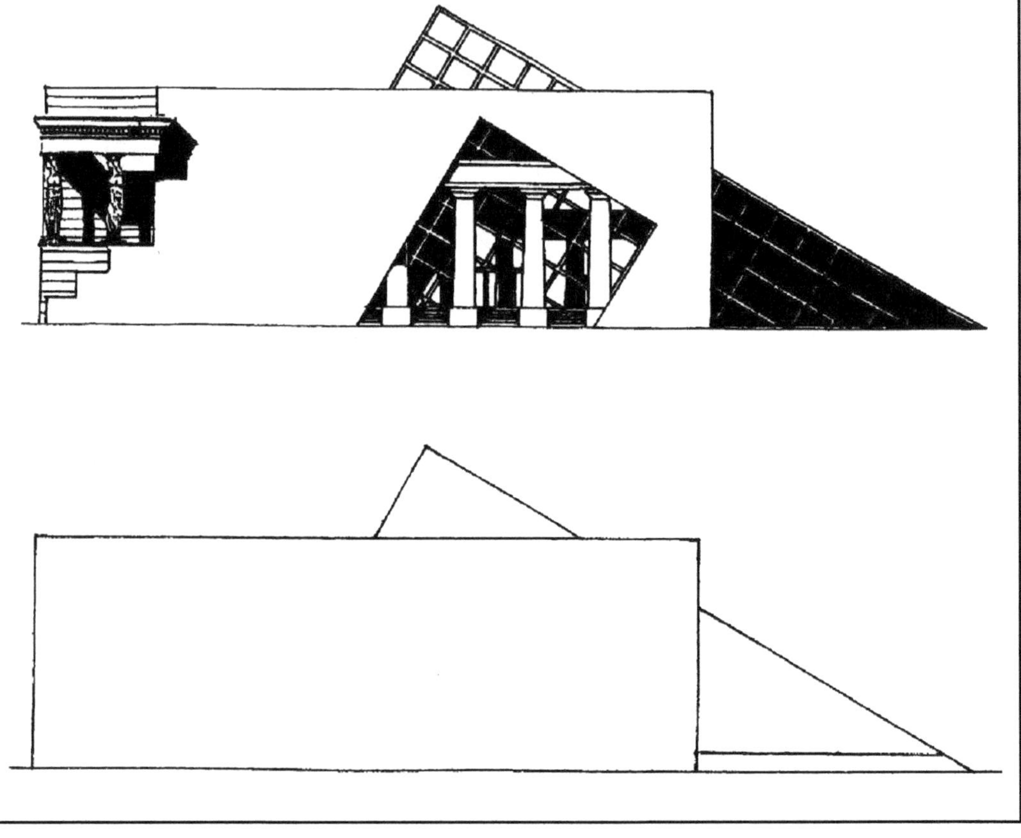

图2.103 习题52：使用风格元素的构成

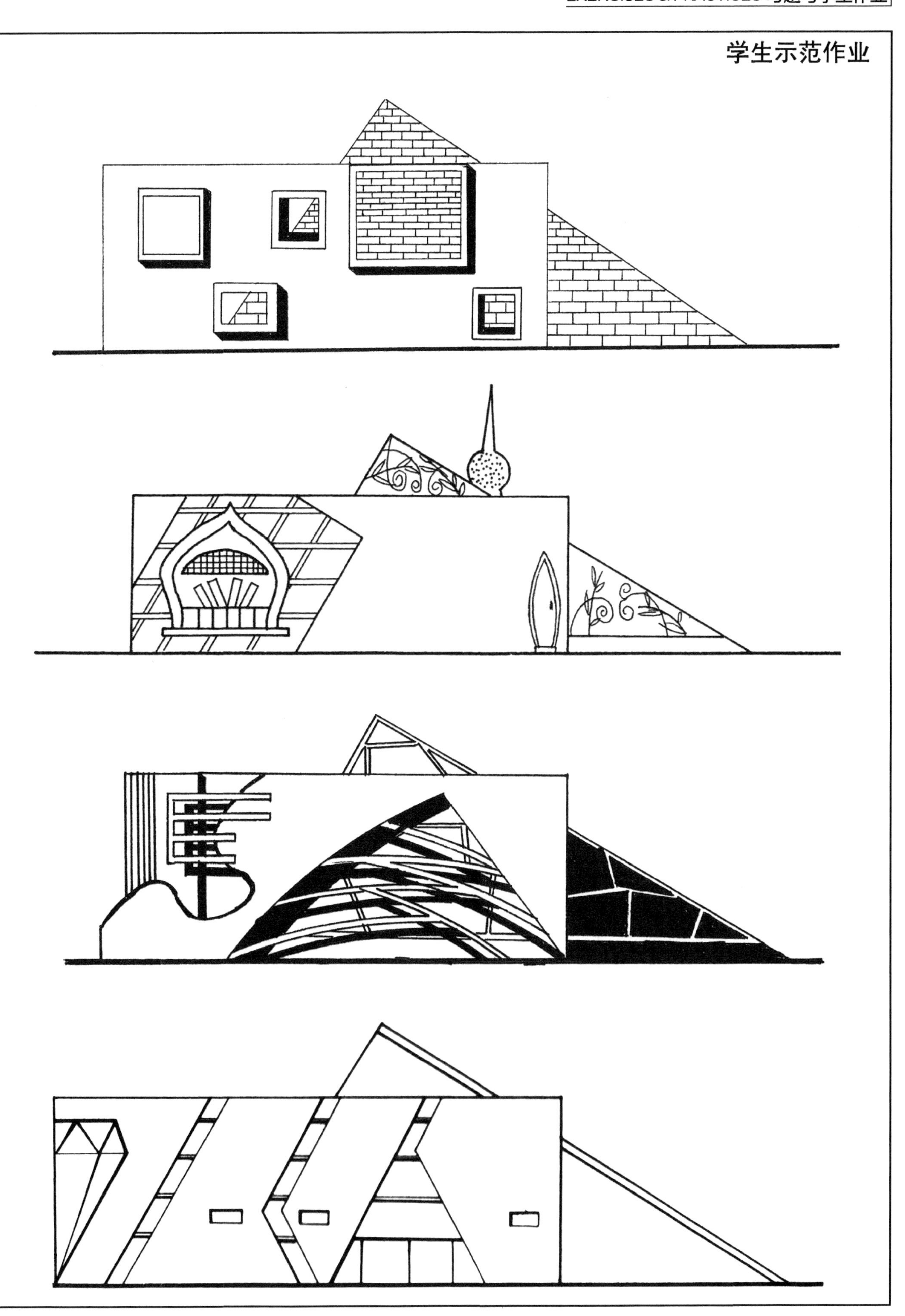

图2.104 习题52学生示范作业

培养目标

形态构成的手法，在体量、尺度较小的建筑上较为容易直观地体现出来。相较之下，在小型建筑中使用的形态构成手法，往往会决定整个建筑带给人的感受，这使得整个建筑可以被作为一个整体的雕塑物一般进行考虑。在细小的尺度下，建筑师需要对建筑的每一堵墙、每一片天花板、每一处台阶都进行综合的考量，建筑往往在横向上拥有更大的尺度。

该题目训练的是学生分析大师作品的第一步，是往后分析其他作品的基础。

解题思路

结合先前所训练的52道题目，对于建筑的平面、立面与细部的构成进行分析，首先将复杂的实体建筑进行抽象简化，再在这一基础上找寻之前题目中所提及的如几何图形的组合、线条的组合等单独的手法，综合进行分析。

习题53：低层建筑的形态构成分析

水之教堂

建筑设计：安藤忠雄

项目地点：日本，北海道

时间：1988年

建筑面积：520m²

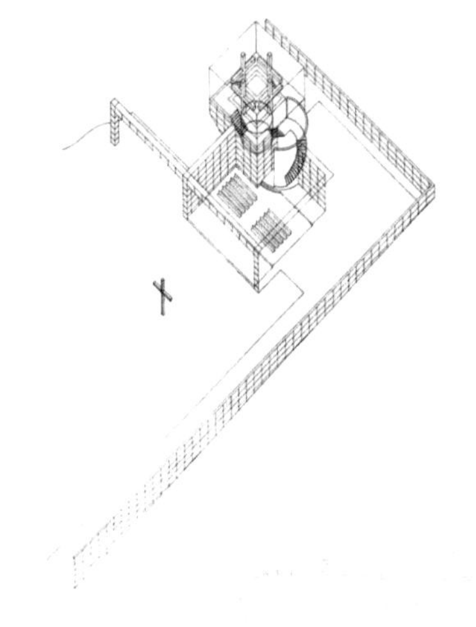

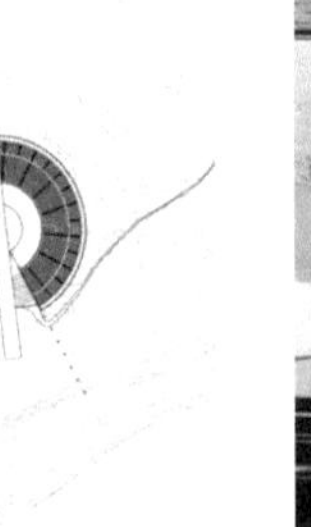

平面布置图

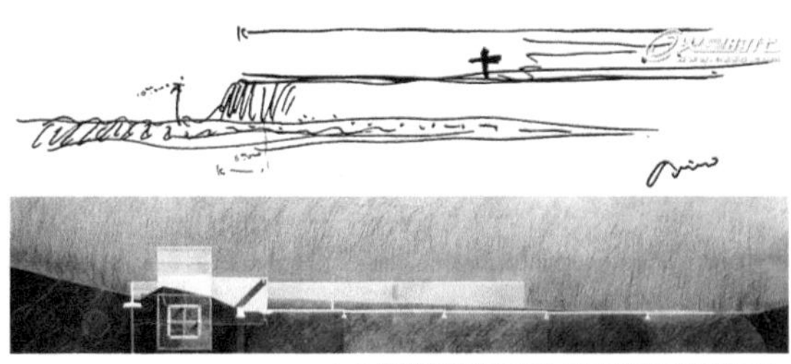

水之教堂建筑草稿图与建成效果实景照对比

水之教堂

图2.105 习题53：低层建筑的形态构成分析

研究方法		形	形式	形态
抽象变形	简化	简单几何形体组成的平面，对角线统一	简单几何形体组成的立面，结合地形，有所变化	元素统一的平面与立面，形成某种程度上的契合感，视觉冲击感强烈而稳定
	几何化	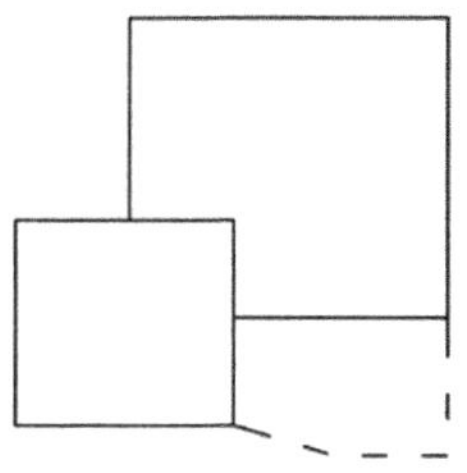	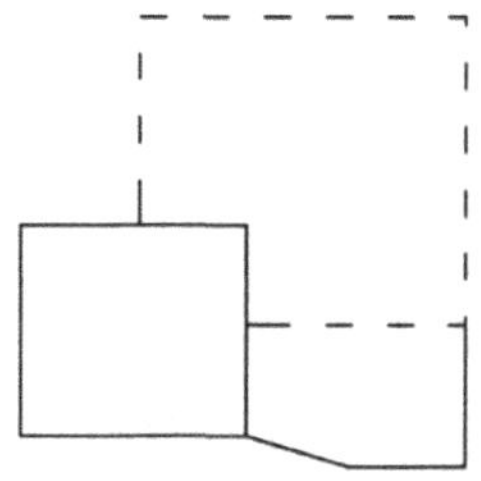	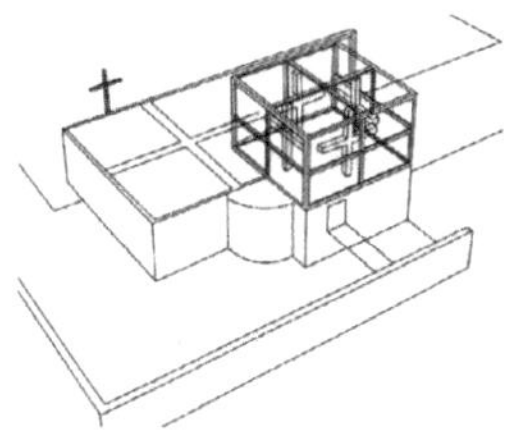
	连续			
	添加			

研究方法		形	形式	形态
动态构成	单元	建筑立面同场地要素相结合，有序过渡，形成连贯性、和谐感	结合场地现状，进行有机改良	单元动态相接，形成秩序感，并主从有序
	组合	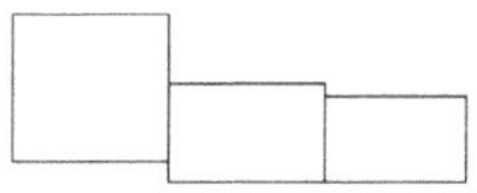	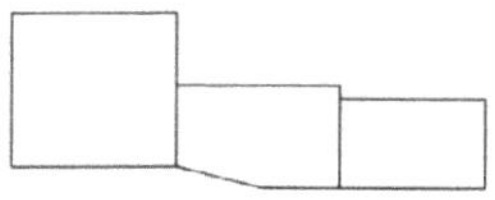	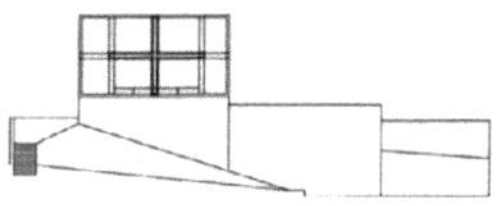
	连接			
	穿插			

研究方法		形	形式	形态
静态构成	对称	同一元素叠加，形成静态的有机秩序	加入扇形墙体与门洞，立面上比例协调美观	主体建筑上部加入十字架，在保证建筑均衡的前提下，实现了对空间的统领
	比例	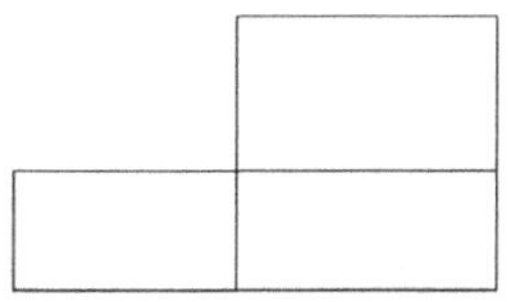	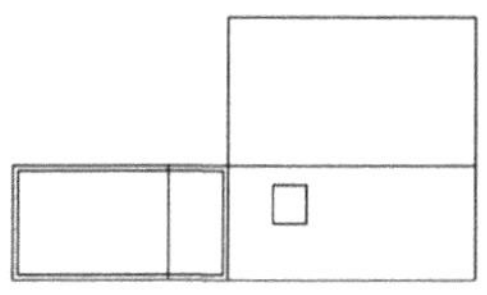	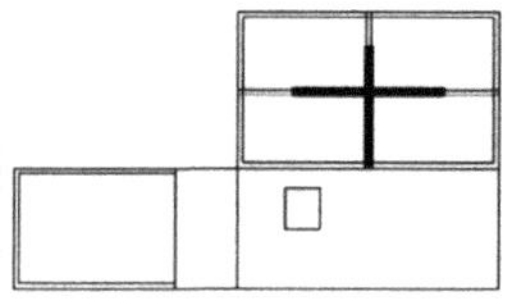
	均衡			
	整体			

图2.106 习题53学生示范作业

培养目标

在分析过低层建筑之后，逐步过渡到多层建筑。相比低层建筑，多层建筑在立面上具有更大的尺度，更接近一幅正常的画作比例，因而可以完成一些低层建筑中无法做到的复杂构成，而在平面上，由于具备了更多层数的平面，构成上变得更为丰富复杂。

解题思路

与低层建筑的分析类似，对于多层建筑同样从平立面开始分析，而由于层数的增多，剖面图也应当重视起来。对于利用多层楼板进行的构成应当予以重视，建筑的内部空间与外观的结合需要认真分析清楚。

习题54：多层建筑的形态构成分析

Mythos神话大楼

建筑设计：ARX建筑事务所

项目地点：葡萄牙，里斯本

时间：2012年

占地面积：15,300m²

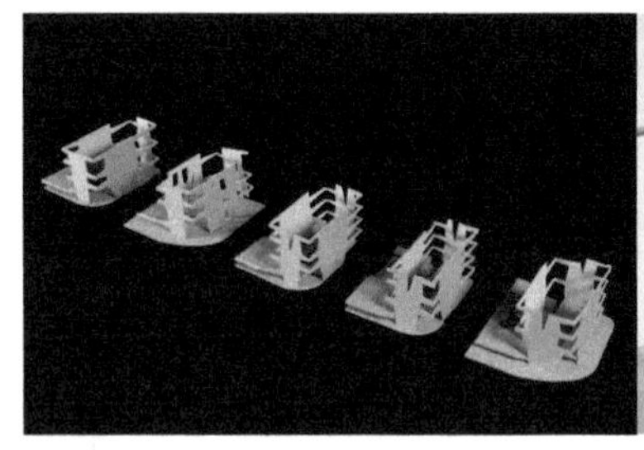

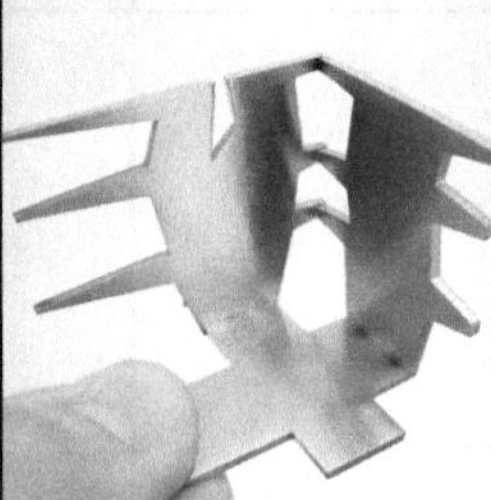

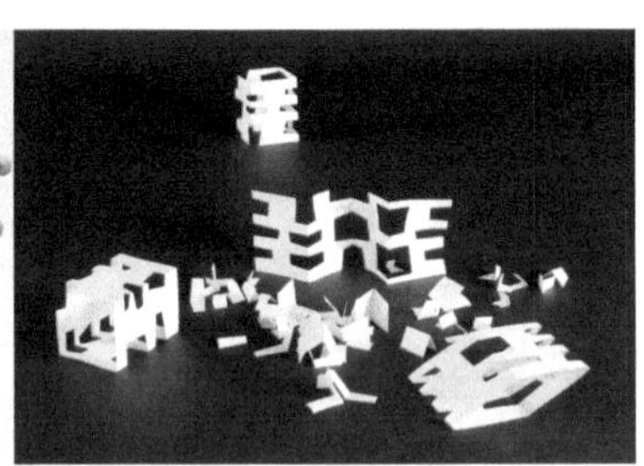

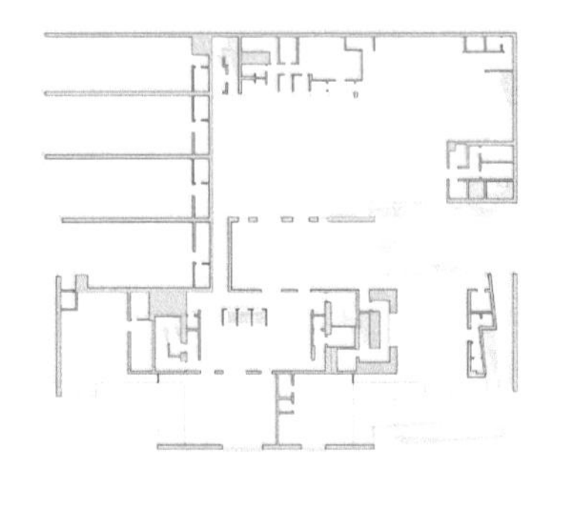

图2.107 习题54：多层建筑的形态构成分析

<table>
<tr><td colspan="2">研究方法</td><td>形</td><td>形式</td><td>形态</td></tr>
<tr><td rowspan="4">抽象变形</td><td>简化</td><td>三个连续的矩形并列排列形成了大厦的基本几何形</td><td>通过对矩形的几何化变形，并且添加一些不规则形状，形成有秩序的形式感</td><td>整个建筑从规则到抽象变形，让其充满趣味性</td></tr>
<tr><td>几何化</td><td rowspan="3">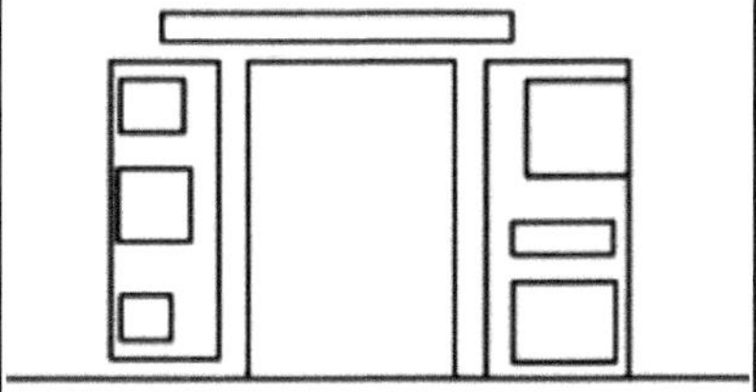</td><td rowspan="3">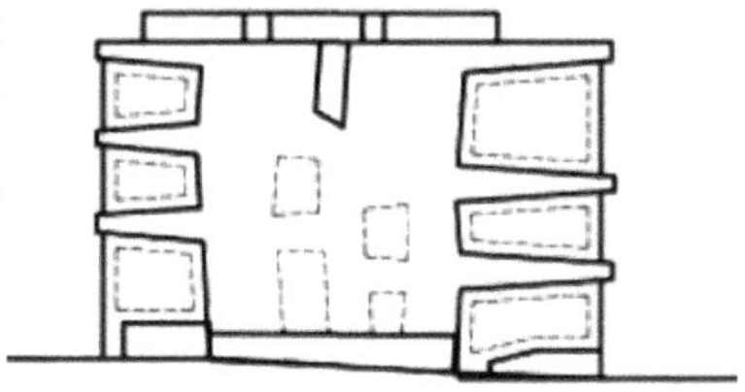</td><td rowspan="3"></td></tr>
<tr><td>连续</td></tr>
<tr><td>添加</td></tr>
<tr><td colspan="2">研究方法</td><td>形</td><td>形式</td><td>形态</td></tr>
<tr><td rowspan="4">动态构成</td><td>单元</td><td>整个沿水平方向有序排列组合，形成大厦的基本形，
并且巧妙地与地形结合</td><td>建筑通过交叉式过渡处理与周边的山体连接</td><td>通过排列、交叉等动态构成手法，使其与周围环境
相得益彰</td></tr>
<tr><td>组合</td><td rowspan="3">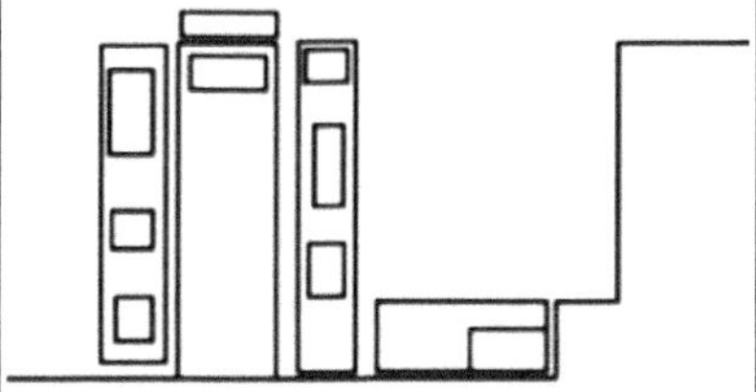</td><td rowspan="3">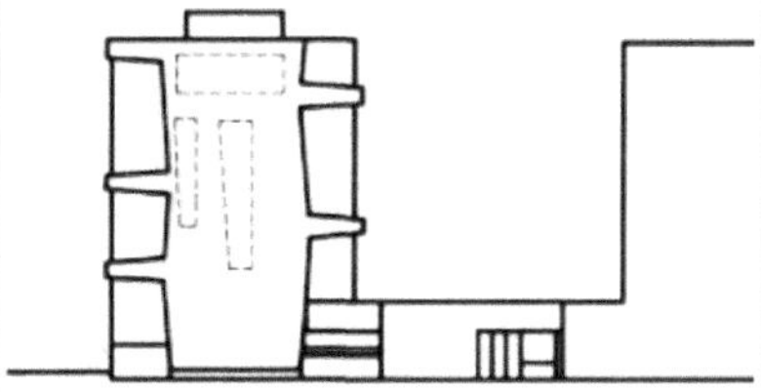</td><td rowspan="3">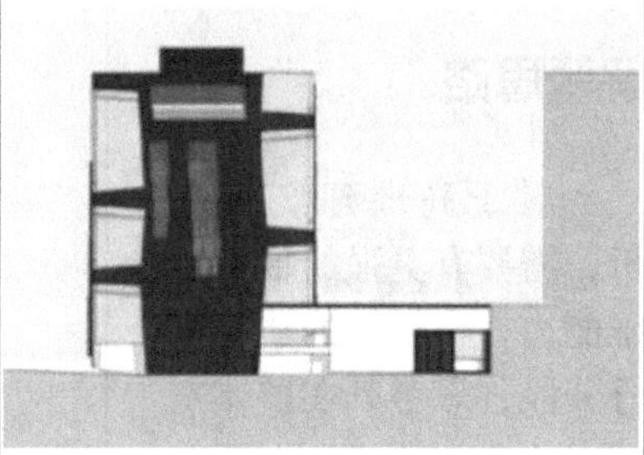</td></tr>
<tr><td>连接</td></tr>
<tr><td>穿插</td></tr>
<tr><td colspan="2">研究方法</td><td>形</td><td>形式</td><td>形态</td></tr>
<tr><td rowspan="4">静态构成</td><td>对称</td><td>楼体的三大部分按照1：2：3的比例垂直组合</td><td>为了取得构图的平衡，将整个立面划分成多个不规则形体，并使其均衡对齐</td><td>整个建筑各构成体块之间
均衡、有序</td></tr>
<tr><td>比例</td><td rowspan="3">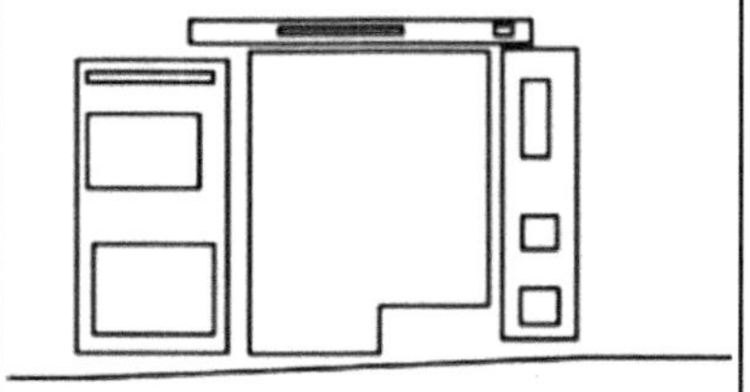</td><td rowspan="3">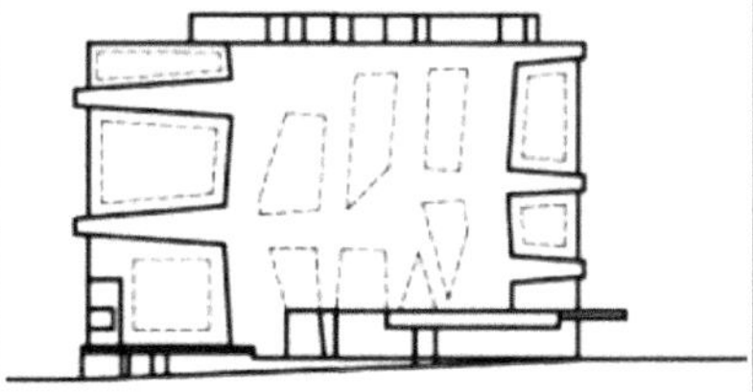</td><td rowspan="3">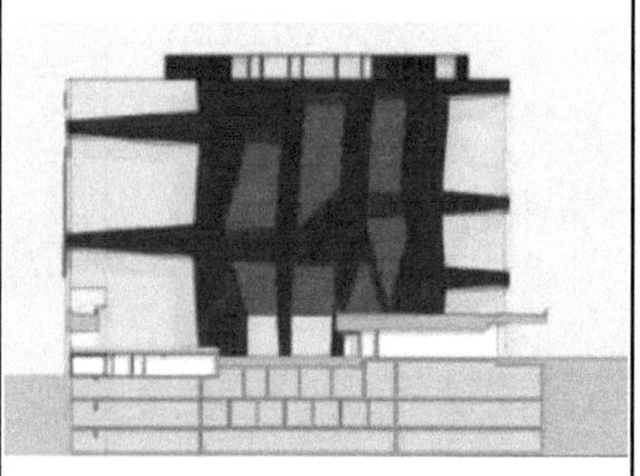</td></tr>
<tr><td>均衡</td></tr>
<tr><td>整体</td></tr>
</table>

图2.108 习题54学生示范作业

培养目标

高层建筑相较于前面两者有着较大的不同，由于楼层众多，单独的楼层对于整体建筑的影响较小，往往需要众多的楼层才能组合成为一个构成中的元素，纵向上的尺度远远大于横向上的尺度，构成的手法也随之需要进行调整。

解题思路

对于高层建筑的分析，需要有更强的抽象思维能力，将整体的建筑进行分段，思考其在整体空间中的节奏韵律。对于高层建筑，更多的是从立面与剖面进行分析，但对于底部、顶部的若干楼层，仍需注意进行重点分析，它们一般在此处会具有与中间复制的楼层不同的形式构成手法。

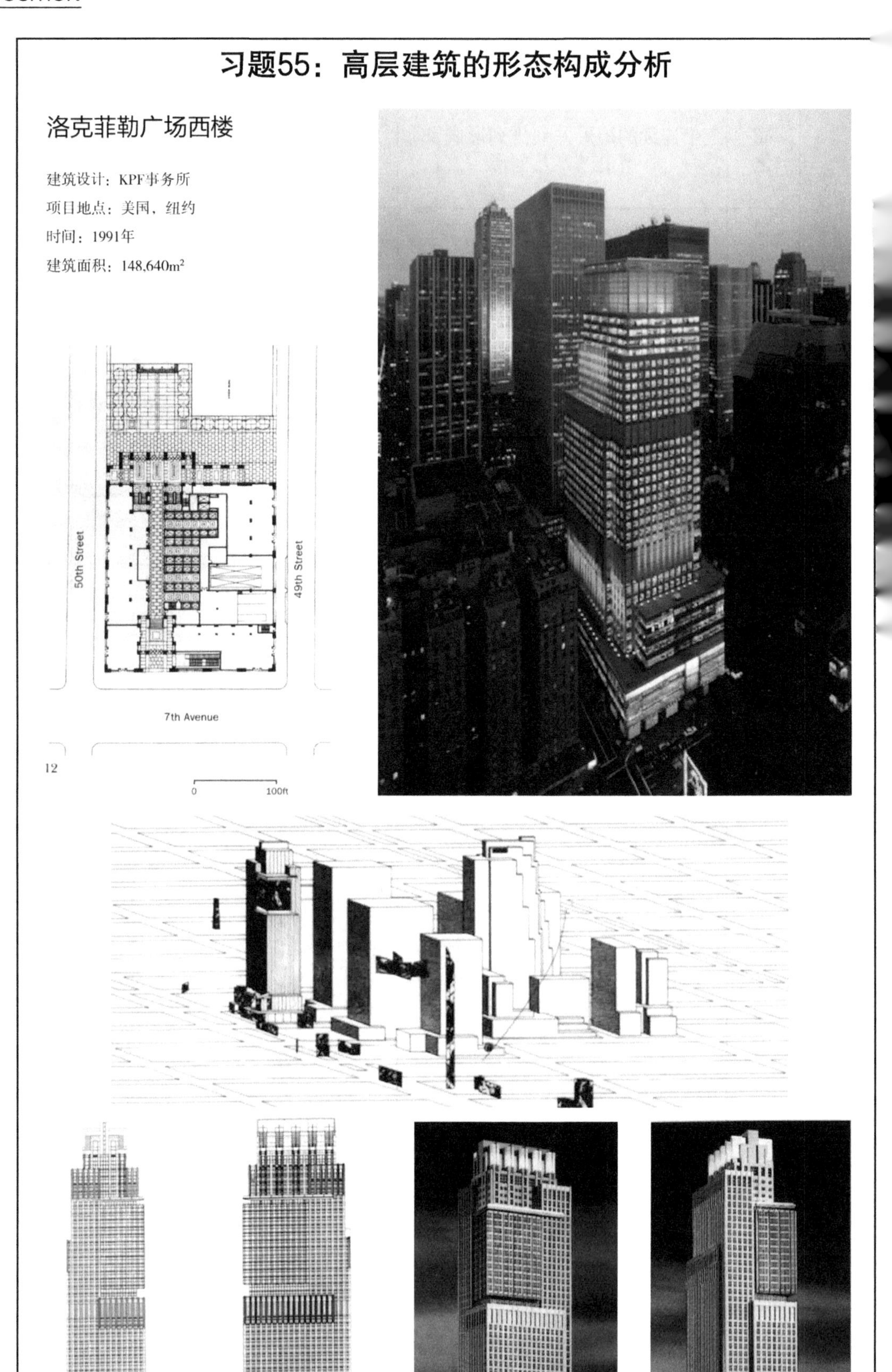

图2.109 习题55：高层建筑的形态构成分析

研究方法		形	形式	形态
抽象变形	简化	大厦主塔和配楼通过裙房连接，并且形成了整个大厦的基本几何形	自基座起通过几何形态连续向上添加，形成一种有秩序的向上的形式感	整个大厦通过对基座、中间部分及顶部的处理形成明显的三段式建筑形态
	几何化 连续 添加	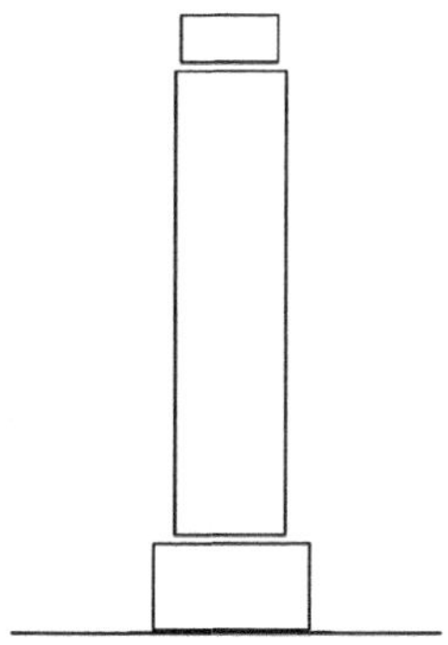	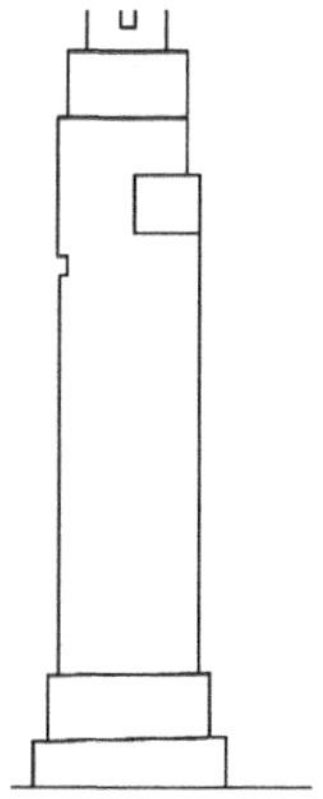	
研究方法		形	形式	形态
动态构成	单元	塔身不断转换的附着体 使整体的中心游移	大厦顶部与楼身， 裙房与楼身通过过渡性处理连接在一起	立面多层凹凸构成 复合的界面形式
	组合 连接 穿插	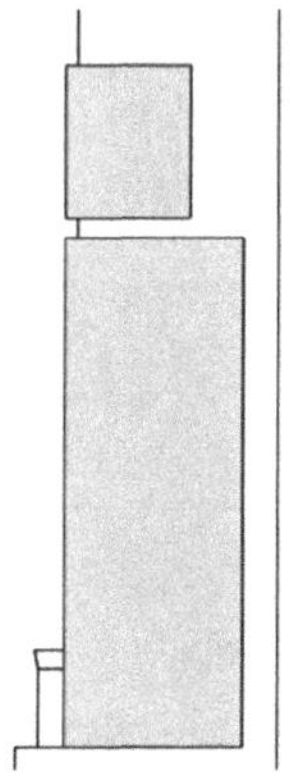	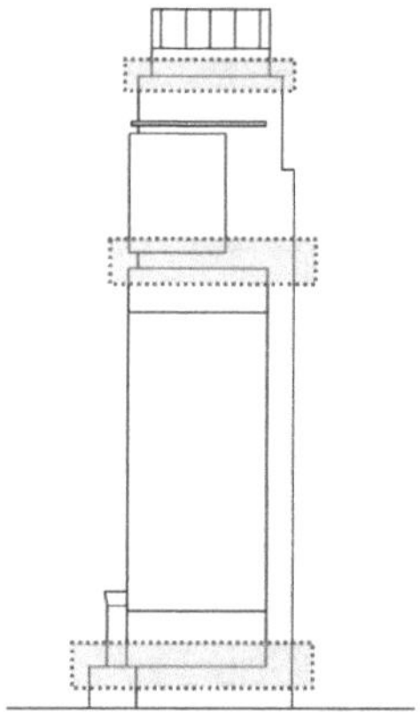	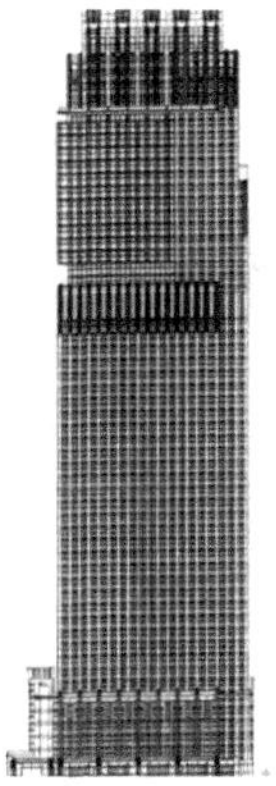
研究方法		形	形式	形态
静态构成	对称	基座至顶部保持缩进及上下较小差异的柱形，体现出转换缩进的体块处理	大厦从基座到顶部可以划分为许多均齐的矩形，增强整个构图的平衡感	从大厦的侧面分析，各构成体块之间相对比较均衡
	比例 均衡 整体	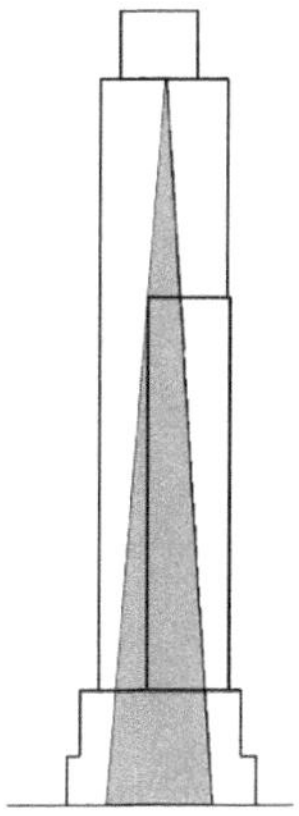	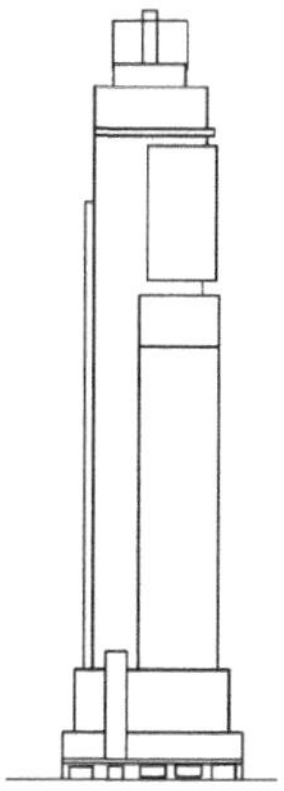	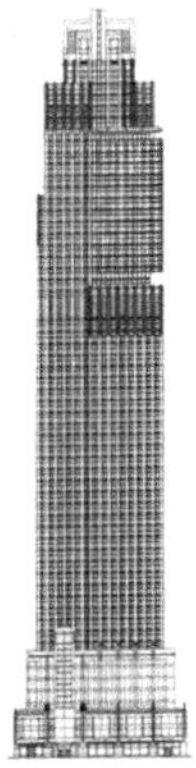

图2.110 习题55学生示范作业

培养目标

两战期间，古典浪漫与折中早已不合时宜，受到表现主义、未来主义、构成主义与风格派的影响，战前建筑已积累很深的矛盾终于促成了它的变革——现代建筑运动。建筑开始重视功能、新材料、新结构、经济性等，开始重视建筑的空间胜过立面平面，对于战后的复兴特别适应，这一时期的建筑，其构成的手法不再简单，但通过剥茧抽丝式的抽象、提炼，仍可以找到精髓。

解题思路

分析时，应当紧密结合当时建筑的新特点，从不同的角度进行观察与分析，最终抽象出其中的构成手法，进行分析。

习题56：1920～1945年大师作品分析

流水别墅

建筑设计：弗兰克·劳埃德·赖特

项目地点：美国，匹兹堡市郊区熊溪河畔

时间：1934年

建筑面积：约380m²

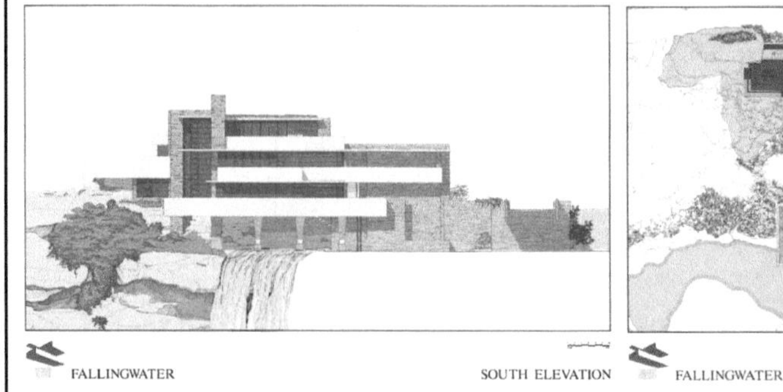

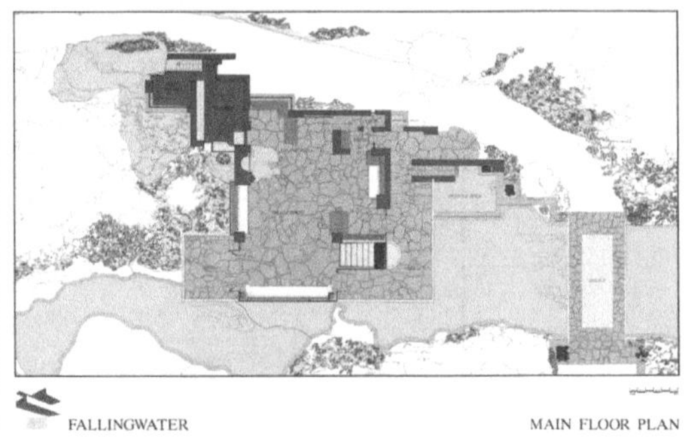

图2.111 习题56：1920~1945年大师作品分析

研究方法		形	形式	形态
抽象变形	简化	流水别墅大体上由 两个方形构成	主体建筑的平面由 许多方形叠加而成	横竖长方体的搭接使 流水别墅的外观富于变化
	几何化	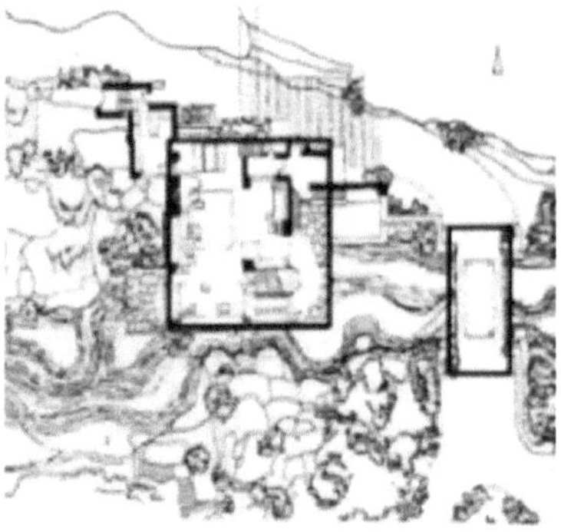	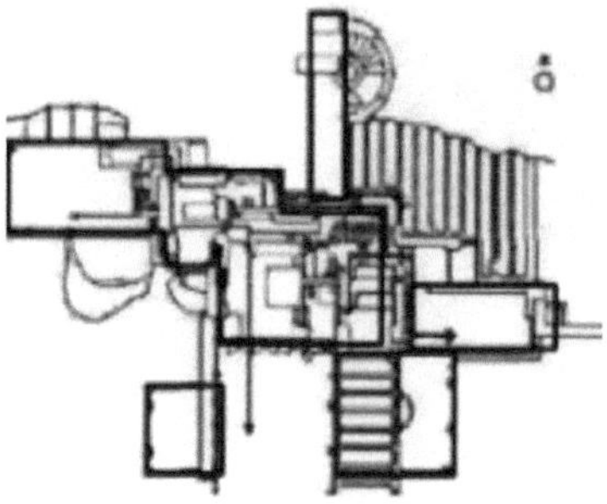	
	连续			
	添加			
研究方法		形	形式	形态
动态构成	单元	建筑建在一个有坡度的地块上，建筑依山而建，与环境融合	退台式的设计使建筑 更好地收集阳光与美景	大面积的混凝土板与 低矮的举架形成了 富于变化的室内空间
	组合		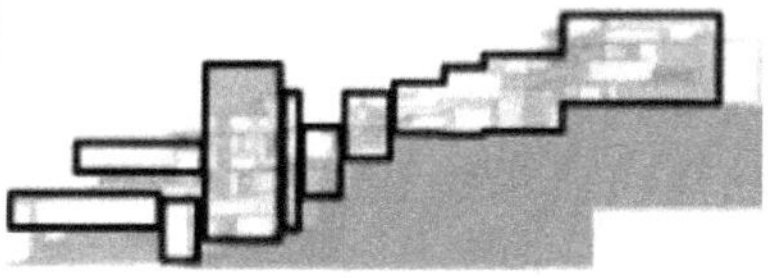	
	连接			
	穿插			
研究方法		形	形式	形态
静态构成	对称	建筑主体是一个类似 中心对称的风车形	本层的楼板与下层的楼梯、天台构成了虚实的对比	不同平台层的错落与 整体的扭转构成了 变化多端的平面形态
	比例	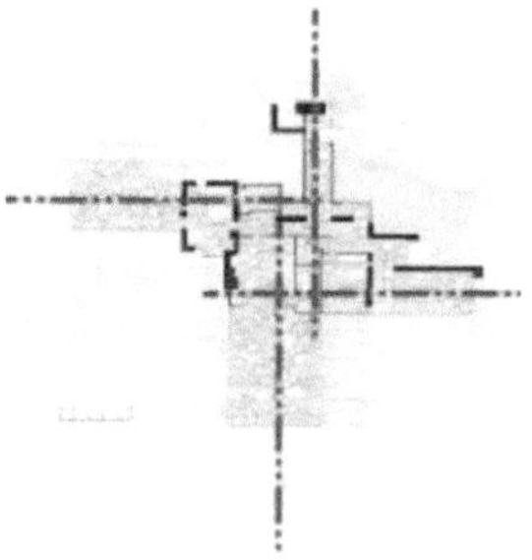	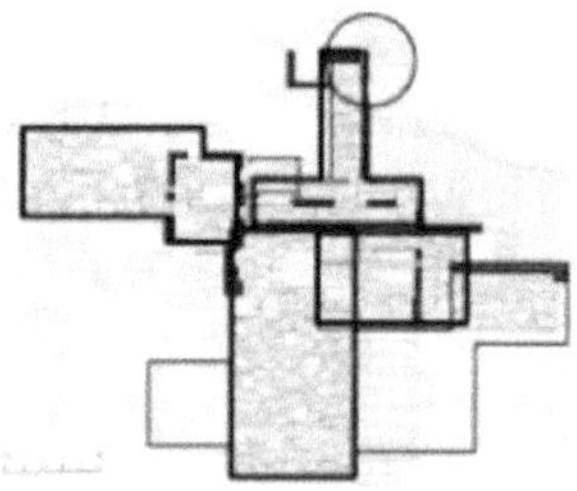	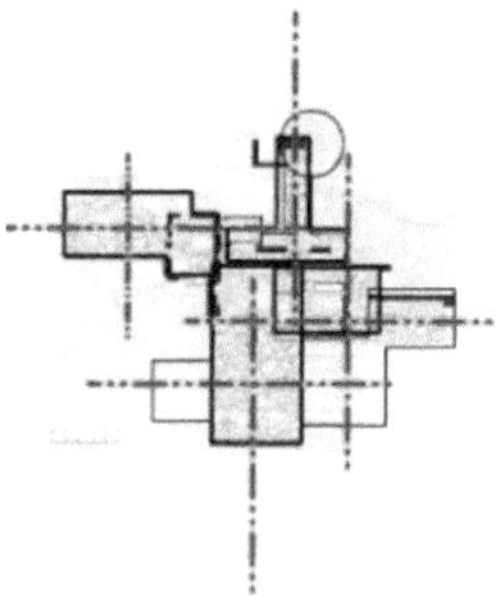
	均衡			
	整体			

图2.112 习题56学生示范作业

培养目标

二战结束后，各国、各地区发展十分不平衡，出现了众多建筑思潮。高层、大跨度建筑开始出现，建筑工业化日益成熟，现代派建筑成了主流，但同时人们发现了它的不足。建筑师逐渐意识到建筑既要满足人们的物质需要又要满足人们的感情需要，于是从对于技术与理性的疯狂追求转向了对于人文的关怀。

解题思路

与上一道题目类似，该题结合实际，需要学生具备较强的综合分析能力，结合时代的特征，对于建筑进行多角度的分析。

习题57：1945~1980年大师作品分析

理查德医学研究中心

建筑设计：路易斯·康

项目地点：美国，宾夕法尼亚州

时间：1964年

建筑面积：约9951m²

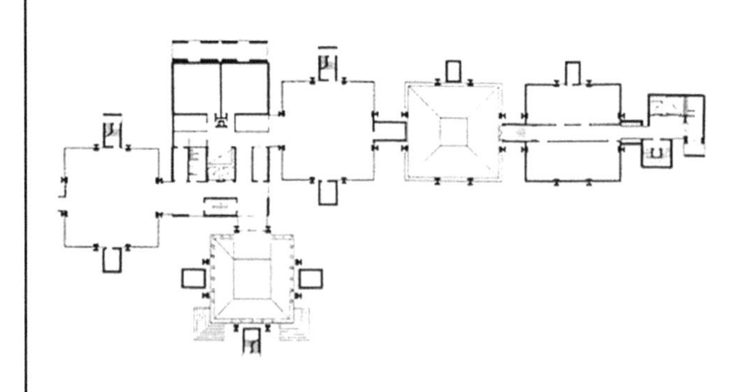

图2.113 习题57：1945~1980年大师作品分析

研究方法		形	形式	形态
抽象变形	简化	研究中心由实验室和辅助用房连接组成，构成了基本形体	每个单元体外又增加了通高的壁柱，和其他部分共同构成几何形体	各个单元体沿竖向轴线接成一个整体，构成最终的基本形态
	几何化 连续 添加	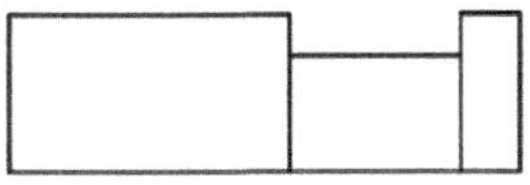		
研究方法		形	形式	形态
动态构成	单元	建筑分为几个形态相同的单元体，沿水平方向排列组合成基本形态	各个单元通过连廊连接为一个整体，各单元外又增加了壁柱，形成一定动感的韵律	几个单元组合沿着横向穿插和纵向的变化使建筑形态稳中求变
	组合 连接 穿插	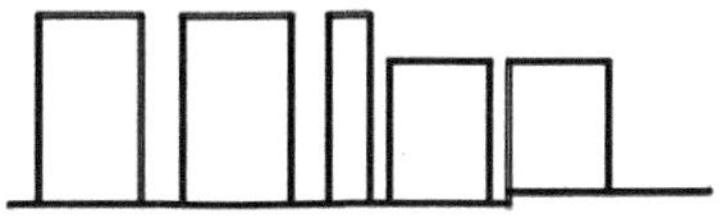	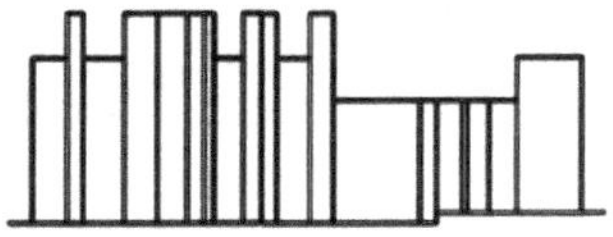	
研究方法		形	形式	形态
静态构成	对称	几个单元体可以分别组成几个对称的立面空间，使建筑均衡	各部分通过壁柱、连廊等使建筑的对称性增强，提高建筑的稳定性	最终使得建筑整体比例协调，形成立面局部对称而整体变化的特点
	比例 均衡 整体	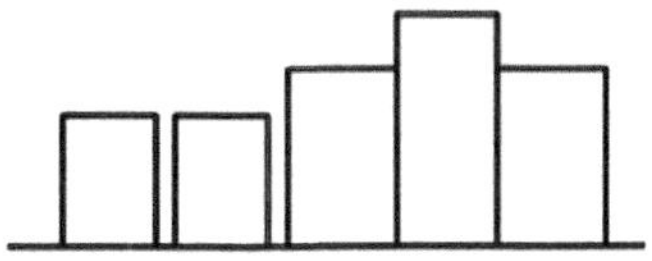	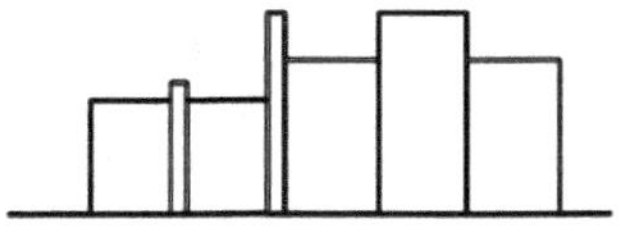	

图2.114 习题57学生示范作业

培养目标

建筑界出现了各种思潮、流派与新探索以至于很难用一个统一名称来包容。后现代建筑最显著的特征之一就是热衷于隐喻地运用历史建筑元素；新地域主义的实践折射出后工业时代全球范围内对于文明与文化相互关系的种种思考；高技派注重高度技术的倾向仍然存在，但是表现有所转变，认识到了对技术的盲目信仰为社会带来的众多问题。

解题思路

在该题中，对于不同流派、类型的建筑，应该采取不同的角度进行分析，结合先前所学的低、中、高层建筑类型进行相应的分析。

习题58：1980～1990年大师作品分析

乌尔姆展览馆

建筑师：理查德·迈耶

项目地点：德国，乌尔姆

时间：1984年

建筑面积：929m²

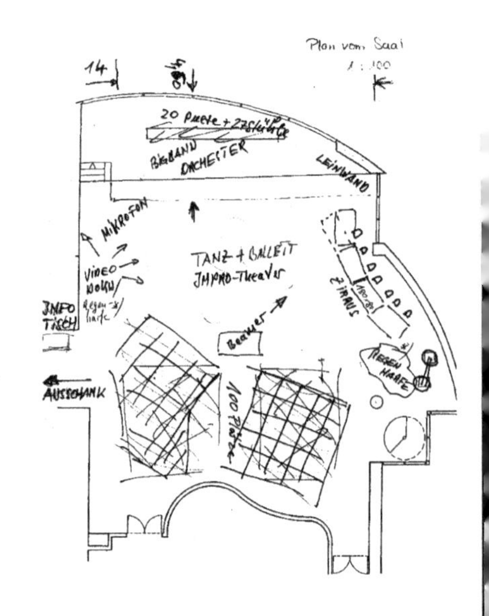

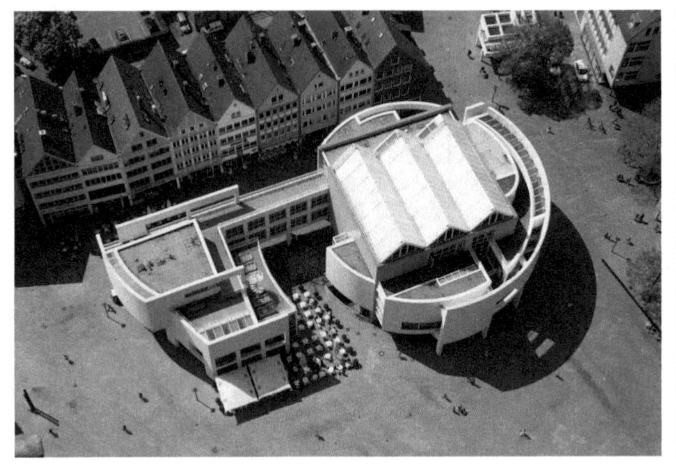

图2.115 习题58：1980～1990年大师作品分析

研究方法		形	形式	形态
抽象变形	简化	基本构图采用 圆形和方形相互结合	结合环境，对基本形体 进行加减法处理	引入垂直空间和交通流线， 得到 丰富多样的空间
	几何化 连续 添加	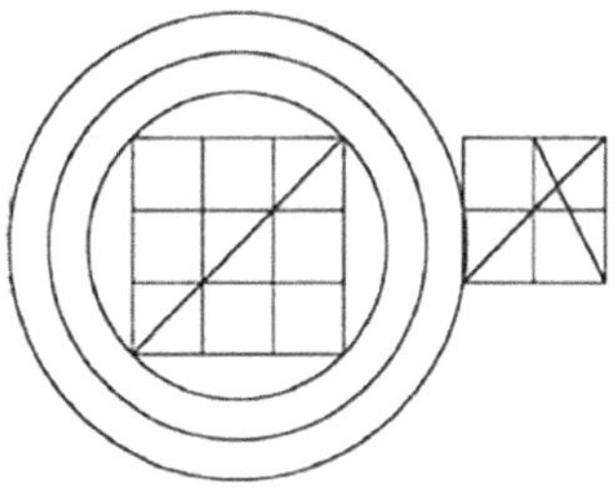	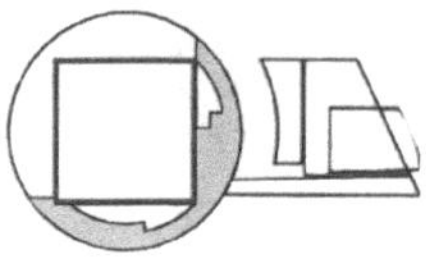	
研究方法		形	形式	形态
动态构成	单元	基本构成方形与圆形的 立体空间形式	对体块进行加减法处理	框架、三角形 玻璃顶及圆弧架构 构成多意义的建筑造型
	组合 连接 穿插	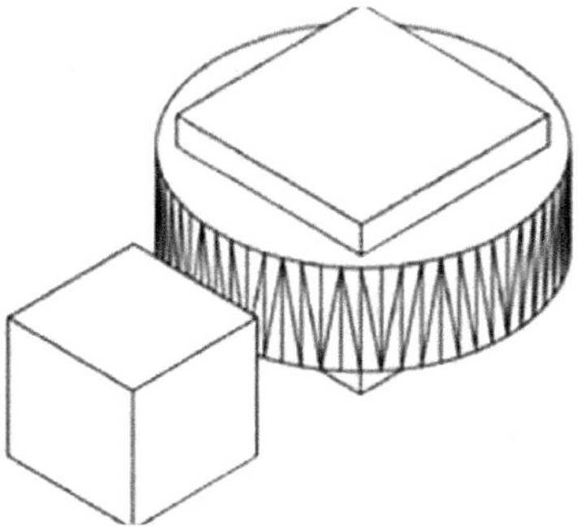	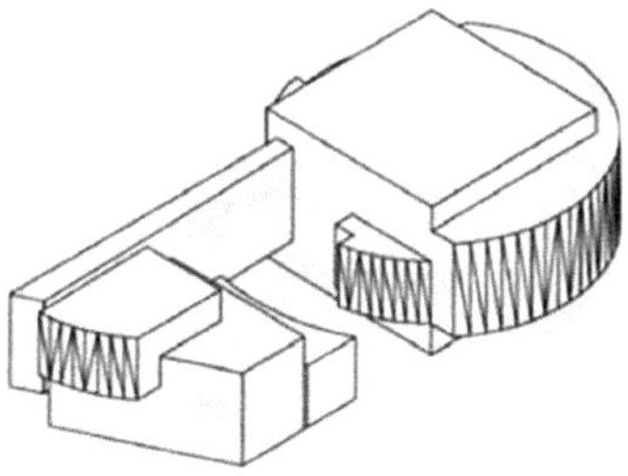	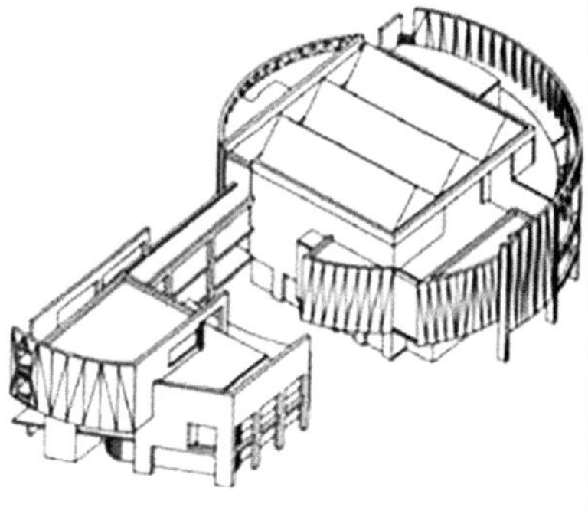
研究方法		形	形式	形态
静态构成	对称	正立面由多个方形 相互嵌入、穿插组成	顶部三角形及立面多处透空，使建 筑造型更加均衡	从展馆的侧面分析，各构成体块之 间相对比较均衡
	比例 均衡 整体	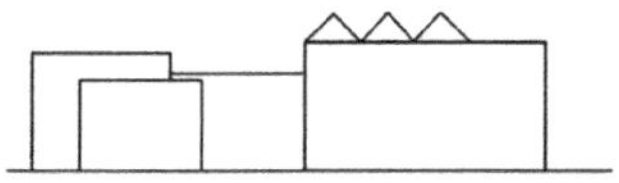		

图2.116 习题58学生示范作业

培养目标

20世纪90年代以后，众多的建筑师出于各自的传统和背景与创作才能，设计了面貌不尽相同的作品，很难用一个关键词概括他们，但是他们都具备共同特征：对建造形式、元素和方式的简化。追求建筑整体性的表达，强调建筑与场所的关联。十分重视材料的表达，以对材料的关注替代建筑的社会、文化和历史意义，呈现出现代建筑传统的生命力，简约但包含的丰富性甚至是复杂性，超越了当年现代派建筑师的想象力。

解题思路

时至今日，施工技术的进步与计算机工具的运用使得建筑的形态变得日益复杂，日益多元化，但是经过抽象提纯过后，都可以在其中找到传统构成手法的影子，万变不离其宗，该题仍需要紧密结合之前所学习的分析手法。

习题59：1990年至今大师作品分析

马来西亚国家石油双子塔

建筑设计：西萨·佩里

项目地点：马来西亚，吉隆坡

时间：1996年

建筑面积：341,760m²

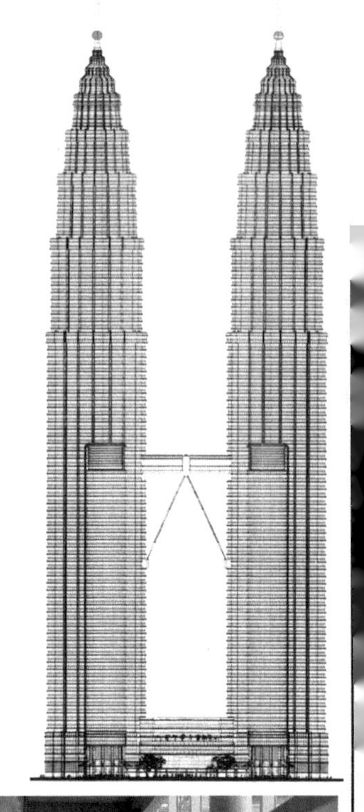

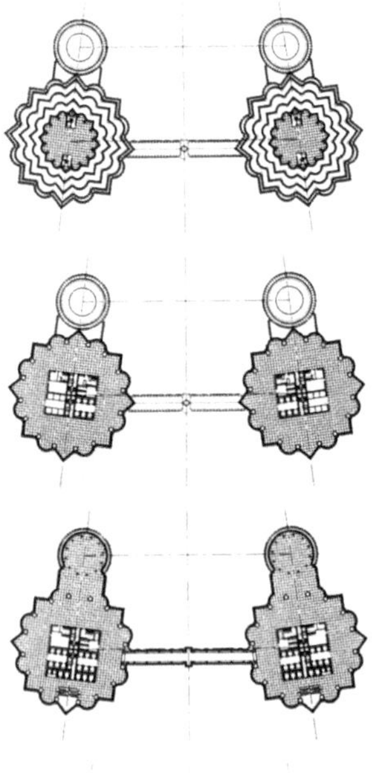

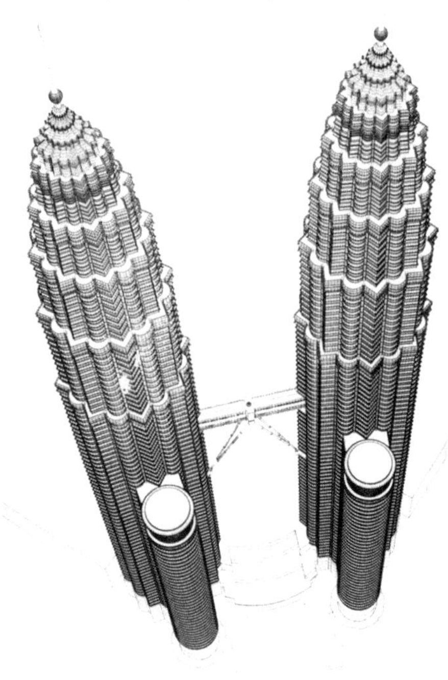

图2.117 习题59：1990年至今大师作品分析

研究方法		形	形式	形态
抽象变形	简化	双子塔由下层裙房相连，构成了双子塔的基本形态	通过向上层层收缩，形成了塔的基本形态	通过下方裙房和中部天桥的连接，有机地形成一个整体，加上顶部塔尖形成整体形态
	几何化 连续 添加	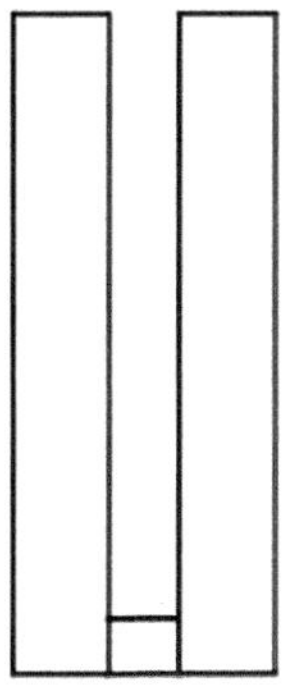	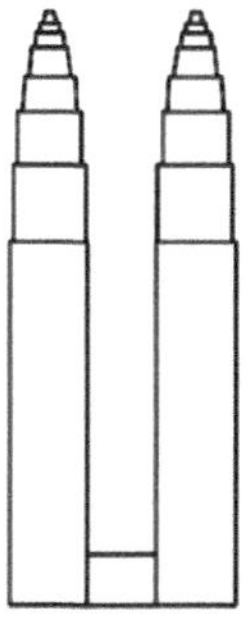	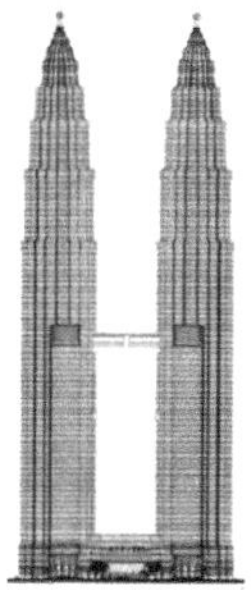
研究方法		形	形式	形态
动态构成	单元	双子塔的每个单体段落层层向上收缩，形成向上的动感	两个收缩的单体构成两个三角形，又通过天桥的连接共同形成向上的动感	双子塔通过下方裙房的连接形成一个整体，增强塔楼的基座感，形成向上的动势
	组合 连接 穿插	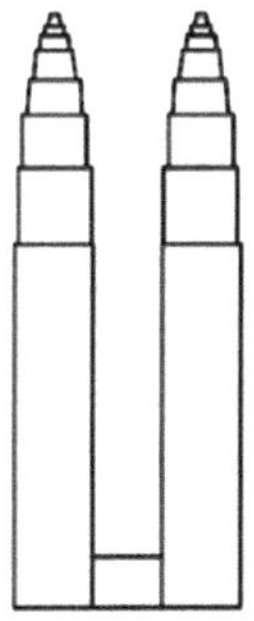	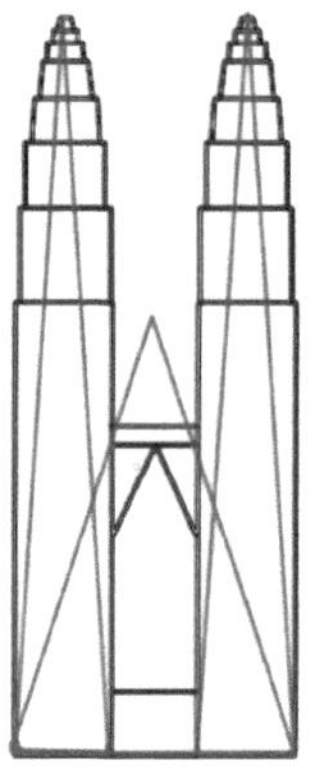	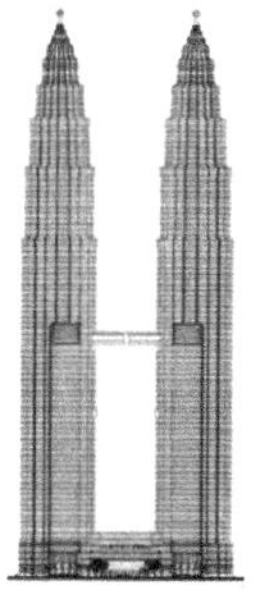
研究方法		形	形式	形态
静态构成	对称	塔楼向上依次收缩，形成稳定的台阶状，整体稳定感较强	由两个相对独立且重心形式相对一致的形体构成一个整体，强调了重心	外墙均比分段，上下金属、玻璃材料以及近似均质立面，使顶与身的界面差异缩小
	比例 均衡 整体		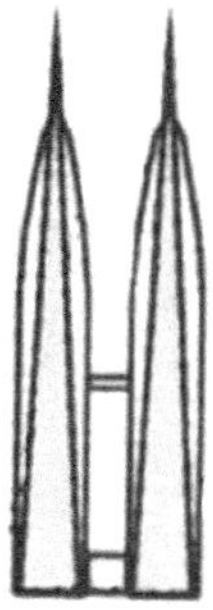	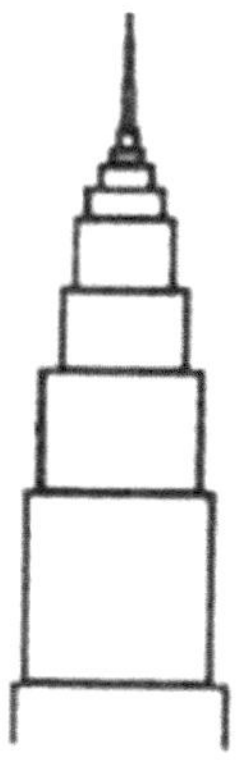

图2.118 习题59学生示范作业

学生心得体会

STUDENTS THOUGHTS

STUDENTS THOUGHTS

学生心得体会

北京交通大学学生评价

这些仅仅是粗浅的了解，真正的探索和学习才刚刚开始，我们会带着疑问去了解更多前人的设计结晶。另外，我十分感谢韩老师教给我们的设计方法，八本说厚不厚、说薄不薄的作业大大地提升了我们对造型设计手法的理解与运用能力，从一根线条到一个轴测图，每一笔都需要我们用心去画，不急不躁，稳妥有力。作为建筑师，手头功夫一定要过硬，千万不可以放纵自己懒惰的情绪，多看多动笔，有益无害。我会将以上的种种铭记在心，用建筑师的思维思考，用建筑师的标准衡量自己，践行自己的梦想。

——北京交通大学
2010级 张黎达

韩老师的欧洲之旅，给了我们最近距离接触欧洲建筑的机会。在此之前，从未有老师边讲照片，边介绍自己的游历感受，这样的交流，比直接给我们平面图、立面图更为亲切。建筑轮廓、细部、造型、装饰等，逐层地展示出来。老师的讲解给了我们认识建筑、理解建筑的范例。在生活的行走之中，总会有建筑给我们以感动，哪怕是墙角的一堆石子，也许就是我们下一个建筑的灵感出处。作为一个学徒，更需有一种谦虚的态度，正如那“朝圣之旅”一样，感知建筑创作的奇妙，与大师进行空间 的对话，寻找属于自己的创作起点与源泉，丰富造型的方式方法。站在巨人的肩膀上，用更高的视野，创作更人性与个性的空间，从“知”转变为“行”，从“思”与“寻”转变为“行”，同时反观这一步步的历程，实现我们的建筑梦。

一门课结束了，但建筑之路还很长，“知”与“行”相伴，且思且寻，感谢这递进式的感受，感谢这建筑学独有的造型之旅！

——北京交通大学
建筑2009级 常磊

在造型课上，使用速写本对感兴趣的内容进行速写记录，不仅提高了对手绘线条的认识，同时在不经意间养成了随时准备动手绘画的习惯，并实践于建筑参观调研过程以及平时的资料收集中。笔耕不辍地画速写，是老师给我们的建议，使我们认识到踏实勤奋作为建筑师的特质，是我们必须具备的。

——北京交通大学建筑
2009级 杨光

北京工业大学学生评价

起初，我不明白模数制的概念，更不理解黄金分割的意义。而通过一个学期的学习，当用所学理论去分析一个建筑时，我才体会到了黄金分割的应用并欣赏了它的美丽所在。以前我去看一个建筑，只是从表面上大体认识一下，而通过老师细致的讲解，从整体到细部去把握一个建筑，才明白建筑的更深层次的含义和设计者本身的想法和用意，这样真正对设计有了帮助，而不是一味地照抄。通过这门课的学习，我掌握了造型理论和许多构成方法，通过完成作业的过程提高了自身的创新和形象思维的能力。

—— 北京工业大学
2004级 毕晓希

这门课十分特殊，所以它的教学方法也十分特殊，在这里没有照本宣科的沉默，也没有大量用脑的计算和思索，在这里需要的仅仅是感悟，一种对建筑的感悟，一种对构成的感悟，在这里只是需要一个速写本、一支笔、一双眼睛，一起去领悟那奇妙的构思，一起去领略欧洲风情，一起去感悟大师们的作品。

—— 北京工业大学
2004级 陈大鹏

意大利米兰理工大学学生评价

默写名筑方案为我的造型技巧打下了强有力的基础。与大师的作品进行视觉对话，记住方案的平、立、剖，使我们发现更多的细节，从其中发现更多难以发觉的神奇空间，激发我们探索了解的欲望。也正是这样的激励，使我们不断前进。人们的懒惰必须在强制力前才会屈服，记录的数量越来越多，就将抄绘当作了一种习惯、一种学习方法，逐渐自觉地去感受大师的创作思路，逐渐发现建筑造型并不复杂，建筑的美就在我们身边。

—— 意大利米兰理工大学
2009级 Michele Morrone

这是一场免费的旅行，这是一次思想的游荡，这是一种深刻的感触。随着韩老师的讲解我徜徉在一种未知的建筑空间中，从底、线、面到立体的空间，有种恍然大悟的感觉,让我这个非建筑出身的人得到了一种思维的训练，深刻的建筑造型理论的趣味原来没有想象的那么枯燥无味，而且韩老师的课，内容由浅入深，讲课风趣自然，很有意大利教授的风格。我对您的博闻多识深感敬佩。您把一门看起来如此枯燥繁琐的理论课，讲得生动有趣。

——意大利米兰理工大学
城市城规2008级 武姿孜

课程通过百余道习题，由浅到深地剖析了图像中线条的组合、空间中立面的构成及图案填充的视觉效果等所有建筑师必备的建筑设计功底，让我深深地体会到了“内行看门道，外行看热闹”这句俗语。

对于平时看似简单的建筑外形，例如悉尼歌剧院流线型的风帆造型、北京奥运主场馆类似鸟巢的设计以及央视新大楼的“大裤衩”造型，其成果却是经过反复推敲及无数次修改才得以成型的。这些建筑既要有视觉的冲击力，简单的便于记忆的流畅线条，还要有合理的布局及空间结构，又要符合建筑的功能性所在等。这些就充分反映出了空间塑造感对一名建筑师的重要性。通过对整本书的阅读及习题训练，我充分地感受到自己对于空间的塑造感在逐步提升。所以我想说，这种“感觉”并不是凭空而来的，对于空间的塑造感是要通过不断地观察、总结以及正确的引导，慢慢培养而来的。

——意大利米兰理工大学
城市规划2008级 侯鑫

这门课程，逐渐培养了学习者对平面及空间整体构成模式的塑造能力，使广大的建筑师及预备建筑师们的思维得到拓展，能够系统地认识空间。

——意大利米兰理工大学
2008级 Marco Spano

建筑以点、线为一切的基础，组成了新的平面，再由不同的平面排列组合组成各种形态的立面空间。建筑形态构成使得图片上的建筑变得立体清晰起来。从您的课上，学到了以前未学到的东西。思考和执着不放弃的精神才是这堂课我所学到的精髓。

——意大利米兰理工大学
2004级 Vera Autilio

莫斯科建筑学院学生评价

呼捷玛斯众多先辈对造型的执着追求使人感动，他们的作品让人感受到其对建筑的热爱，以及为之奋斗及所有心智的力量。他们的眼神似乎就在教育我们这些学习建筑的后来人，学建筑是一件认真的事，在有创造力的同时，还需要将之看作我们奋斗一生的事业。

——莫斯科建筑学院
2003级 A.Alena

从点的组合到线的交叉，再到面的转折、体的造型，建筑造型课给了我们一个系统地认识空间的机会。

这门课程以一种传统、扎实、给人信任感的方式重新审视了我们的建筑设计。建筑都有一个开始点，发生奇妙的变化，构成平面图案，形成立体的幻觉，而线则进一步将空间强化，直到体与面对空间进行完美的诠释，正是这种体验与学习感知，使我们瞻仰一栋建筑时有了美的判定依据与空间划分的思维力量。

——莫斯科建筑学院
2002级 B.ALexander

教学文件

TEACHING DOCUMENTS

TEACHING PROGRAM

教学大纲

一、课程基本信息

1. 课程名称（中文）：建筑形态构成训练
   课程名称（英文）：Architectural form composition training
2. 课程层次/性质：专业选修课/学位课程
3. 学时/学分：64学时/4学分
4. 先修课程：无特别建议
5. 适用专业：建筑学、城乡规划

二、课程教学目标及学生应达到的能力

《建筑形态构成训练》是针对建筑学专业学生的现代建筑造型能力提高而设立的一门专项专业选修课，是培养合格的建筑规划人才的一门重要课程。在我国，现代建筑研究与实践虽然已有50～60年的历史，但仍然落后于世界水平。本课程教学目标是通过现代城市与建筑的起源，现代建筑的本质，现代建筑造型理论及方法、现代建筑造型方法教育等四个方面，系统分析现代城市与建筑的造型的实质与精髓，以培养建筑学学生的现代建筑设计创新能力。学生通过对本课程的学习，将会在一个比较深入的层面上提高对现代建筑造型语言的理解，提高现代建筑设计的造型能力和建筑造型个性语言的表达以及建筑创作语汇及句法、文法的形成。

三、课程教学内容和要求

（一）理论教学部分（52学时）

以13次讲座的方式，从现代建筑造型运行轨迹与发展方向分析入手，对现代建筑造型的起源、内容、实质和国外最新创作方向等进行系统的分析，使学生在一个比较深入的层面上理解现代建筑造型语言的语汇及句法、文法。

（二）课后习题（52道）

每次课后学生都会进行相应的习题练习，通过对课堂教学内容的理解，学生通过造型分析、模型模拟、计算机三维形态分析等方法，去进一步理解建筑造型与构成的形体感知，并进形体组合与过渡、细部处理、材料质感、色彩与造型等方面的练习，以达到对学生创新能力的综合训练。

（三）作业讲评（12学时）

每节课开始的一段时间，共12学时用来讲评学生的作业，采用公开讲评和师生互动的方式。

四、课程教学安排

课序	知识模块	学时
1	现代建筑造型理论的起源	4
2	线条组合的基本原则	4

续表

课序	知识模块	学时
3	平面形态构成的基本原则	4
4	空间形体构成的基本原则	4
5	现代建筑造型的构图分析	4
6	现代建筑造型语言与语法	4
7	手工与计算机模型的制作与基本技法	4
8	解读勒・柯布西耶的马赛公寓	4

五、课程的考核

本课程的考核采取平时成绩，构图训练和模型制作相结合的评分标准。平时成绩包括学生的考勤和课堂表现等方面，占总成绩的30%；构图训练是与课堂内容同步的作业练习，以加深学生对课堂内容的理解，并加强学生的动手能力，占总成绩的40%；模型制作要求学生在结课前综合所学知识制作建筑构件，占总成绩的30%。

六、本课程与其他课程的联系与分工

建议先修课：无特别建议；后续课：建筑空间构成。

建筑形态构成一课的学习使学生掌握了基本的形态构成法则和规律，对现代建筑造型有一个基本的概念和理解，为学习《现代建筑造型理论与方法》打下良好的基础。通过课程的学习，趁热打铁地将其应用到建筑设计中去，以更好地掌握并及时转化利用。

七、建议教材及教学参考书

1.Божко Ю Г. Архитектоника и комбинаторика формообразования[M]. Киев: Выш. шк., 1991.
2.Виленкин Н Я. Популярная комбинаторика[M]. Москва: Наука, 1975.
3.Зейтун Ж. Организация внутренней структуры проектируемых архитектурных систем[M]. Москва: Стройиздат, 1984.
4.Ламцов И В, Туркус М А. Элементы архитектурной композиции[M]. Москва-Ленинград: Главная редакция строительной литературы, 1938.
5.Лежава И Г. Функция и структура формы в архитектуре[M]. Москва: МАРХИ, 1987.
6.Пронин Е С. Архитектурная комбинаторика и её автоматизация[J]. Архитектура СССР, 1990(2): 66-72.
7.Степанов А В, Мальгин В И, Иванова Г И. Объемно-пространственная композиция[M]. Москва: Архитектура-С, 1993.
8.Хан-Магомедов С О. ВХУТЕМАС[M]. Москва: Ладья, 1995.
9.Alexander Christopher. Notes on the synthesis of form[M]. Cambridge Mass: Harvard University Press, 1964.
10.Feisner Edith Anderson. Colour: how to use colour in art and design[M]. London: Laurence King Publishing, 2006.
11.Krier R. Stadtraum in theorie und praxis[M]. Stuttqard: Karl Krämer, 1975.

TEACHING CALENDAR

教 学 日 历

教学日历

2007～2008学年第2学期

课程名称：建筑形态构成训练

任课教师：韩林飞　教师所在单位：建筑与艺术系

授课对象：建筑学与艺术设计本科1年级

人数：95　上课日期：自 1 至16

总学时：64　课堂教学学时：52　周学时：2　共16周

授课地点：

教材及主要参考资料	韩林飞. 建筑师创造力的培养［M］. 北京: 中国建筑工业出版社, 2007.

上课时间		计划教学内容			备注
		授课内容	授课方式	作业(实验)	
第1周	周二 第1、2节	现代建筑起源简介：德国BAUHAUS与苏联BXYTEMAC 现代建筑构成的实质 布置作业练习1～4	讲课 ppt	练习题 1～4	
第2周	周二 第1、2节	讲解习题1～4 建筑构成基本知识，单面形体，比例、尺度空间、构成基本手法，对比韵律、协调 布置作业练习5～8	讲课 ppt	练习题 5～8	
第3周	周二 第1、2节	讲解习题5～8 建筑尺度的魅力，模数分析 建筑尺度与模数分析，平面构成的尺度分析 布置作业练习9～12	讲课 ppt	练习题 9～12	
第4周	周二 第1、2节	讲解习题9～12 建筑形体的分割 建筑形体分割的理性与浪漫 布置作业练习13～16	讲课 ppt	练习题 13～16	
第5周	周二 第1、2节	讲解习题13～16 讲解平面转角的构成 BAUHAUS现代建筑构成实例分析 布置作业练习17～20	讲课 ppt	练习题 17～20	
第6周	周二 第1、2节	讲解习题17～20 讲解立方体转角构成的手法 Le corbusier公寓的室内空间构成 布置作业练习21～24	讲课 ppt	练习题 21～24	

续表

上课时间		计划教学内容			备注
		授课内容	授课方式	作业(实验)	
第7周	周二第1、2节	讲解习题21～24 讲解立方体转角（两个）的构成手法与技巧细部 Le corbusier朗香教室的转角细部分析 布置作业练习28～31	讲课 ppt	练习题 28～12	
第8周	周二第1、2节	讲解习题25～28 Rem Koohalls的CCTV模型制作课上辅导 模型制作的分析与作业评述 布置作业练习29～32	讲课 ppt	练习题 29～32	
第9周	周二第1、2节	讲解习题29～32 荷兰现代建筑的构成分析 Von Goha博物馆与荷兰Rietverde风格派住宅 布置作业练习33～36	讲课 ppt	练习题 33～36	
第10周	周二第1、2节	讲解习题33～36 苏俄早期构成主义的理想与实践 被扼杀的前卫建筑理想 布置作业练习37～40	讲课 ppt	练习题 37～40	
第11周	周二第1、2节	讲解习题37～40 建筑形体构成的空间组合 Rotterdam现代建筑构成解析 布置作业练习41～44	讲课 ppt	练习题 41～44	
第12周	周二第1、2节	讲解习题41～44 建筑立面的构成 Le corbusier三个小住宅的立面构成实例分析 布置作业练习45～48	讲课 ppt	练习题 45～48	
第13周	周二第1、2节	讲解习题45～48 建筑转角的构成手法 Le corbusier的Villa Soyoye 布置作业练习49～52	讲课 ppt	练习题 49～52	
第14周	周二第1、2节	讲解习题49～52 建筑形体组合的构成方法 Le corbusier Villa-Roche-Jeaneret形体组合分析	讲课 ppt		
第15周	周二第1、2节	建筑形体构成与环境 Le corbusier马赛公寓屋顶空间环境的形体构成	讲课 ppt		
第16周	周二第1、2节	建筑构成的意义与功能、结构、材料的关系 自在表现论——建筑构成的实质	讲课 ppt		

教研室主任签字：　　　　　教学科长签字：

说明：1. 采用方式可分为：课堂讲授、讨论以及使用多媒体、投影仪、CAI、电子教案、录像等现代化教学手段；

2. 作业可注明作业内容、实验报告篇数等需要学生课外完成的作业；

3. 每次课的内容占一格；

4. 本表一式三份：学院教学科一份、公布在学生所在学院教学公告栏中一份、自留一份。

EXAM QUESTIONS & ANSWERS

考试题目与解答参考

北京交通大学

2012—2013 学年 第 2 学期

课程名称：建筑造型理论与方法　专业年级：建筑学 2011 级　出题教师：韩林飞

题号	一	二	三	四	五	六	七
得分							
阅卷人							

我用人格担保：在本次考试中，诚实守信，严格遵守考场纪律。

学号______ 姓名______ 班级______ 所在学院______

每位同学只须解答抽签选中的一道题即可

1，　请按照一定比例、标注尺寸（A3 图纸能容纳的图幅）画出

A，Le corbusier 马赛公寓总平面图，标准层公寓平面图，屋顶平面图，剖面图；

B，用透视图分析马赛公寓的空间构图原则；

C，300 字文字描述马赛公寓的构成手法与原则。

2，　请按照一定比例、标注尺寸（A3 图纸能容纳的图幅）画出

A，Le corbusier 的 Villa Soyoye 总平面图，一、二层平面图，屋顶平面图，剖面图；

B，用透视图分析 Le corbusier 的 Villa Soyoye 的空间构图原则；

C，300 字文字描述 Le corbusier 的 Villa Soyoye 的构成手法与原则。

3，　请按照一定比例、标注尺寸（A3 图纸能容纳的图幅）画出

A，荷兰 Rietvelde 风格派 Schroder House 住宅总平面图，一、二层平面图，屋顶平面图，剖面图；

B，用透视图分析荷兰 Rietverde 风格派 Schroder House 住宅的空间构图原则；

C 300 字文字描述荷兰 Rietverde 风格派 Schroder House 住宅的构成手法与原则。

图4.1 参考试题（上）

4， 请按照一定比例、标注尺寸（A3 图纸能容纳的图幅）画出

A，M i s V a n D e r Rone 设计的德国巴塞罗那展览馆总平面图，一层平面图，剖面图；

B，用透视图分析M i s V a n D e r Rone 设计的德国巴塞罗那展览馆的空间构图原则；

C，300 字文字描述M i s V a n D e r Rone 设计的德国巴塞罗那展览馆的构成手法与原则。

5， 请按照一定比例、标注尺寸（A3 图纸能容纳的图幅）画出

A，Le corbusier 设计的L a - T o u r e t t e修道院总平面图，各层平面图，剖面图；

B，用透视图分析 Le corbusier 设计的

L a - T o u r e t t e修道院的空间构图原则；

C，300 字文字描述 Le corbusier 设计的

L a - T o u r e t t e修道院的构成手法与原则。

6， 请按照一定比例、标注尺寸（A3 图纸能容纳的图幅）画出

A，GIUSEPPE TERARAGNI 设计的 LA CASA FASCIO D I C O M O总平面图，1 - 4 层平面图，剖面图；

B，用透视图分析GIUSEPPE TERARAGNI 设计的LA CASA FASCIO D I C O M O的空间构图原则；

C，300 字文字描述 GIUSEPPE TERARAGNI 设计的 LA CASA FASCIO D I C O M O的构成手法与原则。

图4.2 参考试题（下）

黄雨诗

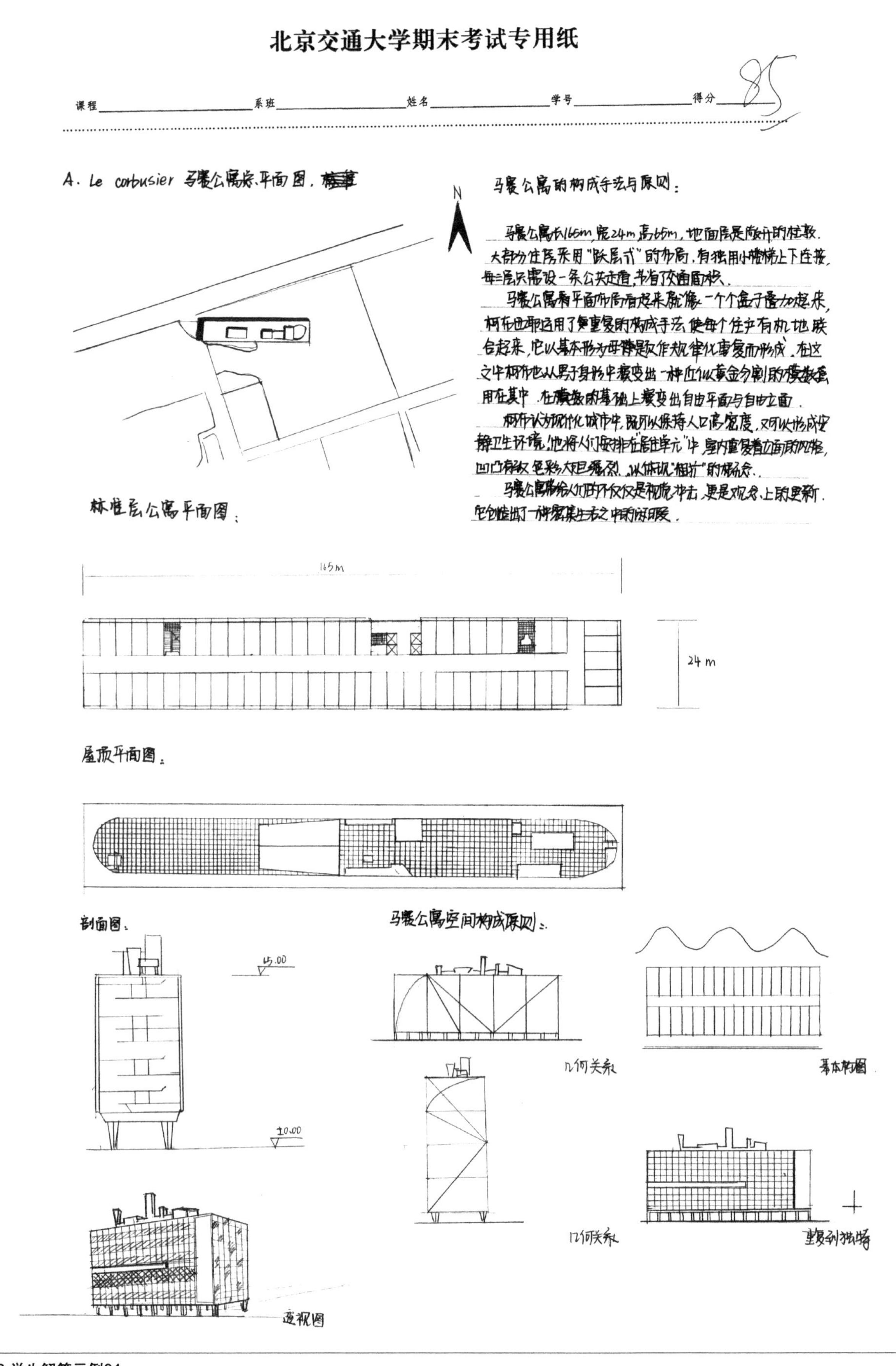
北京交通大学期末考试专用纸

课程________ 系班________ 姓名________ 学号________ 得分 85

A. Le corbusier 马赛公寓总平面图、

马赛公寓的构成手法与原则：

马赛公寓长165m，宽24m，高65m，地面层是敞开的柱墩。大部分住房采用"跃层式"的布局，有独用小楼梯上下连接，每三层只需设一条公共走道，节省了交通面积。

马赛公寓看平面布局看起来就像一个个盒子叠加起来，柯布西耶运用了重复的构成手法，使每个住户有机地联合起来，它以基本形为母体反复作规律化重复而形成。在这之中柯布也从男子身形中演变出一种近似黄金分割的模数，用在其中，在模数的基础上演变出自由平面与自由立面。

柯布认为现代化城市中，既可以保持人口高密度，又可以形成安静卫生环境，他将人们安排在"居住单元"中，室内重复着立面的风格，凹凸有致，色彩大胆强烈，以体现"粗犷"的概念。

马赛公寓带给人们的不仅仅是视觉冲击，更是观念上的更新，它创造出了一种密集生活之中的[illegible]。

标准层公寓平面图：

屋顶平面图：

剖面图：

马赛公寓空间构成原则：

图4.3 学生解答示例01

姚静慧

北京交通大学期末考试专用纸

课程________ 系班________ 姓名________ 学号________ 得分 92

题目：2. 请按一定比例、标注尺寸画出

A. Le corbusier 的 Villa Soyoye 总平面图、一、二层平面图、屋顶平面图、剖面图；

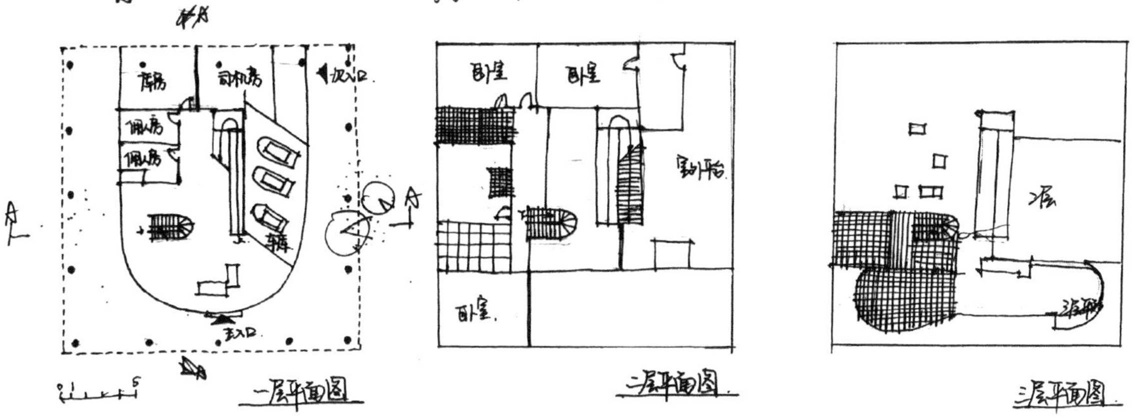

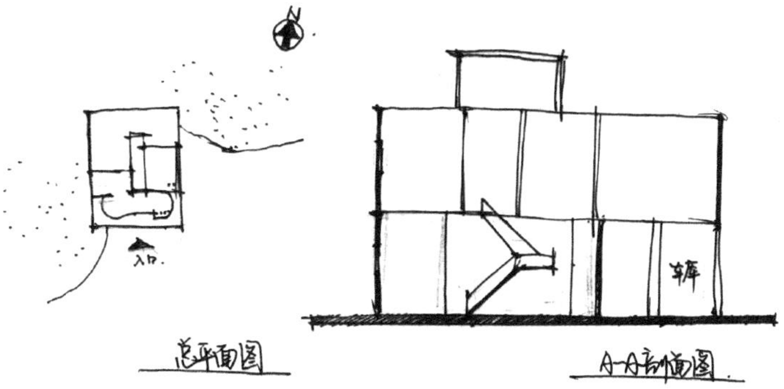

一层平面图　二层平面图　三层平面图

总平面图　A-A剖面图

B. 用透视图分析 Le corbusier 的 Villa Soyoye 的空间构图原则

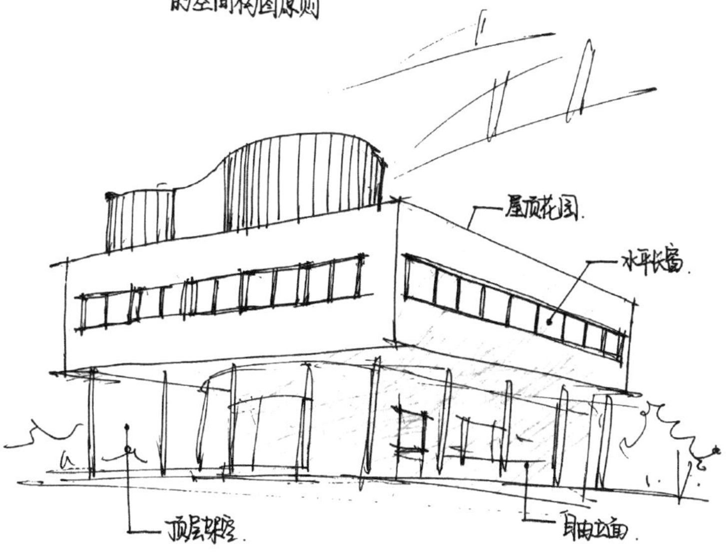

屋顶花园　水平长窗　底层架空　自由立面

C. 描述 Le corbusier 的 Villa Soyoye 的构成手法与原则。

答：萨伏伊别墅是现代主义建筑的经典体现，它的构成手法和原则符合柯布西耶提出的新建筑五要素：1. 底层独立支柱；2. 自由平面；3. 自由立面；4. 横向长窗；5. 屋顶花园。

1) 底层架空：建筑的一层局部后退，使底层形成灰空间，使人们休憩交流，同时使立面具有强烈的虚实对比。

2) 建筑为框架结构，使立面开窗方式不受限制。

3) 自由平面：建筑的平面和空间布置自由，空间相互穿插渗透，从而形成丰富的空间感。

4) 横向长窗：别墅以白色为主，横向长窗成为一大亮点，使立面简约美观，同时为建筑室内带来丰沛的采光，同时将自然之景引入室内。

5) 屋顶花园：人们在建筑中也可以享受阳光与美景，可以在高处眺望。

此外，萨伏伊别墅还遵循模度的原则，使之在严谨中富于变化，整体轻盈美观，是内部功能良好外部体现的典型之作。

图4.4 学生解答示例02

李 嘉 慧

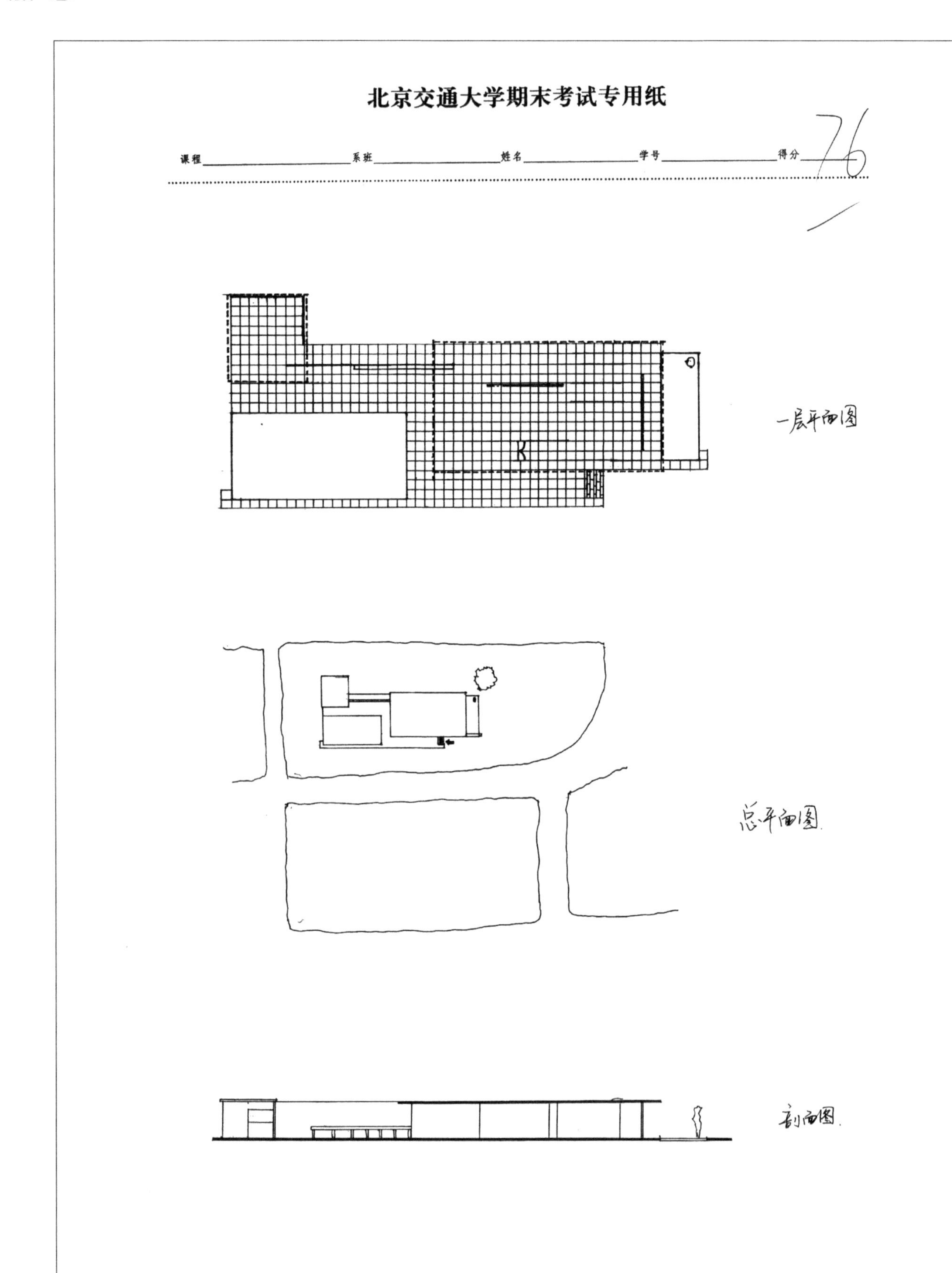

图4.5 学生解答示例03

北京交通大学期末考试专用纸

课程________ 系班________ 姓名________ 学号________ 得分________

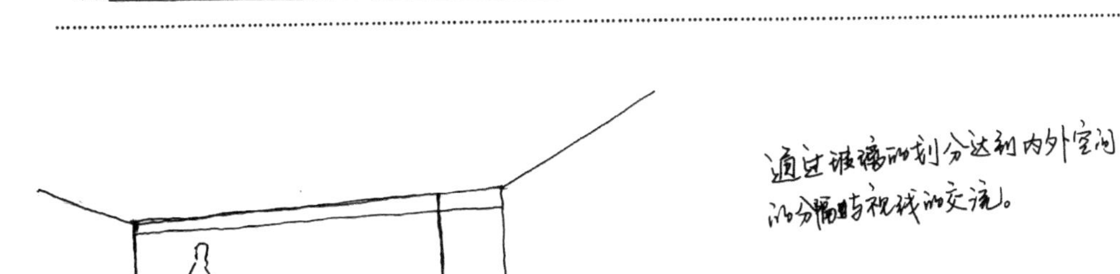

通过玻璃的划分达到内外空间
的分隔与视线的交流。

两个空间之间的交流通过一段室外
空间与玻璃实现。

巴塞罗那馆对现代建筑的意义重大。在技术还不成熟的时代，巴塞罗馆已经采用了钢结构的设计，
屋面板通过数根十字型钢支撑。巴塞罗那馆与别的馆的不同在于它没有一个完全封闭的空间，所有
的空间都通过流动的环境实现交通与交流，玻璃的使用更使内外的空间实现交流。密斯在材
料的应用上也十分讲究，外墙的材料使用了光亮的石材，而在人踏上台阶时先看见的是光亮的水面，
与石墙形成了呼应。内部的封闭的水池中的雕塑也是新旧文化的对比与碰撞。巴塞罗那馆简
约的情况下又不失乐趣，使人在感受文化的同时享受建筑带来的乐趣。

图4.6 学生解答示例04

王 凯

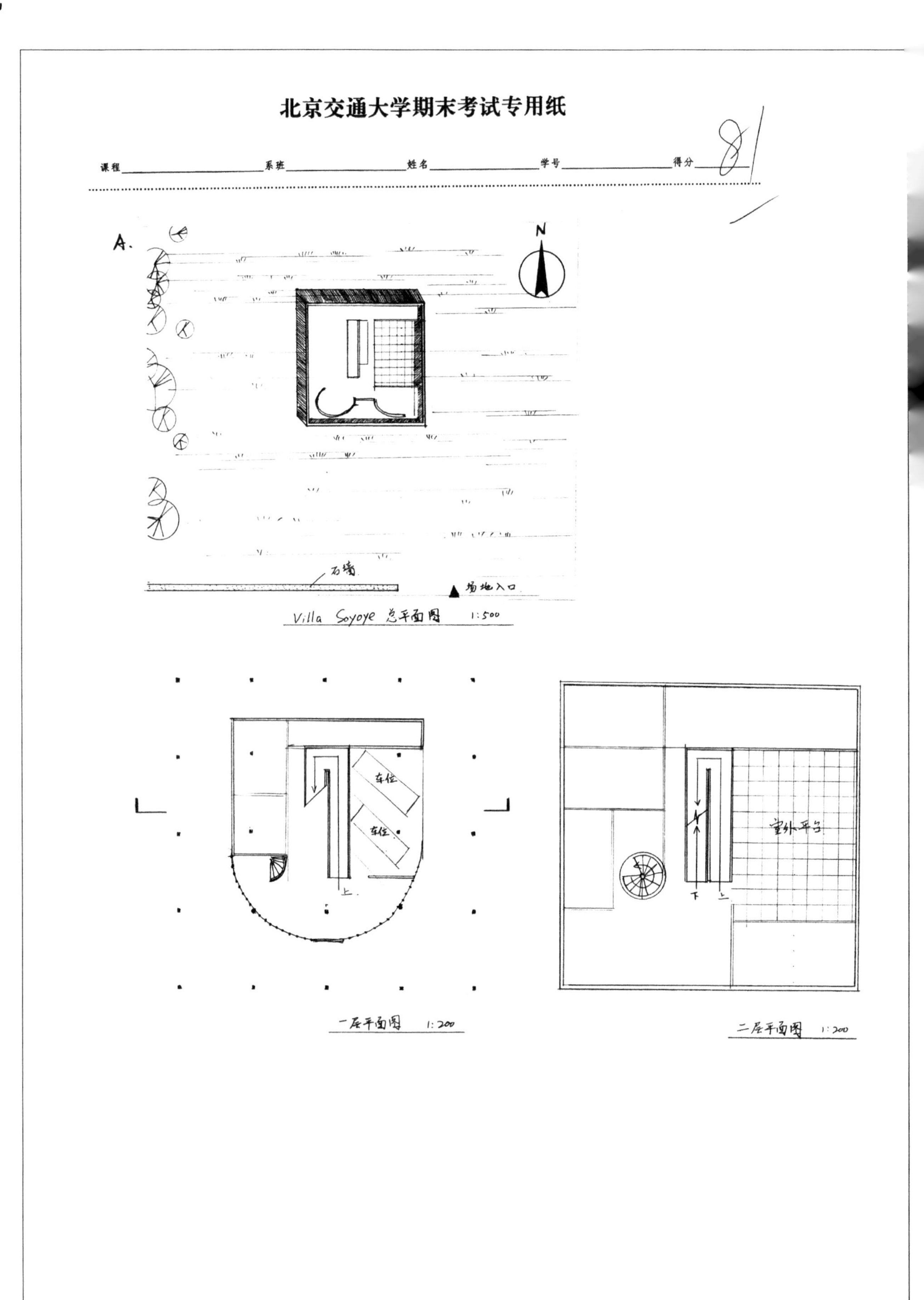

图4.7 学生解答示例05

北京交通大学期末考试专用纸

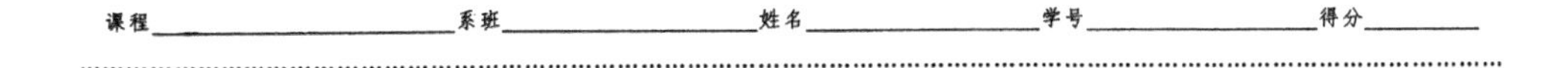

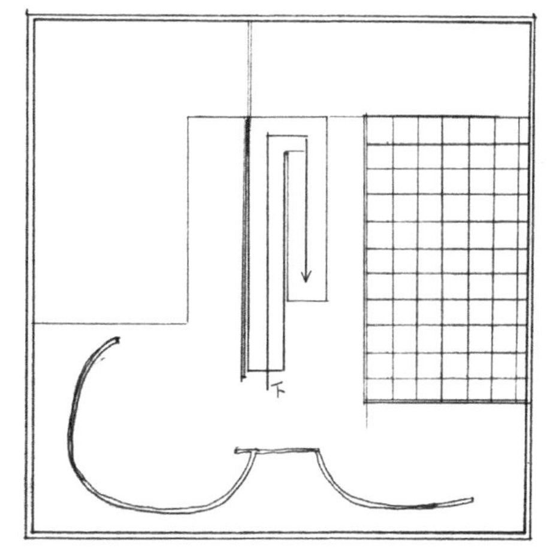

屋顶平面图 1:200.

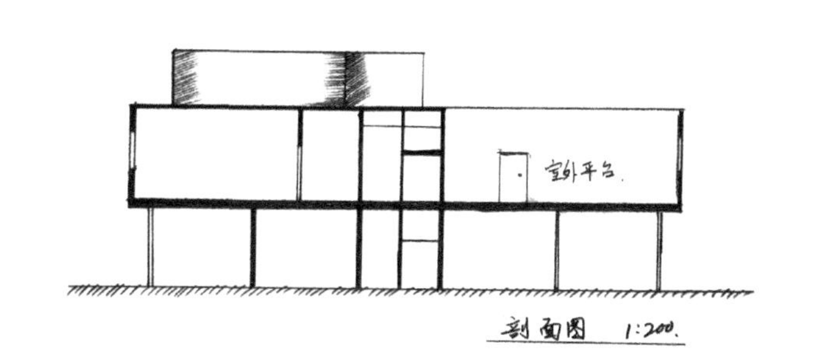

剖面图 1:200.

B.

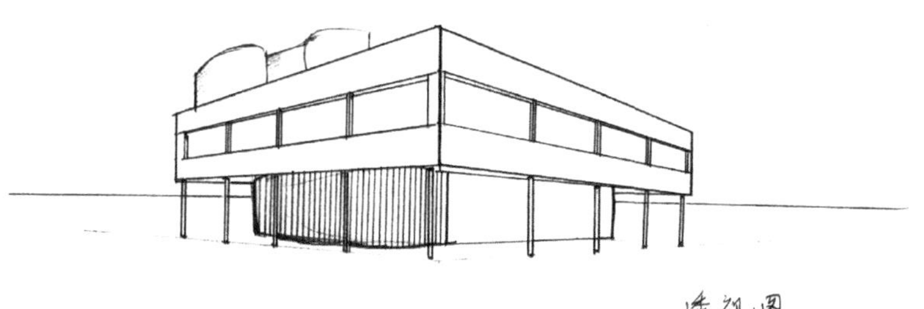

透视图

C　勒·柯布西耶的萨伏伊别墅是他最著名的作品之一。在其中明确体现了他对于现代主义建筑的几个重要原则：底层架空、外观整洁、横向长开窗。从平面上看，5×5的柱网结构形成了萨伏伊别墅的基本框架，并呈规整的近正方形。从一层至屋顶，柯布西耶穿插了大量的空间设计了连续的坡道，然而正是坡道形成了内部空间的连续性和流动感。同时，每个立面的均布开窗使得这种简单整洁的建筑语言为内部提供了良好的采光。

图4.8 学生解答示例06

卫泽林

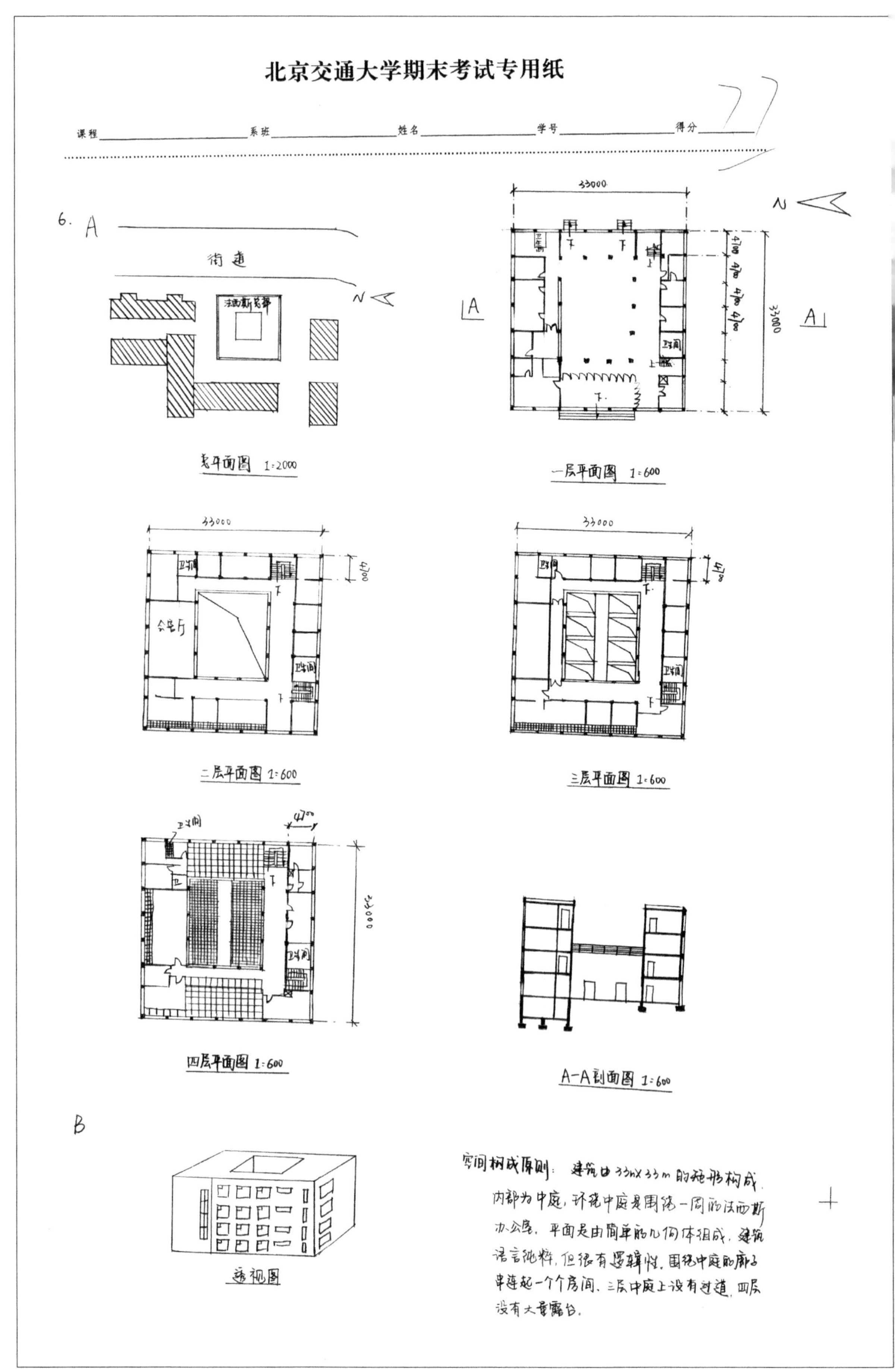

图4.9 学生解答示例07

北京交通大学期末考试专用纸

课程________ 系班________ 姓名________ 学号________ 得分________

C. 建筑特点：

1. 古典主义的传统民族价值。这栋建筑为法西斯党部，含有一定的政治色彩。
2. 机械时代的逻辑性，简单的几何形体，与柯布西耶追求的自由的平面，立面有异曲同工之妙。
3. 两者有机的结合
4. 材质上，内部多采用大理石，有利于衬托建筑崇高的地位。

功能分析：

由围绕中庭的一系列房间组成，流线简洁明了。

立面分析：

1. 立面的设计开窗采用简单的几何形体，语言很纯粹，且与平面相适应，通过窗户的进退造成立面不同的效果，增加韵律感。

2. 立面开窗的设计遵循了一定的模数，采用黄金分割比，使建筑更加美观。

立面分析

结构分析：采用梁、柱、板结构，即钢筋混凝土结构。柱子采用一定的模数，柱间距一定，为4.7m，局部有调整，增加了建筑的韵律感。

政治意义：法西斯党部含有一定的政治意义在其中，如进门大厅处的雕塑，是纪念墨索里尼的。

流线分析

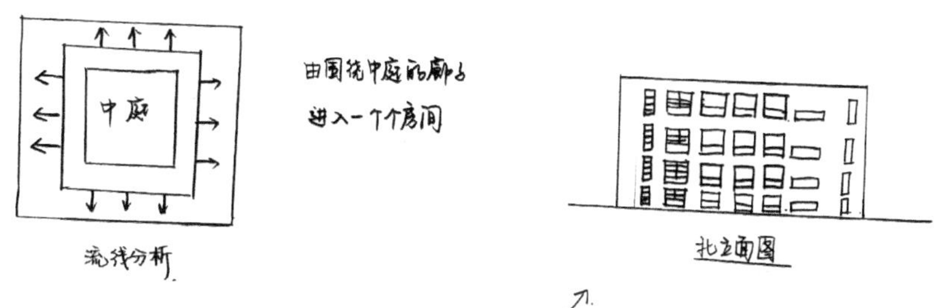

对于造型方面：简洁的几何形体构成了建筑，呈“回”型，立面的开窗亦采用这种形式，如右图立面所示。

图4.10 学生解答示例08

伍 方

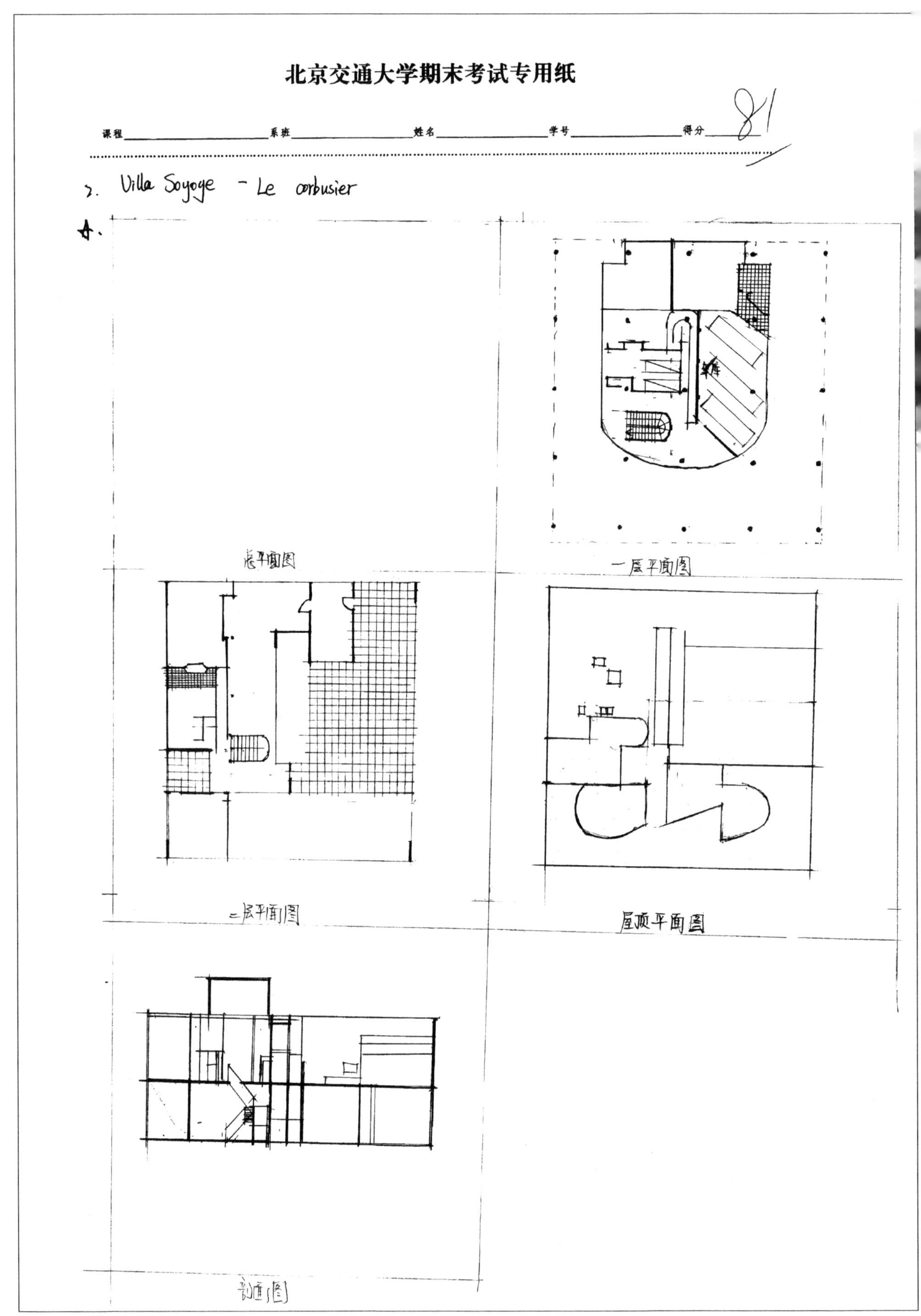

图4.11 学生解答示例09

北京交通大学期末考试专用纸

课程＿＿＿＿＿＿系班＿＿＿＿＿＿姓名＿＿＿＿＿＿学号＿＿＿＿＿＿得分＿＿＿＿

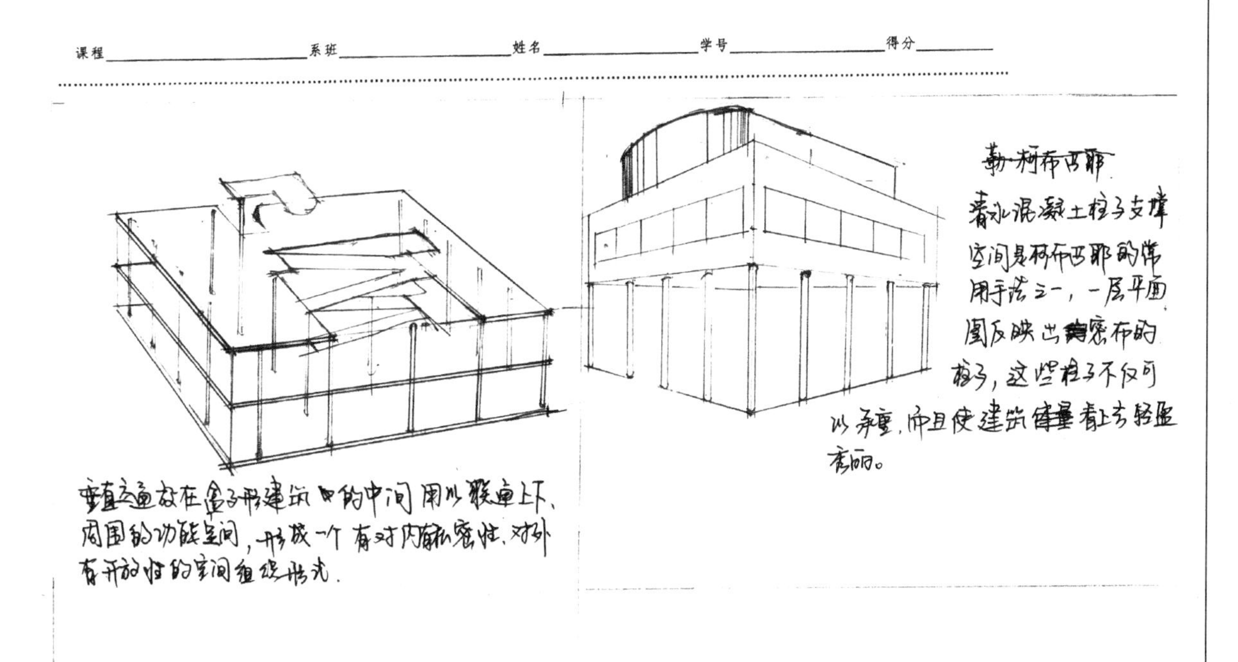

c. Villa Soyoye 的构成手法与原则

答：柯布西耶坚定不渝坚持他的基准线理论，不光是立面，平面也始终被理性控制着。说到模数，不管它是古典的延续，还是满足功能的基本，柯布西耶的理论在今人看来还是很精密、很细致的。萨伏伊别墅布置着简单合理的女仆卧室，独立的卫生间、厨房、浴室、车库和主人卧房开敞的起居室。整个平面基准线控制，被模数提醒着，同时也表现了它很功能的一面。

建筑的一层处在完全封闭的室内，但是因为进到里面之前有退后的入口，头上的二层楼板，不得不让人们在包围之后有提前的心理准备。室内坡道削弱了一层和二层之间的隔断分离感。走到二层不同的是，从二层掌包围的空间渐渐走向了明亮。

建筑的承重体系为框架结构，通高的柱子营造了建筑的整体统一感，而且一层的部分悬挑结构，使建筑呈现轻盈之感，加之建筑白色并统一的外立面，将建筑整体的宁静素雅感营造出来。

建筑四个立面统一的条形窗，与竖直的柱子形成对比，达到均衡，而且其高度、宽度符合人视线高度，给人亲切之感。

图4.12 学生解答示例10

王 森

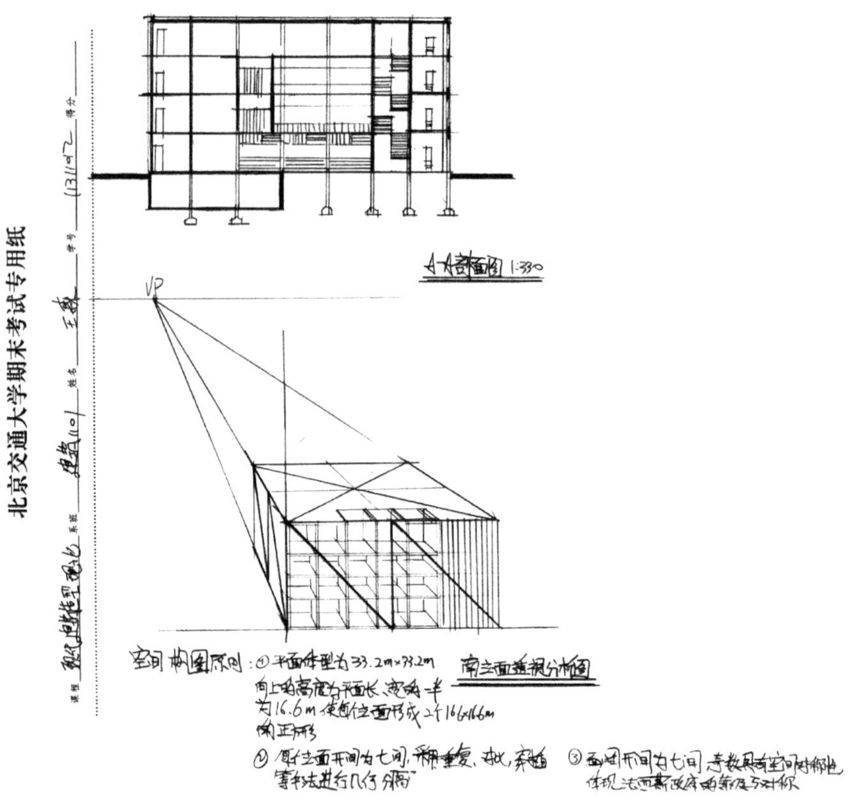

图4.13 学生解答示例11

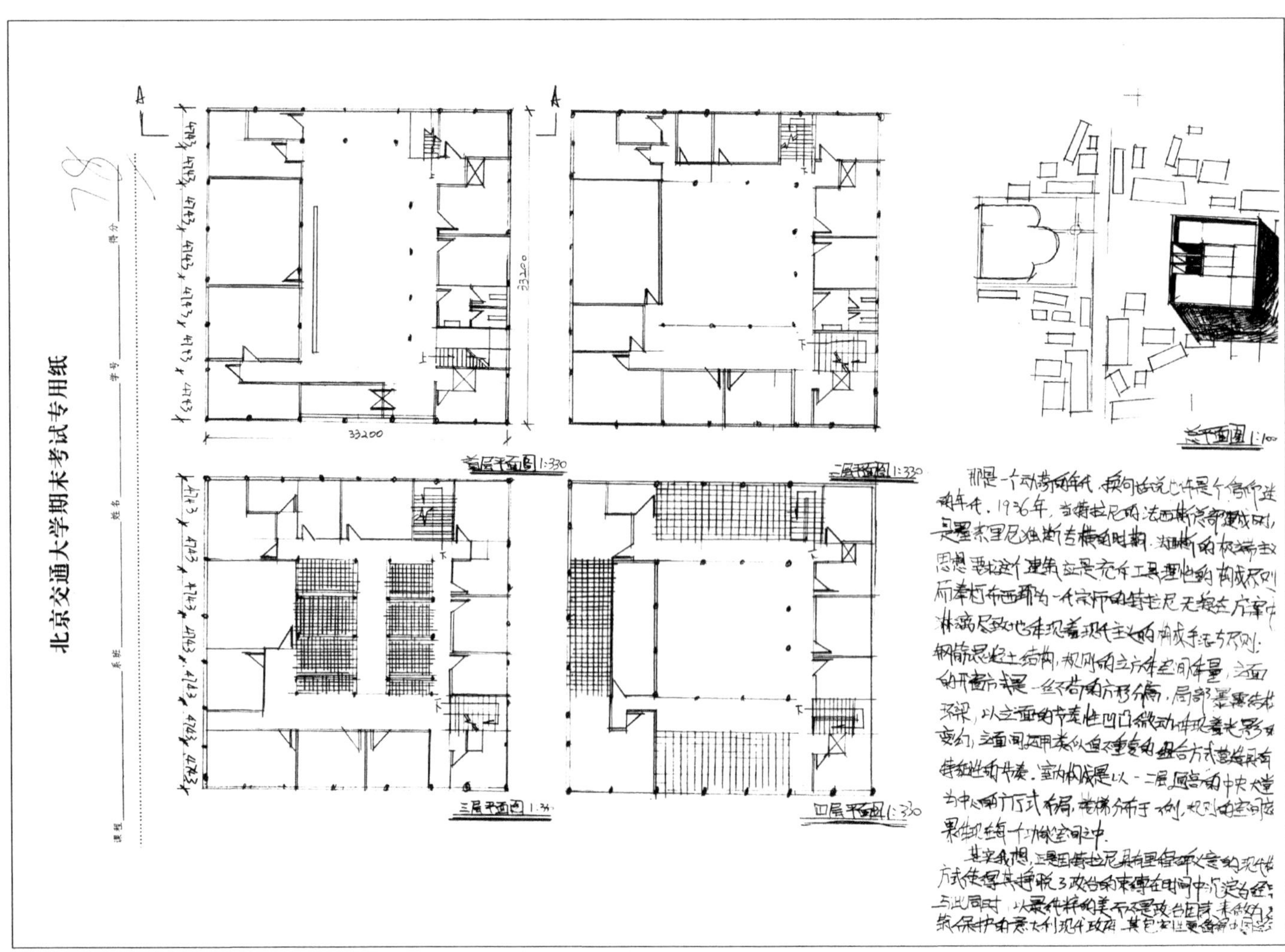

图4.14 学生解答示例12

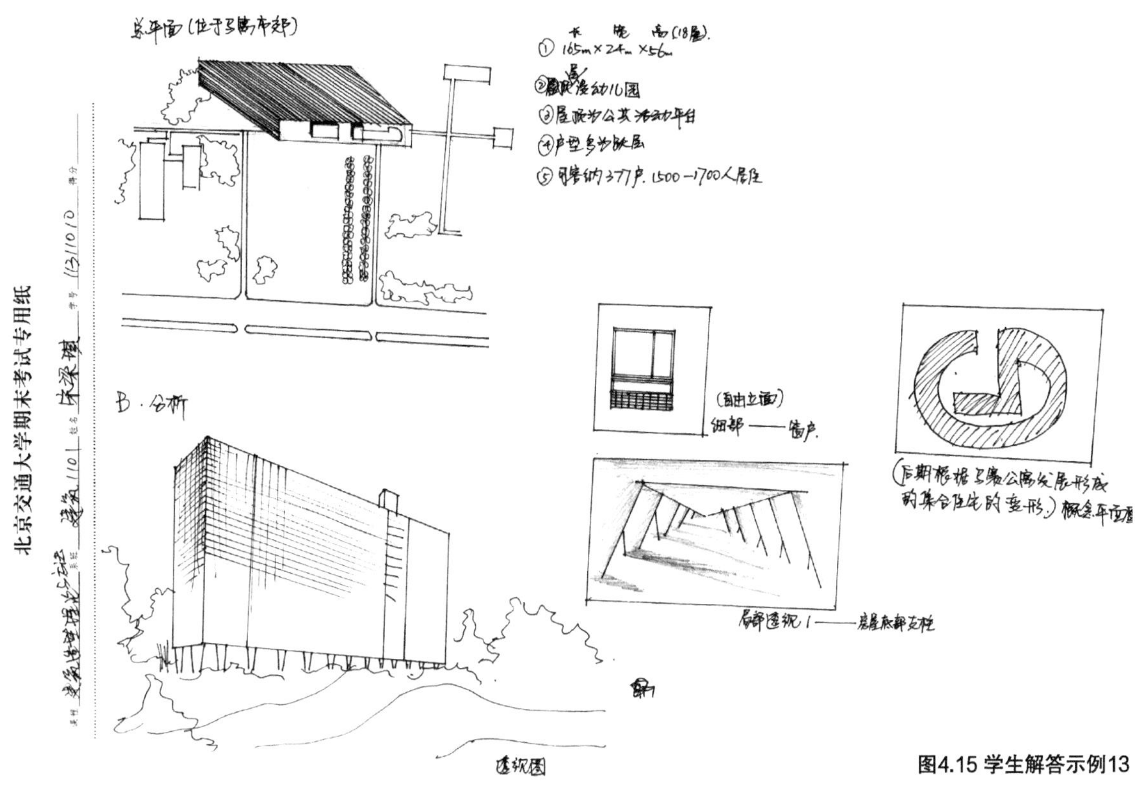

图4.15 学生解答示例13

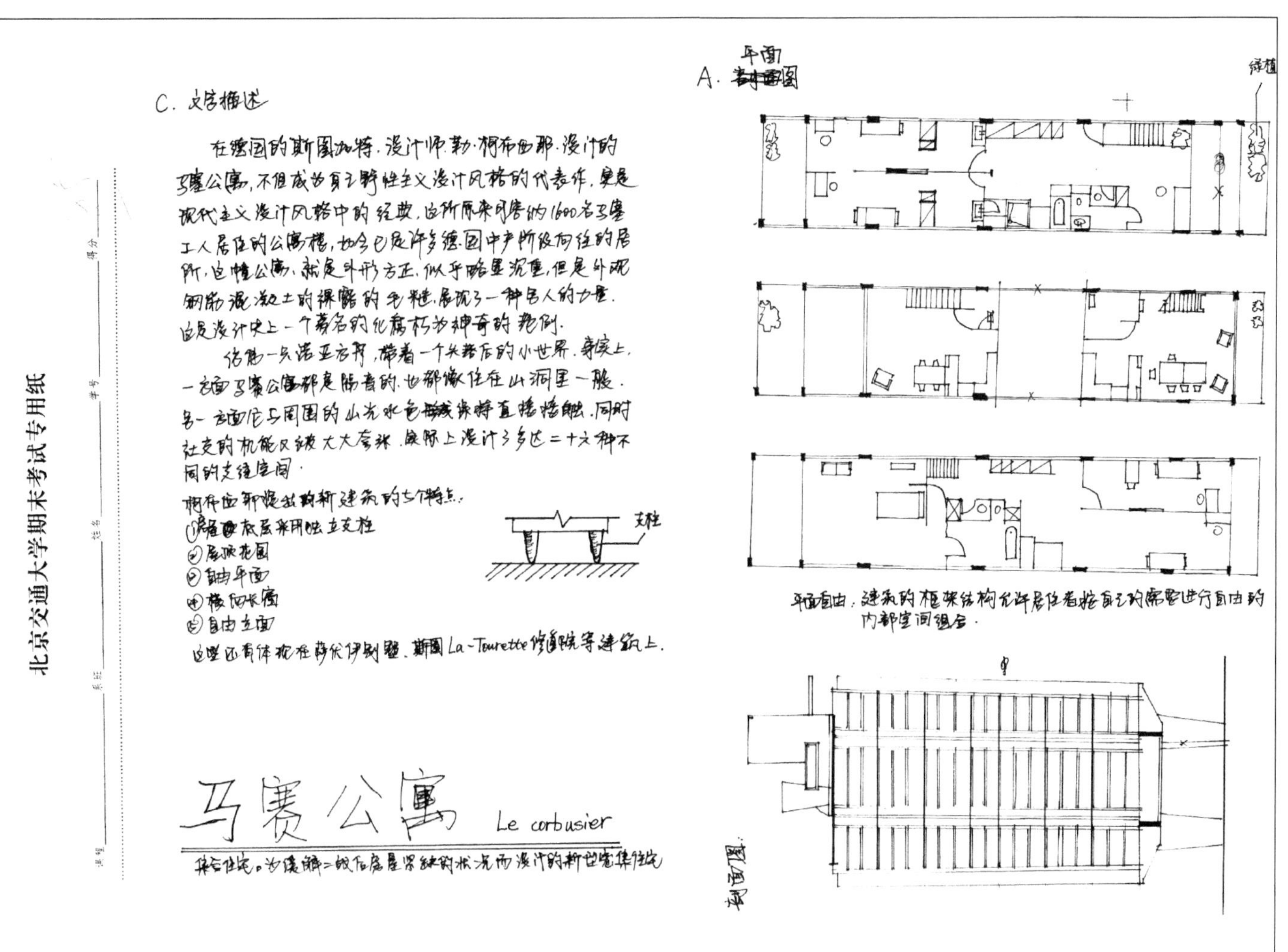

图4.16 学生解答示例14

参考文献

BIBLIOGRAPHY

1.（苏）奥夫相尼科夫.俄罗斯美学思想史[M].张凡琪，陆齐华译.北京：中国人民大学出版社，1990.
2.（俄）博日科Ю.Г.建筑构成艺术级组合方法[M].基辅高等学校出版社.1991.
3.陈方达.建筑学形态构成教学研究[J].高等建筑教育，2012, 21(1).
4.刘建平等.列宾美术学院毕业创作选[M].天津：天津人民美术出版社，1998.
5.俄罗斯列宾美术学院学生优秀作品集.色彩卷[M].沈阳：辽宁美术出版社，1997.
6.俄罗斯列宾美术学院学生优秀作品集.素描卷[M].沈阳：辽宁美术出版社，1997.
7.高爱香，郑立君.20世纪前期俄国构成主义设计运动在中国的传播与影响[J].艺术百家.2013 (5).
8.高嵬，王弋，梁怡.艺术设计的二维表现[M].成都：四川大学出版社，2013.
9.杨蕾.高校形态构成学教学理念构建[J].美与时代：创意（上）, 2011, 9:118-119.
10.郭丽敏，田鸿喜.俄国构成主义及其对现代主义设计运动的影响[J].美术大观.2013(12).
11.Хан-Магомедов С О. ВХУТЕМАС[M]. Москва: Ладья, 1995.
12.胡伟.建筑造型与形态构成[M].徐州：中国矿业大学出版社，2012.
13.胡心怡.构成基础[M].上海：上海人民美术出版社，2012.
14.蒋学志.建筑形态构成[M].长沙：湖南科学技术出版社，2005.
15.蔡思奇.建筑平面设计的形态构成分析[J].城市建筑.2013(6).
16.顾馥保.建筑形态构成[M].武汉：华中科技大学出版社，2008.
17.Ламцов И В, Туркус М А. Элементы архитектурной композиции[M]. Москва-Ленинград: Главная редакция строительной литературы, 1938.
18.Лежава И Г. Функция и структура формы в архитектуре[M]. Москва: МАРХИ, 1987.
19.刘斯茉等.形态构成设计[M].武汉：武汉大学出版社，2011.
20.刘涛，杨广明，常征.平面形态构成[M].北京：北京工业大学出版社，2012.
21.李明滨.俄罗斯文化史[M].北京：北京大学出版社，2013.
22.罗小未.外国近现代建筑史[M].北京：中国建筑工业出版社，2004.
23.毛斌，曲振波.形态设计[M].北京：海洋出版社，2010.
24.毛宏萍.形态构成[M].南昌：江西美术出版社，2002.
25.庞蕾.塔特林与构成主义[J].南京艺术学院学报（美术与设计版），2008(01):36-39.
26.裴瑜.伟大的构成主义构成的伟大——浅谈俄国构成主义对现代商业平面设计的影响[J].文艺生活：中旬刊，2011(9): 77-79.
27.彭璐.平面构成[M].北京：中国水利水电出版社，2011.
28.Пронин Е С. Архитектурная комбинаторика и её автоматизация[J]. Архитектура СССР, 1990(2): 66-72.
29.刘继莲，李鹏.浅析主题训练在形态构成课程中的重要作用[J].美术大观，2011（10）: 177.
30.（苏）萨维茨基(Ю.Ю.Савицкий)著;胡纫蕾;吴济群.俄罗斯建筑史[M].北京：建筑工程出版社，1955.
31.帅松林.审美的历程[M].北京：清华大学出版社，2014.
32.Степанов А В, Мальгин В И, Иванова Г И. Объемно-пространственная композиция[M]. Москва: Архитектура-С, 1993.
33.隋杰礼，贾志林，王少伶.建筑学专业形态构成课程教学改革与实践[J].四川建筑科学研究，2008，34(3).
34.孙虎鸣.探寻新形势下的“形态构成学”发展思路[J].价值工程，2013 (32).
35.田豊.前苏联ВХУТЕМАС(高等艺术与技术工作室1920-1927)——ВХУТЕИН(高等艺术与技术学院1927-1930)与构成主义建筑[J].华中建筑，2012, 30(4).
36.田学哲等.形态构成解析[M].北京：中国建筑工业出版社，2005.
37.王美艳.西方现代派绘画与平面设计[M].合肥：合肥工业大学出版社，2010.
38.王其钧.东斯拉夫的文明俄罗斯美术[M].重庆：重庆出版社，2010.
39.王永.构成主义艺术的象征——塔特林与《第三国际纪念碑》[J].美术大观，2011(1): 108-109.

40.王忠. 平面构成[M]. 长沙：中南大学出版社，2009.
41.Виленкин Н Я. Популярная комбинаторика[M]. Москва: Наука，1975.
42.（日）小林克弘.建筑构成手法[M]. 北京：中国建筑工业出版社，2004.
43.解娟. 俄罗斯构成主义的起源[J]. 科学导报，2013(15).
44.辛华泉. 形态构成学[M].杭州：中国美术学院出版社，1999.
45.奚静之. 俄罗斯和东欧美术[M]. 北京：中国人民大学出版社，2004.
46.奚静之. 俄罗斯美术史话[M]. 北京：人民美术出版社，1999.
47.尹定邦，邵宏. 设计学概论（第三版)[M]. 北京：人民美术出版社，2013.
48.Зейтун Ж. Организация внутренней структуры проектируемых архитектурных систем[M]. Москва: Стройиздат, 1984.
49.张军，马丽丽. 平面构成[M]. 北京：北京大学出版社，2011.
50.周宏智. 西方现代艺术史[M]. 北京：中国建筑工业出版社，2010.
51.周蒙蒙. 构成主义与十月革命[J]. 中国科技博览，2011(19):276.
52.朱建民. 建筑形态构成基础[M]. 北京：科学出版社，2002.
53.Alexander Christopher. Notes on the synthesis of form[M]. Cambridge Mass: Harvard University Press, 1964.
54.Gregory Shushan. Conceptions of the afterlife in early civilizations: universalism, constructivism and near-death experience[M]. New York: Bloomsbury Academic, 2009.
55.Krier R. Stadtraum in theorie und praxis[M]. Stuttqard: Karl Krämer, 1975.
56.Larry Hickman, Stefan Neubert, Kersten Reich. John Dewey between pragmatism and constructivism[M]. New York: Fordham University Press, 2009.
57.March L J, Steadman J P. The architecture of form[M]. Cambridge: Cambridge University Press, 1976.
58.Mari Carmen Ramírez, Héctor Olea. Building on a construct: The Adolpho Leirner collection of Brazilian constructive art at the Museum of Fine Arts, Houston[M]. Houston: Museum Fine Arts Houston, 2010.
59.William Blackwell. Geometry in architecture[M]. Emeryville, CA: Key Curriculum Press, 1984.

图片来源

PICTURE SOURCE

导论

图1.1 作画中的勒・柯布西耶
图片来源：http://www.bdonline.co.uk/le-corbusier-le-grand-well-on-the-road-to-excess/3119077.article
图1.2 密斯・凡・德・罗设计的椅子
图片来源：http://www.pgmod.com/modern-accent-chairs-benches-furniture/797-p.html
图1.3 塔特林设计的第三国际纪念塔模型
图片来源：https://www.artexperiencenyc.com/on-vladimir-tatlins-monument-to-the-third-international-at-the-tony-sharfazi-gallery/
图1.4 马列维奇
图片来源：http://www.artsait.ru/art/m/malevich/main.htm
图1.5 包豪斯校舍一景
图片来源：http://www.cardesign.ru/library/history/2010/07/08/4038/
图1.6 毕业设计——列宁学院 里昂纳多夫
图片来源：http://thecharnelhouse.org/2013/02/16/ivan-leonidov/
图1.7 呼捷玛斯学生的构成作业
图片来源：http://design-history.ru/u-istokov-funktsionalizma-modernizm/propedevticheskie-kursy.html
图1.8 呼捷玛斯学生构成作品三则
图片来源：http://lenta.ru/features/kostaki/klutzix/（左）；https://laciudadsocialista.wordpress.com/2015/02/26/la-ciudad-sobre-resortes-un-experimento-urbo-tecnologico-de-anton-lavinsky-1921/（中）；https://commons.wikimedia.org/wiki/File:1920_Klucis_Axonometrisches_Gemaelde_anagoria.JPG（右）
图1.9 勒・柯布西耶所画的静物
图片来源：学生自绘描摹
图1.10 平面构成到空间的转化
图片来源：学生作业
图1.11 习题3中对于具象物体的抽象
图片来源：学生作业
图1.12 元素逐渐递增的构成组合
图片来源：学生作业
图1.13 从建筑平面到几何形态的抽象过程
图片来源：学生作业
图1.14 高层建筑立面的构成
图片来源：学生作业
图1.15 以变换形态构成的方法变换建筑的功能布局
图片来源：学生作业
图1.16 同样网格平面下的细部构成设计
图片来源：学生作业

习题与学生作业

图 2.1 习题1：几何图形构成
图片来源：学生自绘描摹
图 2.2 习题1 学生示范作业
图片来源：学生作业
图 2.3 习题2：线条组合构成
图片来源：学生自绘描摹
图 2.4 习题2 学生示范作业
图片来源：学生作业
图 2.5 习题3：简单实物的抽象
图片来源：学生自绘描摹
图 2.6 习题3 学生示范作业
图片来源：学生作业
图 2.7 习题4：折线与实物的抽象
图片来源：学生自绘描摹
图 2.8 习题4 学生示范作业
图片来源：学生作业
图 2.9 习题5：建筑平面的组成
图片来源：http://web.educastur.princast.es/proyectos/jimena/pj_leontinaai/arte/webimarte2/WEBIMAG/BARROCO/borrom2.htm（例）学生自绘描摹（其余）
图 2.10 习题5 学生示范作业
图片来源：学生作业
图 2.11 习题6：建筑平面抽象的组合
图片来源：学生自绘描摹
图 2.12 习题6 学生示范作业
图片来源：学生作业
图 2.13 习题7：大师画作的抽象提
（一）
图片来源：学生自绘描摹
图 2.14 习题7 学生示范作业
图片来源：学生作业
图 2.15 习题8：大师画作的抽象提
（二）
图片来源：http://www.scriru
com/6/4/72529477336.php（左部三幅）；
http://www.elite-view.com/Museum_Art_Cubism/3049.html（右上）；
学生自绘描摹（右下）
图 2.16 习题8 学生示范作业
图片来源：学生作业
图 2.17 习题9：建筑平面的抽象组合
（一）
图片来源：http://www.scriru
com/6/4/72529477336.php
图 2.18 习题9 学生示范作业
图片来源：学生作业
图 2.19 习题10：建筑平面的抽象组合（二）
图片来源：学生自绘描摹
图 2.20 习题10学生示范作业
图片来源：学生作业
图 2.21 习题11：建筑平面的抽象
图片来源：学生自绘描摹
图 2.22 习题11 学生示范作业
图片来源：学生作业
图 2.23 习题12：平面的浅浮雕形态
图片来源：http://www.gnosis.us.com/30133/top-ten-paintingsworks-of-art-by-victor-vasarely/（例1）；
http://www.elite-view.com/Artist/Wassily_Kandinsky/page02.html（例2）；
学生自绘描摹（其余）
图 2.24 习题12学生示范作业
图片来源：学生作业

图 2.25 习题13：同平面下不同的空间形态
图片来源：http://www.scriru.com/6/4/72529477336.php（上三）学生自绘描摹（其余）
图 2.26 习题13学生示范作业
图片来源：学生作业
图 2.27 习题14：同空间下的不同布置方式
图片来源：学生自绘描摹
图 2.28 习题14学生示范作业
图片来源：学生作业
图 2.29 习题15：相似重复结构的使用
图片来源：http://www.zs-hospital.sh.cn/art/ybh.htm（例左上）；
http://qsc99.net/mypj/article.asp?id=116（例下）；
学生自绘描摹（其余）
图 2.30 习题15学生示范作业
图片来源：学生作业
图 2.31 习题16：栅格的构成
图片来源：学生自绘描摹
图 2.32 习题16学生示范作业
图片来源：学生作业
图 2.33 习题17：建筑立面的栅格形态
图片来源：学生自绘描摹
图 2.34 习题17学生示范作业
图片来源：学生作业
图 2.35 习题18：栅格构图与建筑立面
图片来源：学生自绘描摹
图 2.36 习题18学生示范作业
图片来源：学生作业
图 2.37 习题19：栅格分层的浅浮雕
图片来源：学生自绘描摹
图 2.38 习题19学生示范作业
图片来源：学生作业
图 2.39 习题20：图形的构图思想
图片来源：学生自绘描摹
图 2.40 习题20学生示范作业
图片来源：学生作业
图 2.41 习题21：立面窗户的构成
图片来源：学生自绘描摹
图 2.42 习题21学生示范作业
图片来源：学生作业
图 2.43 习题22：片面在空间中的构成
图片来源：学生自绘描摹
图 2.44 习题22学生示范作业
图片来源：学生作业
图 2.45 习题23：母题元素的提取
图片来源：http://bibliograph.com.ua/Iskuss1/36.htm（例1）学生自绘描摹（其余）
图 2.46 习题23学生示范作业
图片来源：学生作业
图 2.47 习题24：个体与母题元素的构成（一）
图片来源：学生自绘描摹
图 2.48 习题24学生示范作业
图片来源：学生作业
图 2.49 习题25：个体与母题元素的构成（二）
图片来源：学生自绘描摹
图 2.50 习题25学生示范作业
图片来源：学生作业
图 2.51 习题26：多个母题与个体的构成
图片来源：学生自绘描摹
图 2.52 习题26学生示范作业
图片来源：学生作业
图 2.53 习题27：实际建筑的母题分析
图片来源：http://forum.citywalls.ru/topic961.html（例1）；
http://www.scriru.com/6/4/72529477336.php（例2）
图 2.54 习题27学生示范作业
图片来源：学生作业
图 2.55 习题28：平面栅格的基础练习
图片来源：学生自绘描摹
图 2.56 习题28学生示范作业
图片来源：学生作业
图 2.57 习题29：栅格的立面构图
图片来源：学生自绘描摹
图 2.58 习题29学生示范作业
图片来源：学生作业
图 2.59 习题30：建筑体的构成
图片来源：http://www.scriru.com/6/4/72529477336.php（例2）；
学生自绘描摹（其余）
图 2.60 习题30学生示范作业
图片来源：学生作业
图 2.61 习题31：以高层建筑为例的形态构成
图片来源：学生自绘描摹
图 2.62 习题31学生示范作业
图片来源：学生作业
图 2.63 习题32：建筑转角的形态构成
图片来源：http://www.bestmastersdegrees.com/50-most-elegant-graduate-school-buildings-in-the-world（例左上）；
http://travel.sina.com.cn/china/2013-10-12/1414222327.shtml（例左下）；
http://www.voguechinese.com/meishi/2010/0921/18844.html（例中）；
http://www.zhiqingshanghai.com/bbs/archiver/showtopic-28097.aspx（例右）；
学生自绘描摹（其他）
图 2.64 习题32学生示范作业
图片来源：学生作业
图 2.65 习题33：建筑外廊的构成
图片来源：http://www.ddove.com/old/picview.aspx?id=315313（例1右上）；学生自绘描摹（其他）
图 2.66 习题33学生示范作业
图片来源：学生作业
图 2.67 习题34：建筑细部的构成
图片来源：学生自绘描摹
图 2.68 习题34学生示范作业
图片来源：学生作业
图 2.69 习题35：空间院落构成
图片来源：学生自绘描摹
图 2.70 习题35学生示范作业
图片来源：学生作业
图 2.71 习题36：几何体的有机组合构成
图片来源：学生自绘描摹
图 2.72 习题36学生示范作业
图片来源：学生作业
图 2.73 习题37：几何体块的组合
图片来源：学生自绘描摹

图 2.74 习题37学生示范作业
图片来源：学生作业
图 2.75 习题38：建筑立面形体构成
图片来源：学生自绘描摹
图 2.76 习题38学生示范作业
图片来源：学生作业
图 2.77 习题39：不同空间结构的构成
图片来源：http://kannelura.info/?p=3546（例1）；
学生自绘描摹（其他）
图 2.78 习题39学生示范作业
图片来源：学生作业
图 2.79 习题40：利用网格的居住区构成
图片来源：学生自绘描摹
图 2.80 习题40学生示范作业
图片来源：学生作业
图 2.81 习题41：同轮廓下空间的构成
图片来源：学生自绘描摹
图 2.82 习题41学生示范作业
图片来源：学生作业
图 2.83 习题42：建筑立面实例分析
图片来源：http://www.remax.nl/119321002-13?Lang=id-ID（上）；
http://chuansong.me/n/924417（下）
图 2.84 习题42学生示范作业
图片来源：学生作业
图 2.85 习题43：立面的封闭与通透构成
图片来源：学生自绘描摹
图 2.86 习题43学生示范作业
图片来源：学生作业
图 2.87 习题44：空间分隔的构成
图片来源：学生自绘描摹
图 2.88 习题44学生示范作业
图片来源：学生作业
图 2.89 习题45：立面与平面的转换
图片来源：学生自绘描摹
图 2.90 习题45学生示范作业
图片来源：学生作业
图 2.91 习题46：建筑异类型的构成
图片来源：学生自绘描摹
图 2.92 习题46学生示范作业
图片来源：学生作业
图 2.93 习题47：建筑立面形式与构成
图片来源：学生自绘描摹
图 2.94 习题47学生示范作业
图片来源：学生作业
图 2.95 习题48：同平面下不同功能的构成
图片来源：学生自绘描摹
图 2.96 习题48学生示范作业
图片来源：学生作业
图 2.97 习题49：居住区的抽象构成
图片来源：学生自绘描摹
图 2.98 习题49学生示范作业
图片来源：学生作业
图 2.99 习题50：建筑方案综合构成
图片来源：学生自绘描摹
图 2.100 习题50学生示范作业
图片来源：学生作业
图 2.101 习题51：同一平面不同功能的构成
图片来源：学生自绘描摹
图 2.102 习题51学生示范作业
图片来源：学生作业
图 2.103 习题52：使用风格元素的构成
图片来源：学生自绘描摹
图 2.104 习题52学生示范作业
图片来源：学生作业
图2.105 习题53：低层建筑的形态构成分析
图片来源：http://phaidonatlas.com/architect/tadao-ando-architects-associates/1084（左一）；
http://www.gyclass.com/shuizhijiaotangjianzhupingmiantu/1354366.html（右一）；
http://wd.tgnet.com/DiscussDetail/201311125221941314/1/（左二）；
http://wd.tgnet.com/DiscussDetail/201311125221941314/1/（右二）；
http://dididadidi.com/structure/201407/140434629025731.html（左三）；
http://chuansong.me/n/1125156（右三、左四）；
http://www.archdaily.cn/cn/758131/ad-jing-dian-shui-zhi-jiao-tang-tadao-ando（左五、右四、右五）
图2.106 习题53学生示范作业
图片来源：学生作业
图2.107 习题54：多层建筑的形态构成分析
图片来源：http://www.architbang.com/project/view/p/5262
图2.108 习题54学生示范作业
图片来源：http://www.architbang.com/project/view/p/5262（右上、右、右下）；学生作业（其余）
图2.109 习题55：高层建筑的形态构成分析
图片来源：http://kpf.com/project.asp?T=4&ID=352（右上）；http://photo.zhulong.com/proj/detail8749.html（其余）
图2.110 习题55学生示范作业
图片来源：http://photo.zhulong.com/proj/detail8749.html（右上、右、右下）；学生作业（其余）
图2.111 习题56：1920～1945年大师作品分析
图片来源：http://www.douban.com/note/142489066/（左上）；
http://www.wright-house.com/frank-lloyd-wright/fallingwater-pictures/falling-water-fall-house.html(右上)；
https://teoria4-rmn.wikispaces.com/CASA+DE+LA+CASCADA（左二、右二、正中）；
https://classconnection.s3.amazonaws.com/617/flashcards/986617/jpg/12a-51337039116437.jpg（左三）；
http://shuyan71.blog.163.com/blog/static/163788576201041083572 82/（左四）；
http://www.yipin.cn/villa/for/2013-255.html（右三）；
http://newgarden.es.tl/Casa-de-la-cascada.htm（左下、右下）

图2.112 习题56学生示范作业
图片来源：http://www.hnciid.com/imgupload/2011/8/129587981885468750431.gif（右上）；
http://news.xinhuanet.com/house/2004-06/22/content_1540256.htm（右）；
http://imgbucket.com/pages/f/frank-lloyd-wright-falling-water-floor-plan/（其余）
图2.113 习题57：1945~1980年大师作品分析
图片来源：http://www.yatzer.com/louis-kahn-the-power-of-architecture（左上）；
http://www.greatbuildings.com/buildings/Richards_Medical_Center.html（左二）；
http://photo.zhulong.com/proj/detail12319.html（右上、左三、左四）；
http://photo.zhulong.com/proj/detail12319.html（右二、右三）；
http://chuansong.me/n/909508（右四）
图2.114 习题57学生示范作业
图片来源：http://www.greatbuildings.com/buildings/Richards_Medical_Center.html（右上、右、右下）
图2.115 习题58：1980~1990年大师作品分析
图片来源：http://www.90dg.cn/People/2015/0204/365.html(左上);
http://www.uni-ulm.de/muz/glossar/musisches-relais/muta2005/index.htm（右上）；
http://www.richardmeier.com/?projects=ulm-stadhaus-exhibition-assembly-building（左二、四、五）；
http://horoia1danielaknauer.blogspot.jp/2011/01/plakat-falling-water-house.html（左三）；
http://photo.zhulong.com/proj/detail589.html（右二）
图2.116 习题58学生示范作业
图片来源：http://www.richardmeier.com/?projects=ulm-stadhaus-exhibition-assembly-building（右上）；
http://horoia1danielaknauer.blogspot.jp/2011/01/plakat-falling-water-house.html（右下）；
http://www.ott-ingenieure.de/stadthaus_ulm.html（右下）；学生作业（其余）
图2.117 习题59：1990年至今大师作品分析
图片来源：http://www.wall88.com/wallpaper-55668.html（右下）；
http://www.archdaily.com/105895/ad-classics-petronas-towers-cesar-pelli（右二）；
http://www.jessada.com/mymemo/mymalaysia2009/mymalaysia2009.html（右三）；
http://photo.zhulong.com/proj/detail101.html（其余）
图2.118 习题59学生示范作业
图片来源：http://photo.zhulong.com/proj/detail101.html（右、右上）；
学生作业（其余）

教学文件

图 4.1 参考试题（上）
图片来源：学生考卷
图 4.2 参考试题（下）
图片来源：学生考卷
图 4.3 学生解答示例01
图片来源：学生考卷
图 4.4 学生解答示例02
图片来源：学生考卷
图 4.5 学生解答示例03
图片来源：学生考卷
图 4.6 学生解答示例04
图片来源：学生考卷
图 4.7 学生解答示例05
图片来源：学生考卷
图 4.8 学生解答示例06
图片来源：学生考卷
图 4.9 学生解答示例07
图片来源：学生考卷
图 4.10 学生解答示例08
图片来源：学生考卷
图 4.11 学生解答示例09
图片来源：学生考卷
图 4.12 学生解答示例10
图片来源：学生考卷
图 4.13 学生解答示例11
图片来源：学生考卷
图 4.14 学生解答示例12
图片来源：学生考卷
图 4.15 学生解答示例13
图片来源：学生考卷
图 4.16 学生解答示例14
图片来源：学生考卷

后记

POSTSCRIPT

结束语——思考与展望

现代建筑就是一些搭配起来的体块在光线下辉煌，正确和聪明的表演。

——柯布西耶《走向新建筑》，1923

我要做对谁都是敞开的建筑和别人做不出来的建筑，遵守严格的几何学构成手法，在单纯的构成中实现复杂的空间是我一贯的追求。

——安藤忠雄《建筑学的教科书》，2008

相隔85年的两位建筑大师道出了现代建筑设计艺术的真谛，促使我们教育工作者思考建筑基础教育的问题。

20多年，多所学校，多个国家，许多师长、同事、同行和学生的教育交流，思想互动促使我思考当代建筑造型基础教育的训练方法和教育手段。今天，完成这套丛书，算作是初步思考的一个解答吧。

感谢20年来帮助我完成这个问题思考的曾经和正在学习，教学工作，交流提高的各个学校，各位师长，各位同学，各位同事，无法一一列举大家的名字，非常感谢，是你们促成了我对造型基础教学的思考，特别感谢现代建筑发源地的莫斯科建筑学院的耶·斯·普鲁宁教授，奥·阿·普鲁金教授，虽然你们英年早逝，但你们的学术精神得到了发扬！精神永存，辉照下代是你们的愿望！！

也要感谢北京交通大学、北京工业大学各位同仁的支持、理解和无私的帮助！感谢各级同学们的努力，是你们的努力使这套丛书得以实现！

这套“建筑造型基础字词句”教学方法的建立是许多老师、许多国家的经验的汇集，我只起到了一个组织者的作用，感谢所有为这套方法做出贡献的人！

这个教学方法仅仅是一个开始，“形态构成训练”、“空间构成训练”、“色彩构成训练”组成的“建筑造型字词句”教学方法，是否能创造性地展示学生个体对构成的理解，丰富学生个体的造型能力，适应当代造型艺术的本质，还待时间的进一步考验。

“形态构成训练”、“空间构成训练”、“色彩构成训练”，三个分课程各一学期的教学时间基本满足学生的认知时间的要求，造型基础教学下一步深化继续的工作是建立造型与建筑材料设计、建筑结构设计的联系，“建筑造型与材料语言”作为第四项课程，在二年级下学期开设此课程，这样形成一、二年级造型教育的基础，为三、四年级的设计教育，五年级的专业教育服务。完善成为造型——设计——专业的建筑教育系统。

国外建筑教育造型基础已进一步提升，新的造型辅助工具的加入——新型造型软件和3D打印手段极大地丰富了造型教育的领域。这部分内容主要在三、四年级和毕业设计中体现。

他山之石，可以攻玉，国外先进经验可以为我所用，由于学生基础的不同、对建筑理解的不同，促使我们思索我们自己的建筑造型教育之路！

“世上本无路,只是走的人多了，也就成了路。”

以先贤鲁迅先生的语录作为本丛书的结束语

韩林飞教授

2014.05.02 北京